中国消防救援学院规划教材

林 学 概 论

主　　编　　殷继艳
参编人员　　王　冰　郭亚娇　韩丽琼　王玉霞
　　　　　　孙　铭　李　勇　李伟克　郑　婷
　　　　　　张志强　王爱斌　张　博　翟杰休

应急管理出版社
·北　京·

图书在版编目（CIP）数据

林学概论／殷继艳主编. -- 北京：应急管理出版社，2022

中国消防救援学院规划教材

ISBN 978 – 7 – 5020 – 9040 – 1

Ⅰ.①林… Ⅱ.①殷… Ⅲ.①林学—高等学校—教材

Ⅳ.①S7

中国版本图书馆 CIP 数据核字（2021）第 229336 号

林学概论（中国消防救援学院规划教材）

主　　编	殷继艳
责任编辑	闫　非　罗秀全　郭玉娟
责任校对	张艳蕾
封面设计	王　滨

出版发行	应急管理出版社（北京市朝阳区芍药居 35 号　100029）
电　　话	010 – 84657898（总编室）　010 – 84657880（读者服务部）
网　　址	www.cciph.com.cn
印　　刷	北京建宏印刷有限公司
经　　销	全国新华书店

开　　本	787mm×1092mm¹/₁₆　印张　14¹/₂　字数　317 千字
版　　次	2022 年 2 月第 1 版　2022 年 2 月第 1 次印刷
社内编号	20211073　　　　　　定价　43.00 元

前　言

中国消防救援学院主要承担国家综合性消防救援队伍的人才培养、专业培训和科研等任务。学院的发展，对于加快构建消防救援高等教育体系、培养造就高素质消防救援专业人才、推动新时代应急管理事业改革发展，具有重大而深远的意义。学院秉承"政治引领、内涵发展、特色办学、质量立院"的办学理念，贯彻"对党忠诚、纪律严明、赴汤蹈火、竭诚为民"总要求，坚持立德树人，坚持社会主义办学方向，努力培养政治过硬、本领高强，具有世界一流水准的消防救援人才。

教材作为体现教学内容和教学方法的知识载体，是组织运行教学活动的工具保障，是深化教学改革、提高人才培养质量的基础保证，也是院校教学、科研水平的重要反映。学院高度重视教材建设，紧紧围绕人才培养方案，按照"选编结合"原则，重点编写专业特色课程和新开课程教材，有计划、有步骤地建设了一套具有学院专业特色的规划教材。

本套教材以马克思列宁主义、毛泽东思想、邓小平理论、"三个代表"重要思想、科学发展观和习近平新时代中国特色社会主义思想为指导，以培养消防救援专门人才为目标，按照专业人才培养方案和课程教学大纲要求，在认真总结实践经验，充分吸纳各学科和相关领域最新理论成果的基础上编写而成。教材在内容上主要突出消防救援基础理论和工作实践，并注重科学性、系统性、适用性和相对稳定性。

《林学概论》由中国消防救援学院殷继艳任主编。参加编写的人员及分工：殷继艳、张志强、王爱斌编写第一章，殷继艳、郭亚娇、李勇、韩丽琼编写第二章，殷继艳、郭亚娇、王爱斌编写第三章，殷继艳、韩丽琼、翟杰休编写第四章，殷继艳、郑婷、王玉霞、张博编写第五章，王冰、孙铭编写第六章，王冰、李伟克编写第七章。

本套教材在编写过程中得到了应急管理部、兄弟院校、相关科研院所的大力支持和帮助，谨在此深表谢意。

由于编者水平所限，教材中难免存在不足之处，恳请读者批评指正，以便再版时修改完善。

中国消防救援学院教材建设委员会

2021 年 12 月

目　录

第一章　绪论 ·· 1

  第一节　森林、林业与林学 ···························· 1

  第二节　森林效益与环境问题 ························· 4

  第三节　林业概况 ·································· 14

第二章　森林植物 ··· 16

  第一节　植物分类基础知识 ··························· 16

  第二节　植物的形态识别基础 ························· 24

  第三节　森林生物的多样性 ··························· 38

  第四节　重要森林树种 ······························ 44

第三章　森林资源 ··· 60

  第一节　概述 ···································· 60

  第二节　森林分布 ·································· 66

  第三节　中国森林资源 ······························ 75

  第四节　世界森林资源 ······························ 82

第四章　森林环境 ··· 88

  第一节　概述 ···································· 88

  第二节　森林能量环境因子 ··························· 93

  第三节　森林物质环境因子 ·························· 101

  第四节　森林环境干扰因子 ·························· 113

第五章　森林生态 ·· 120

  第一节　森林的植物成分 ···························· 120

  第二节　林分特征 ································· 122

  第三节　森林种群及群落 ···························· 134

  第四节　森林生态系统 ····························· 141

第六章　森林植被恢复与重建·································159

　　第一节　概述····································159

　　第二节　森林营造······························163

　　第三节　林分结构调控··························174

　　第四节　森林抚育管理··························183

　　第五节　森林采伐更新··························194

第七章　森林资源经营管理·····························202

　　第一节　概述····································202

　　第二节　森林区划与资源调查····················206

　　第三节　森林资源评价··························212

　　第四节　森林成熟与收获调整····················215

　　第五节　森林经营方案··························221

参考文献··225

第一章 绪 论

学习目标

☞ 通过本章的学习，理解并掌握森林、林业、林学的概念与内涵，了解森林与环境、世界林业与中国林业的概况。

第一节 森林、林业与林学

一、森林

森林是一个简单的名词，又是一个复杂的概念。森林是由树木为主体组成的地表生物群落。自然界生长的森林是地球表面自然历史长期发展的地理景观，近代生态理论研究表明，森林是陆地生态系统中组成结构最复杂、生物种类最丰富、适应性最强、稳定性最大、功能最完全的系统。

森林可以从不同角度给它下定义。最明显的是，研究森林时可以简单地只考虑树木。一般人都知道"众木为林"，我国汉《淮南子》一书中，就把"木丛曰林"作为森林的定义，只考虑决定群落外貌特征的那些森林植物。因此，当我们想到一片云冷杉林、一片人工落叶松林或者其他各种森林类型时，就是单独以优势树种的名称来区分群落。

给森林下定义的第二个途径是以林木与其他有机体之间的相互关系为基础。某些草本植物和灌木通常与云冷杉林相结合，另外鸟类、哺乳类、节肢动物、真菌、细菌等也表现了类似的相互关系。森林可以认为是生活在一个生物群丛亦即生物群落中的植物和动物的集合体。所以，森林群丛或森林群落就是一起生活在一个共同环境中的植物和动物的集合体。这样的定义要比单纯以树木命名的森林类型明确得多。

森林群落所在的物理环境是由地上部分周围的大气和地下部分周围的土壤所组成的。森林是林木和林地的总称，把林木和周围的环境视为统一体，森林群落和它的环境一起构成一个生态系统，亦即生物地理群落，这是对森林的一种定义。

世界各国及不同的组织对森林的定义也各有不同，如全球森林资源评估组织（Global Forest Resources Assessment，GFRA）2005 年对森林的定义：森林是指生长着树木，且无其他主导性用途的土地，面积不小于 $0.5\ \mathrm{hm}^2$，树高至少达到 $5\ \mathrm{m}$，郁闭度不小于 10%。

对于由于人为干预或自然原因需要更新的林地，经造林后暂无蓄积，但郁闭度和树高分别能达到10%和5 m，也归为森林。

森林的生存和发展除受环境条件制约外，还受森林中个体生物的遗传性和变异性制约。随着外部环境条件的变化，不同基因型的种群可能会交替地变得最有适应力，自然选择也就有利于其生存。物种就是以这种方式进化。森林的物种更新和自然稀疏衰亡过程是森林生存和发展的主要内部矛盾，也是森林生存和发展的主要动力。

森林对环境有一定的要求，森林也有适应环境的能力。森林适应外界环境的过程，往往也是改造环境的过程。例如，由桦木组成的森林群落常常发生在空旷地上或火烧迹地上，由于桦木群落的形成，枯枝落叶层加厚，土壤肥力增加，林内湿度加大，光照强度下降，为耐荫树种云杉和冷杉在林冠下更新创造了条件，使环境得到改造。由桦木纯林发展成异龄混交林，由低生产力阶段发展到高生产力阶段。因此说森林受环境的制约，随着时间和空间的变化森林也在发生变化，同时也影响着一定范围内的外界环境。

如上所述，森林是植被类型之一，以乔木树种为主体，包括灌木、草本植物以及其他生物在内，占有相当的空间，密集生长，并能显著影响周围环境的生物地理群落。森林与环境是一个对立统一的、不可分割的总体。二者相互联系、相互制约、相互作用，随时间和空间而发展变化。

现代森林的概念：森林是以乔木树种为主的具有一定面积和密度的包括植物、动物、微生物和物理环境在内的植物群落，受环境制约又影响环境的地球表面的主体生态系统。

现代森林的概念包含四方面特征：①以乔木树种为主；②具有一定面积和一定密度；③生态系统；④随着时间和空间的变化，森林受制于环境，适应着环境，影响着环境，改变着自身。

森林是人类文明的摇篮，发达的林业是社会进步的重要标志。纵观人类发展历史，国家的兴衰、民族的存亡无不与森林息息相关，森林兴则文明兴，森林败则文明衰。因此，保护和培育森林，发展林业，是关系民族生存与发展的根本大计，森林是人类未来的遗产，是子孙后代赖以生存和发展的重要基础产业，为国民经济发展提供了大量原料和初级产品。森林为人类社会的生产活动以及人类的生活提供了丰富的资源；在维护区域性气候和保护区域生态环境（如防止水土流失）等方面，森林也有重大贡献，所以森林对维系地球生态系统平衡具有不可替代的作用。

二、林业

林业，顾名思义，是培育、保护、管理和利用森林的事业。一般认为，林业是大农业的组成部分，与农业中的种植业相似，区别在于其种植对象是木本植物。这种认识在20世纪以前的传统林业概念中还是有代表性的，但随着人类文明的进步和社会经济的发展，林业的内涵和范畴已经发生了巨大变化。古代林业主要是开发利用原始林，以取得燃料、木材及其他林产品。中世纪以后，随着人口增加及森林资源渐次减少，局部地区出现缺林少材现象，人们开始关心森林的恢复和培育，经营管理和保护森林逐渐成为林业的经营内容。现代林业则正在逐渐摆脱单纯生产和经营木材的传统观念，重视森林的生态和社会效益，以多目的综合经营森林和高效率深度利用森林资源为其特征。因此，林业是以进行木材、林产品生产和保护性资源经营并以后者为基准的基础产业和公益事业。

对于我国来说，自改革开放以来，国民经济有了大幅度增长，中国进入工业化时期，林业的发展也开始转向发展森林的阶段。此时，经过多年的工业化建设后，人们已经认识到协调人与自然环境的重要性，林业不再是传统挖坑栽树的简单经济产业，而是担负着改善我国环境状况和提高林业产业效益的双重任务。同时，我国社会主义市场经济体制改革的发展，要求林业行业必须融入当中，才能与国家的发展建设相适应。近些年，在不断摸索人与资源、环境协调发展的过程中，人们在转变观念的同时还进行了各种各样的创新和探索，并形成了许多相关理论（如现代林学论、林业分工论、社会林业论等）。党的十八大以来，习近平总书记对林业工作高度重视，多次研究林业重大问题，多次视察林区工作，多次参加义务植树活动，多次做出重要指示。习近平总书记指出，森林是国家、民族最大的生存资本，关系生存安全、淡水安全、国土安全、物种安全、气候安全和国家外交战略大局；林业建设是事关经济社会可持续发展的根本性问题；发展林业是全面建成小康社会的重要内容，是生态文明建设的重要举措。这些重要论述，科学回答了林业在国家大局中的地位、作用和使命，为林业改革发展指明了方向，提出了新的更高要求。

林业是生态环境建设的主体，是维护国土生态安全，促进经济可持续发展，向社会提供森林生态服务的行业。当前的社会发展不能只将林业作为提供木材的来源，社会发展中对木材的需要应与林业产业的可持续发展相协调，在林业产业发展的同时也要参与到整个社会经济的发展中。林业是能够将经济和生态联系起来的关键，其肩负发展森林资源、提供森林景观、维护森林文化遗产以及保护生物多样性等多种重要功能；同时，承担着促进生态文明建设和经济发展的重要使命，经济的发展应尽力减轻对生态的破坏，并应将产生的资金和技术投入到森林的保护和培育中，促进林业和经济共同发展。林业还能够利用林木自身的重要特性，形成重要的防护林带，具有防风固沙防治沙漠化、涵养水土、防治水土流失、净化空气及调节气候等多种重要功能，林业发展和生态文明建设两者互相促进密不可分，它们在本质上是相统一的，所以林业在生态文明建设中占据主体地位。

三、林学

林学是有关林业生产（特别是营林生产）科学技术的知识系统及其相关的科学基础知识系统的集合。广义的林学还包括以木材采运工艺和加工工艺为中心的森林工业技术学科；狭义的林学以培育和经营管理森林的科学技术为主体，包含诸如森林植物学、森林生态学、林木育种学、森林培育学、森林保护学、木材学、测树学、森林经理学等学科，有时也可称为营林科学，尤其是现在对森林的重新认识，已经把合理的可持续发展经营理念渗透到森林经营中，重视的不是砍伐而是科学经营。林学的主要研究对象是森林，它包括自然界保存的未经人类活动显著影响的原始林，也包括原始林经采伐或破坏后自然恢复起来的天然次生林以及人工林。森林既是木材和其他林产品的生产基地，又是调节、改造自然环境从而使人类得以生存繁衍的天然屏障；森林与工农业生产和人民生活息息相关，是一项非常宝贵的自然资源。

林学是一门实践性很强的课程，讲授与学习这门课程均力求理论联系实际，加强实践性教学环节。林学又是一门与浩繁的生物界及多变的环境密切相关的学科，要掌握这门学科必须深刻理解其基本原理；具备必要的基本知识，并善于灵活运用这些基本原理和知识，结合具体地区的地理条件和自然特点，进行全面、周密的分析和综合，得出适当结论，以解决林业生产的相关问题。

人类早期对林学的认识开始于19世纪西方工业革命后，当时的林学正是以木材为研究对象，以开采利用为中心，来满足工业化需要。所以，早期林学的概念是：以木材为研究对象，以开采利用森林为研究中心的自然学科。

随着工业化进程，不合理的人类活动尤其是森林被大量砍伐后，早期的工业化国家出现了木材资源枯竭、水土流失以及各种灾害频繁发生等诸多问题，此时人们开始认识到必须通过森林的合理利用和林业工程建设来改善环境、满足工业发展需要，林学也随之逐步转到以营林和永续利用为中心上来。近两个多世纪以来，林学实现了由传统林学向现代林学的转变，无论从深度还是广度上都有许多新的发展，人们对林学的认识也发生了很大变化。

现在对于林学概念的普遍认识中，主要有以下两点较过去有了明显变化：一是对于森林功能的理解，森林除能提供木材外，还能提供多种林产品和服务功能；二是林学不只是技术科学，还包括应用基础科学的内容，需要了解并掌握森林的自然特性，充分发挥森林的各种作用。

总结起来，现代林学的概念是：以森林生态系统的营建、经营管理和利用为研究对象，以发挥森林生态系统的改善环境功能为核心，全面发挥森林生态系统的多种效益和各种功能为目的的学科。

第二节　森林效益与环境问题

一、森林的效益

森林的效益是指森林生物群体的物质生产、能量贮备及其对周围环境的影响所表现的价值。森林的水平分布广、占有空间大、成分复杂、结构稳定。与其他植被相比，森林固定太阳能的效率最高，第一性生产率和生物量最大。森林生物通过生理代谢、生化反应、物理和机械作用，既调节、制约和改善林内的环境条件，又直接或间接地影响与森林相近的其他生物群落和生态环境。

（一）森林的直接效益

森林的直接效益是指人类对森林生态系统开展各种经营活动时所取得的，并且已纳入现行货币计量体系之中、可在市场上进行交换而获得利润的一切收益，通常称为经济效益。森林的直接效益包括以森林资源为原料的一切产品收入，也有人把以盈利为目的利用森林非原料功能的收益，如森林公园、森林旅馆、疗养院以及森林旅游业中相关的收益所得等纳入森林的直接效益。森林素有"绿色金子"之称，也有人认为森林的直接效益主要体现在森林提供木材、能源和其他林副产品的收益。

1. 木材

实际上，人类社会从原始到现代、从陆地到天空、从生活到生产随时随处都离不开森林所提供的木材。随着人类社会的不断进步，木材在国家建设和人民生活中所起的作用将越来越重要，尽管今天和未来会有越来越多的木材替代品问世，但在人们崇尚自然、回归自然的今天，木材在经济建设、人类生活、文明发展和社会进步中永远是重要而且无法被替代的特殊物质资料。

在车辆、船舶、军舰、桥梁、码头、飞机、家具、农具、文具、玩具、运动器材、乐器制造等方面，无一不需要木材。木材经过机械和化学加工，可制成各种工业品，满足工业、农业和人民生活需要。

2. 其他林副产品

除木材外，森林还能为人类提供丰富多彩的林副产品，如树皮、树叶、树脂、果实等，不仅能够提供轻化工业和医药制造方面的重要原料，还能够提供食品工业的重要原料。森林生态系统提供的林副产品对于提高人们生活水平，增加出口资源，提高经济效益具有重要作用，其价值有时远远大于木材本身的收益，在国民经济中占有重要地位。

（二）森林的间接效益

森林的间接效益主要包括涵养水源、保持水土、调节温度、影响降水、防风固沙、净化空气、改善环境、降低噪声、提高生物多样性等功能价值。森林的间接效益也是生态效益和社会效益的体现。生态效益主要是指由于森林环境（生物与非生物）的调节作用而产生的有利于人类和生物种群生息、繁衍的效益。社会效益表现为森林对人类生存、生育、居住、活动以及在人的心理、情绪、感觉、教育等方面所产生的作用。这些效益来自同一森林生态系统中，相互之间有密切联系。

1. 涵养水源、保持水土

森林结构复杂，往往是由乔木层、灌木层、地被物等层次组成。这些层次都对降水有滞留作用，有林地段很少出现严重的水土流失，暴雨之后洪水泛滥现象也大大少于无林地段，同时也不容易因为干旱而使河川枯竭。而无林地段一旦遇到暴雨，水土流失现象往往严重，甚至引起山洪暴发，洪水泛滥，造成很大危害。老百姓通俗地说："山上栽了树，等于修水库；下雨它能吞，天晴它能吐。"森林具有的涵养水源、保持水土功能，在于森林生态系统的结构和森林生态系统在其能量流动和物质循环过程中，对降水的影响和重新分配。

2. 调节温度、影响降水

众多研究结果一致表明，有林地区和无林地区在气候特征上存在显著差异，当一个地区的大面积造林郁闭成林后，其林地及周围地区的热量和水分状况将产生明显变化。森林对气温的影响主要表现在森林不仅能稳定林内气温，还会影响周边地区的气温条件。森林还能够增加垂直降水，森林增加垂直降水主要有以下原因：森林具有强大的蒸腾作用，因此有林地上空空气湿度高、气温低。一个地区降水多少很大程度上取决于大气中水汽含量的多少，在无林空旷地，只有地表蒸发，蒸发量小，对空气中水汽含量影响不大；而在有林地区，林木的生长过程中以其强大的根系吸收土壤深层水分，向上空大量蒸腾，林冠蒸腾的大量湿气被迅速带到上空，森林附近空气湿度大、温度低，加上森林上空的空气涡动旺盛，为水分凝结形成降水创造了条件。

3. 防风固沙

风对森林的影响可以表现在不同方面：一方面风对森林植物生理活动等一系列影响；另一方面风可以通过影响环境进而影响森林植物，如风可以将海洋的湿气带到大陆上空，还可以调节植物体温，促进植物生长等，但风速大于 5 m/s 时，则可能产生不同的消极影响，如使农作物倒伏，吹折树木茎干，使森林植物蒸腾作用过强，造成植物凋萎、落花落果、落叶等，使植物发育不良，生长衰退，甚至死亡。因此，人们通过营造森林保护农田、村庄、河流、道路等。

4. 净化空气、改善环境

森林生态系统分布广阔、生物产量高、生命周期长，通过吸收同化、吸耐阻滞等形式在净化空气、改善环境中发挥着极其重要的作用，具体表现在以下几个方面。

森林通过光合作用吸收二氧化碳放出氧气，又通过呼吸作用吸收氧气放出二氧化碳，但植物在白天进行光合作用所制造的氧气比呼吸作用消耗的氧气大 20 倍。因此，总体上看，森林植物是氧气的制造者。据报道，1 hm^2 阔叶树 1 天消耗 1 t 二氧化碳释放 0.73 t 氧气；落叶林每年每公顷释放 0.16 t 氧气，针叶林每年每公顷释放 30 t 氧气，常绿阔叶林每年每公顷释放 20~35 t 氧气。

森林对大气中的烟灰和粉尘具有明显的吸附和阻滞作用，一方面，由于树木和森林以其高大的树干和稠密的林冠具有显著减弱风速的功效，从而在很大程度上降低了空气携带灰尘的能力，使空气中灰尘沉降下来；另一方面，树木叶片有一个较强的蒸腾面，尤其在晴天能够蒸腾大量水分，使树冠周围和森林表面保持较大湿度，同时树木的叶面粗糙、多绒毛、分泌黏液的特性可以滞留空气中的飘尘，从而大大降低了空气中灰尘的含量。据报道，每公顷松林每年可以滞尘近 40 t，每公顷云杉林每年可以滞尘 32 t，榆树每平方米叶吸尘量为 3.93 g，丁香每平方米叶吸尘量为 1.61 g，小叶椴每平方米叶吸尘量为 1.32 g。

树木净化空气中有毒物质主要通过以下两种途径：一是叶子吸收有毒物质，降低空气中的含量；二是植物能够使有毒物质在体内分解转化为无毒物质。例如，二氧化硫进入叶片后形成亚硫酸和亚硫酸根离子，但毒性很强的亚硫酸和亚硫酸根离子能被植物氧化，其毒性大大降低，很多树木都有吸收有毒气体的能力，在一定的浓度范围内树木能够把这些有毒气体吸收掉，避免这些有毒气体在大气中日积月累达到有害程度。

就树木对有毒气体的抗性而言，一般情况下，常绿阔叶树>落叶阔叶树>针叶树。确定树种抗性的方法主要有野外调查法、定点对比栽培法和人工熏气法等。大气污染物对森林的危害程度除与污染物的种类、浓度、树种以及树木的发育阶段等因子有关外，还与树木所在地的环境条件有密切关系，其中天气因素中的风、光照、降水、大气湿度和晴朗程度以及地形地貌会造成的逆温等现象均与森林植物的受害紧密相关。

森林具有杀死空气病菌的作用，这种杀菌作用可有效降低空气中的含菌量。很多树木的叶、花、果和皮等都能够产生一种挥发性物质，通常称为杀菌素。杀菌素能杀死细菌（伤寒、副伤寒病原菌、链球菌、葡萄球菌等）、真菌和原生动物。如稠李冬芽的提取液在 1 秒钟内能够杀死苍蝇。森林的杀菌作用，使有林地与无林地处的空气含菌量差别显著。据报道，在某一类型的森林内空气细菌含量仅为 $300 \sim 400$ 个$/m^2$，而其森林外的细菌含量高达 $3 \times 10^4 \sim 4 \times 10^4$ 个$/m^2$。

树木除叶片具有杀菌作用外，树木根系的分泌物也能杀灭土壤中的病原菌，从而对土壤起消毒作用。据报道，水流在通过 $30 \sim 40$ m 宽的林带后，细菌量减少了 $1/2$；在流经 50 m 宽的 30 年生的杨桦混交林后，含菌量减少 90% 以上。由此可见，森林对净化空气和水质均有显著作用。

另外，森林是疗养的理想场所，可为人们提供游憩的场所和陶冶性情的环境条件。

5. 降低噪声

森林具有降低噪声的功能。日本曾经报道，40 m 宽的林带，可以降低噪声 $10 \sim 15$ dB。森林类型、树种类型不同，其降低噪声的作用大小存在差异。一般情况下，林木成行状分布的林分较林木为疏松无规则分布的林分降低噪声的效果差；分枝低、树冠低的比分枝高、树冠高的乔木降低噪声的效果好；乔木和灌木混交的林分降低噪声的效果比单纯林效果好；系列状排列的狭窄多林带比一个宽的林带降低噪声的效果好。在城市的街道、广场、工厂、医院、疗养所等地建造林带和丛状树木团，可以起到明显降低噪声作用。

6. 提高生物多样性

生物多样性是一定空间范围内多种活有机体有规律地结合在一起的总称，包括所有植物、动物、微生物以及所有的生态系统和它们形成的生态过程。1995 年，联合国环境规划署（UNEP）在《全球生物多样性评估》中给出一种较简单的定义是：生物多样性是生物和它们组成的系统的总体多样性和变异性。也有学者认为，生物多样性系指形形色色的生物及与其环境形成的生态系统，以及与此相关的各种各样生态过程的总和，通常包括遗传多样性、物种多样性、生态系统多样性和景观多样性。森林所具有的特殊环境是许多动植物生存和发展的基本条件，根据研究报道，仅热带森林就拥有全球 50% ~70% 的生物物种，可见森林的破坏必然使许多生物失去生存环境，其物种也必然随之消亡。据推测，地球上 30% ~50% 的植物在今后 100 年内将不复存在。受地理位置及其跨度、地形地貌、气候特征、文化历史等综合因素影响，我国生物多样性的丰富程度很高，但由于种种原因，我国目前已有 15% ~20% 的生物物种受到严重威胁，高于世界 10% ~15% 的平均水平，每年天然林毁灭的速度更是大大高于世界平均水平的 1% 。目前，由于我国实施天然林资源保护工程，天然林及野生动植物资源受到了良好保护。一般认为，生物物种多样性降低的重要原因包括生物栖息地的丧失和破碎化、生物资源的过度开发和掠夺、环境污染、气候变迁、农林产品的单一化以及外来生物物种的生态入侵等，其中以破坏森林等人类行为所导致的生物物种栖息地的丧失和破碎化，是目前物种多样性降低的最主要原因。

二、环境问题

1. 全球气候变暖

由于人口数量和人类生产活动的规模等越来越大，向大气释放的二氧化碳（CO_2）、甲烷（CH_4）、一氧化二氮（N_2O）、氯氟碳化合物（CFC）、四氯化碳（CCl_4）、一氧化碳（CO）等温室气体不断增多，导致大气组成发生变化，大气质量受到影响，气候有逐渐变暖的趋势。全球气候变暖，将会对全球产生各种不同的影响，较高的气温可使极地冰川融化，海平面升高，因而将使局部海岸地区被淹没。全球变暖也可能影响降水和大气环流的变化，使气候反常，易造成旱涝灾害，这些都可能导致生态系统发生变化和破坏，而全球气候变化将对人类生活产生一系列重大影响。

2. 臭氧层破坏

在离地球表面 10 ~50 km 的大气平流层中集中有地球上 90% 的臭氧气体，在离地面 25 km 处臭氧浓度最大，形成了厚度约 3 mm 的臭氧集中层，称为臭氧层。它能吸收太阳的紫外线，以保护地球上的生命免遭过量紫外线伤害，并将能量贮存在上层大气，起到调节气候的作用。但臭氧层自身是很脆弱的，如果进入一些破坏臭氧的气体，它们就会和臭氧发生化学作用，臭氧层就会遭到破坏。臭氧层被破坏，将使地面受到紫外线辐射的强度增加，给地球上的生命带来很大危害。例如，紫外线辐射能破坏生物蛋白质和基因物质脱氧核糖核酸，造成细胞死亡；使人类皮肤癌发病率增高，伤害眼睛，导致白内障而使眼睛失明；抑制植物如大豆、瓜类、蔬菜等生长；并可穿透 10 m 深的水层，杀死浮游生物和微生物，从而危及水中生物的食物链和自由氧的来源，影响生态平衡和水体的自净能力。

3. 生物多样性减少

《生物多样性公约》指出，生物多样性是指所有来源的形形色色的生物体，这些来源包括陆地、海洋和其他水生生态系统及其所构成的生态综合体；它包括物种内部、物种之间和生态系统的多样性。在漫长的生物进化过程中会产生一些新的物种，同时，随着生态环境条件的变化，也会使一些物种消失。所以说，生物多样性是不断变化的。近百年来，由于人口数量的急剧增加和人类对资源的不合理开发，加之环境污染等原因，地球上的各种生物及其生态系统遭受了极大冲击，生物多样性也经受了很大损害。有关学者估计，世界上每年至少有 5 万种生物物种灭绝，平均每天灭绝的物种达 140 个，至 21 世纪初全世界野生生物的损失估计可达其总数的 15% ~ 30%。在中国，由于人口增长和经济发展压力，对生物资源的不合理利用和破坏，生物多样性所遭受的损失非常严重，大约有 200 个物种已经灭绝；估计约有 5000 种植物已处于濒危状态，这些约占中国高等植物总数的 20%；大约还有 398 种脊椎动物也已处于濒危状态，约占中国脊椎动物总数的 7.7%。因此，保护和拯救生物多样性以及这些生物赖以生存的生活条件，同样是摆在我们面前严峻而又重要的任务。

4. 酸雨蔓延

酸雨是指大气降水中酸碱度（pH 值）低于 5.6 的雨、雪或其他形式的降水。这是大气污染的一种表现。酸雨对环境的影响是多方面的。酸雨降落到河流、湖泊中，会妨碍水中鱼、虾等的成长，以致其减少或绝迹；酸雨还会导致土壤酸化，破坏土壤营养，使土壤贫瘠化，危害植物生长，造成作物减产，危害森林生长。此外，酸雨还会腐蚀建筑材料，有关资料数据说明，近十几年来，酸雨地区的一些古迹特别是石刻、石雕或铜塑像的被损坏程度超过以往百年以上，甚至千年以上。

5. 森林锐减

由于人类的过度采伐和不恰当的开垦，再加上气候变化引起的森林火灾，世界森林面积不断减少。近 50 年间，森林面积已减少 30%，而且其锐减势头至今不见减弱。森林的减少导致水土流失、洪灾频繁、物种减少、气候变化等多种严重恶果。

6. 土地荒漠化

过度放牧及重用轻养使草地逐渐退化，开荒、采矿、修路等建设活动对土地的破坏作用甚大，加上水土流失的不断侵蚀，世界上每天都有大片土地沦为荒漠，土地荒漠化的直接后果之一就是农民的贫困化。

7. 森林资源短缺

根据《2020 年全球森林资源评估报告》，森林总面积为 40.6 亿 hm^2，占全球土地面积的 30.8%。2015—2020 年，毁林速度据估计为每年 1000 万 hm^2。超过 1 亿 hm^2 的森林受到了火灾、病虫害、入侵物种、干旱和灾害性天气事件的不利影响。全球森林面积在 1990—2020 年共减少了 1.78 亿 hm^2，规模大致与利比亚国家面积相当。

8. 水环境污染严重

人口膨胀和工业发展所制造出来的越来越多的污水废水终于超出了天然水体的承受极限，于是本来清澈的水体变黑发臭、细菌滋生、鱼类死亡、藻类疯长等。更为严重的是，本来足以滋养人类的水资源，常因含有有毒物质而使人染病，甚至置人于死地。工农业生产当然也因为水质的恶化而受到极大损害。水环境的污染使原来就短缺的水资源更为紧张。水资源的短缺，水环境的污染，以及水的洪涝灾害，构成了足以毁灭人类的水危机。

9. 大气污染肆虐

最普遍的大气污染是燃煤过程中产生的粉尘，细小的悬浮颗粒被吸入人体，十分容易引起呼吸道疾病。现代都市还存在光化学烟雾，这是由于工业废气和汽车尾气中夹带大量化学物质，如碳氢化合物、氢氧化物、一氧化碳等，它们与太阳光作用，会形成一种刺激性的烟雾，能引起眼病、头痛、呼吸困难等。根据世界卫生组织的数据，全球每年约有700万人因空气污染而过早死亡，主要原因是心血管疾病、癌症和呼吸道感染导致的死亡率上升。

10. 固体废弃物成灾

固体废弃物包括城市垃圾和工业固体废弃物，随着人口数量的增长和工业规模的发展而日益增加，至今已成为地球特别是城市的一大灾害。垃圾中含有各种有害物质，任意堆放不仅占用土地，还会污染周围空气、水体甚至地下水。有的工业废弃物中含有易燃、易爆、致毒、致病、放射性等有毒有害物质，危害更为严重。

显然，众多的环境问题已经对人类提出了十分严峻的挑战，这是涉及人类能否在地球上继续生存、继续发展的挑战，人类不能回避，更不能听之任之，贸然对待。人类必须为子孙后代继续在这个星球生存，寻找另一条发展之路。

三、我国生态环境现状及存在问题

（一）我国生态环境基本现状

根据生态环境部公布的《2020 中国生态环境状况公报》报告，我国生态环境基本现状可概括为以下 5 个方面。

1. 生态环境质量

2020 年，全国生态环境状况指数（EI）值为 51.7，生态质量一般，与 2019 年相比无明显变化。生态质量优和良的县域面积占国土面积的 46.6%，主要分布在青藏高原以东、秦岭—淮河以南、东北的大小兴安岭地区和长白山地区；一般的县域面积占 22.2%，主要分布在华北平原、黄淮海平原、东北平原中西部和内蒙古中部；较差和差的县域面积占31.3%，主要分布在内蒙古西部、甘肃中西部、西藏西部和新疆大部。

2020 年与 2018 年相比，810 个开展生态环境动态变化评价的国家重点生态功能区县域中，生态环境变好的县域占 22.7%，基本稳定的占 71.7%，变差的占 5.6%。

2. 生物多样性

1）在生态系统多样性方面

中国具有地球陆地生态系统的各种类型，其中森林 212 类、竹林 36 类、灌丛 113 类、草甸 77 类、草原 55 类、荒漠 52 类、自然湿地 30 类；有红树林、珊瑚礁、海草床、海岛、海湾、河口和上升流等多种类型的海洋生态系统；有农田、人工林、人工湿地、人工草地和城市等人工生态系统。

全国森林覆盖率为 23.04%。森林蓄积量为 175.6 亿 m^3，其中天然林蓄积 141.08 亿 m^3、人工林蓄积 34.52 亿 m^3。森林植被总生物量为 188.02 亿 t，总碳储量为 91.86 亿 t。

全国草原综合植被覆盖度为 56.1%，天然草原鲜草产量稳定在 11 亿 t 左右。

2）在物种多样性方面

中国已知物种及种下单元数 122280 种。其中，动物界 54359 种，植物界 37793 种，细菌界 463 种，色素界 1970 种，真菌界 12506 种，原生动物界 2485 种，病毒 655 种。列入国家重点保护野生动物名录的珍稀濒危陆生野生动物 406 种，大熊猫、金丝猴、藏羚羊、褐马鸡等数百种动物为中国所特有；列入国家重点保护野生动物名录的珍稀濒危水生野生动物 302 种（类），长江江豚、扬子鳄等为中国所特有。列入国家重点保护野生植物名录的珍贵濒危植物 8 类 246 种，已查明大型真菌种类 9302 种。

3）在遗传多样性方面

中国有栽培作物 528 类 1339 个栽培种，经济树种达 1000 种以上，原产观赏植物种类达 7000 种，家养动物 948 个品种。

3. 自然保护地

全国已建立国家级自然保护区 474 处，总面积约 9834 万 hm^2。国家级风景名胜区 244 处，总面积约 1066 万 hm^2。国家地质公园 281 处，总面积约 463 万 hm^2。国家海洋公园 67 处，总面积约 73.7 万 hm^2。共有东北虎豹、祁连山、大熊猫、三江源、海南热带雨林、武夷山、神农架、普达措、钱江源和南山等 10 个国家公园体制试点区，总面积超过 2200 万 hm^2，约占陆域国土面积的 2.3%。

基于遥感监测发现，2020 年上半年和下半年，国家级自然保护区新增或规模扩大的采矿采砂、工矿企业、旅游设施和水电设施四类重点问题线索分别为 162 处和 229 处，总面积分别为 94 hm^2 和 142 hm^2。

4. 黄河流域生态状况

黄河流域生态状况变化遥感调查评估结果显示，2000—2019 年，黄河流域植被覆盖度整体大幅提升，平均值由 24.0% 升至 38.8%。黄河上游地区气候呈"暖湿化"趋势，优良等级森林、灌丛和草地生态系统面积比例增加。冰冻圈消融加速导致阿尼玛卿山冰川面积减少 18.7%，极端天气气候事件增多，灾害风险加剧。

5. 荒漠化和沙化

根据第五次全国荒漠化和沙化监测结果，全国荒漠化土地面积为 26116 万 hm^2，沙化土地面积为 17212 万 hm^2。根据岩溶地区第三次石漠化监测结果，全国岩溶地区现有石漠化土地面积 1007 万 hm^2，年均减少 24.24 万 hm^2；沙化土地面积净减少 99.02 万 hm^2，年均减少 19.80 万 hm^2。

（二）我国生态环境存在的问题

1. 水土流失严重

根据水利部公布的全国第二次水土流失遥感调查结果，中国的水土流失分布范围广、面积大，我国水土流失面积达 356 万 km²，约占国土总面积的 1/3，其中水力侵蚀面积达 165 万 km²，风力侵蚀面积达 191 万 km²。在水蚀、风蚀面积中，水蚀、风蚀交错面积为 26 万 km²，侵蚀形式多样，类型复杂，水力侵蚀、风力侵蚀、冻融侵蚀及滑坡泥石流等重力侵蚀特点各异，相互交错，成因复杂。土壤流失严重，根据统计，中国每年流失的土壤总量达 50 亿 t。长江流域年土壤流失总量为 24 亿 t，其中上游地区年土壤流失总量达 15.6 亿 t，黄河流域、黄土高原区每年进入黄河的泥沙多达 16 亿 t。

2. 沙漠化防治形势严峻

2013 年 7 月至 2015 年 10 月底，国家林业局组织相关部门的有关单位开展了第五次全国荒漠化和沙化监测工作，获得了截至 2014 年年底的全国荒漠化和沙化土地现状及动态变化信息，全国荒漠化土地面积为 261.16 万 km²，沙化土地面积为 172.12 万 km²。监测结果表明，自 2004 年以来，我国荒漠化和沙化状况连续 3 个监测期"双缩减"，呈现整体遏制、持续缩减、功能增强、成效明显的良好态势，但防治形势依然严峻。

3. 草原退化加剧

中国是一个草原资源大国，天然草原面积近 4 亿 hm²，约占国土总面积的 40%，仅次于澳大利亚，居世界第二位。草原是中国面积最大的绿色生态屏障，是牧民赖以生存的基本生产资料，也是我国少数民族的主要聚居区。由于我国草原超载过牧的问题比较严重，乱采、乱挖、乱垦等破坏草原的现象时有发生，草原鼠虫害还未得到彻底防治，造成草原退化不断加剧。目前，我国 90% 的天然草原都有不同程度的退化，每年还以 200 万 hm² 的速度扩展。草原生态环境的持续恶化，造成沙尘暴、水土流失等危害日益加剧，不仅制约着草原畜牧业的发展，影响农牧民收入增加，而且直接威胁国家生态安全，甚至影响整个国民经济的可持续发展。加强草原保护与建设已经到了刻不容缓的地步。

4. 森林资源状况未得到根本改变

根据国家林业和草原局公布的《"十四五"林业草原保护发展规划纲要》和《关于全面推行林长制的意见》，"十三五"规划主要任务全面完成，约束性指标顺利实现，生态状况明显改善。森林蓄积量达到 175.6 亿 m³，森林覆盖率达到 23.04%，但森林覆盖率低于全球 30.7% 的平均水平，特别是人均森林面积不足世界人均森林面积的 1/3。总体而言，我国森林资源总量相对不足、质量不高、森林生态系统功能脆弱的状况尚未得到根本改变，生态产品短缺依然是制约我国可持续发展的突出问题。

5. 生物受威胁物种多

据《2020 中国生态环境状况公报》估计，中国 34450 种已知高等植物的评估结果显示，需要重点关注和保护的高等植物 10102 种，占评估物种总数的 29.3%，其中受威胁的 3767 种、近危等级（NT）的 2723 种、数据缺乏等级（DD）的 3612 种。4357 种已知脊椎动物（除海洋鱼类）的评估结果显示，需要重点关注和保护的脊椎动物 2471 种，占评估物种总数的 56.7%，其中受威胁的 932 种、近危等级的 598 种、数据缺乏等级的 941 种。9302 种已知大型真菌的评估结果显示，需要重点关注和保护的大型真菌 6538 种，占评估物种总数的 70.3%，其中受威胁的 97 种、近危等级的 101 种、数据缺乏等级的 6340 种。

6. 地下水位下降

近年来，由于过分开采地下水，在北方地区形成了 8 个总面积达 150 万 hm^2 的超产区，导致华北地区地下水位每年平均下降 12 cm。1949 年以来，中国湖泊减少了 500 多个，面积缩小约 1.86 万 hm^2，占现有面积的 26.3%，湖泊蓄水量减少 513 亿 m^3，其中淡水量减少 340 亿 m^3。

7. 水体污染严重

据《2020 中国生态环境状况公报》数据，2020 年，全国地表水监测的 1937 个水质断面（点位）中，Ⅰ~Ⅲ类水质断面（点位）占 83.4%，比 2019 年上升 8.5 个百分点；劣Ⅴ类占 0.6%，比 2019 年下降 2.8 个百分点。主要污染指标为化学需氧量、总磷和高锰酸盐指数。2020 年，长江、黄河、珠江、松花江、淮河、海河、辽河七大流域和浙闽片河流、西北诸河、西南诸河主要江河监测的 1614 个水质断面中，Ⅰ~Ⅲ类水质断面占 87.4%，比 2019 年上升 8.3 个百分点；劣Ⅴ类占 0.2%，比 2019 年下降 2.8 个百分点。主要污染指标为化学需氧量、高锰酸盐指数和五日生化需氧量。

8. 大气污染防治形势依然严峻

据《2020 中国生态环境状况公报》数据，2020 年，全国 337 个地级及以上城市（以下简称 337 个城市）中，202 个城市环境空气质量达标，占全部城市数的 59.9%，比 2019 年上升 13.3 个百分点；135 个城市环境空气质量超标，占 40.1%，比 2019 年下降 13.3 个百分点。若不扣除沙尘影响，337 个城市环境空气质量达标城市比例为 56.7%，超标城市比例为 43.3%。

337 个城市累计发生严重污染 345 天，比 2019 年减少 107 天；重度污染 1152 天，比 2019 年减少 514 天。以 $PM_{2.5}$、PM_{10} 和 O^3 为首要污染物的天数分别占重度及以上污染天数的 77.7%、22.0% 和 1.5%。

9. 生态修复难度增大

经过 30 多年大规模造林绿化，可造林地的结构和分布发生了显著变化。全国宜林地、疏林地以及需要退耕的坡耕地、严重沙化耕地等潜在可造林地为 4946 万 hm^2，其中，3958 万 hm^2 宜林地中，有 67% 分布在华北、西北干旱、半干旱地区，有 12% 分布在南方岩溶石漠化地区，自然气候及立地条件相对较差，造林成林越来越困难，土地已经成为加快林业建设的主要制约因素；加之传统的劳动力、土地等投入要素优势逐步丧失，造林抚育用工短缺，劳动力和用地成本不断上涨，一些地方甚至出现了造林任务分解难、落实难问题。同时，林业发展方式较为粗放，重面上覆盖、轻点上突破，重挖坑栽树、轻经营管理，重数量增长、轻质量提升，重单一措施、轻综合治理，造成森林结构纯林化、生态系统低质化、生态功能低效化、自然景观人工化趋势加剧。全国森林单位面积蓄积量只有全球平均水平的 78%，纯林和过疏过密林分所占比例较大，森林年净生长量仅相当于林业发达国家的一半左右。

10. 资源保护压力加大

随着经济社会发展和城镇化推进，一些地区林业资源破坏严重，保护压力持续增加，出现了森林破碎化、湿地消失、物种灭绝等生态问题。2009—2013 年期间违法违规侵占林地年均 13.34 万 hm²（200 万亩），2004—2013 年间湿地面积年均减少 34.02 万 hm²（510 万亩），沙化和石漠化土地占国土面积的近 20%，有 900 多种脊椎动物、3700 多种高等植物受到生存威胁，过去十年年均发生森林火灾 7600 多起，森林病虫害发生面积 0.12 亿 hm²（1.75 亿亩）以上。全面保护天然林的任务十分繁重。生态空间受到严重挤压，生态承载力已经接近或超过临界点。生态危机不仅导致越来越多的健康问题、经济问题，还成为引发社会矛盾的燃点。生态破坏严重、生态灾害频繁、生态压力巨大已成为全面建成小康社会的最大瓶颈。

第三节　林　业　概　况

一、世界林业概况

森林占全球土地面积的 30.8%，但并非均匀分布于全球各地。大约一半的森林面积（49%）相对完整，而 9% 的森林则是严重破碎的，连通性较差或几乎没有连通性。热带雨林和北方针叶林破碎化最低，而亚热带干旱林和温带阔叶林具有最高的破碎度。全世界约 80% 的森林板块规模超过 100 万 hm²，其余 20% 的森林遍布世界 3400 万个森林板块之中，绝大多数板块规模小于 1000 hm²。超过三分之一（34%）的世界森林是原始森林，定义为原生树种的天然再生林，没有明显的人类活动迹象，生态过程也没有受到明显干扰。

根据联合国粮食及农业组织发布的《2020 年全球森林资源评估报告》，世界森林总面积为 40.6 亿 hm²，人均约 0.5hm²，但其并非均匀分布于全球。五个国家（俄罗斯、巴西、加拿大、美国和中国）拥有世界一半以上的森林，十个国家（俄罗斯、巴西、加拿大、美国、中国、澳大利亚、刚果民主共和国、印度尼西亚、秘鲁和印度）拥有全球三分之二（66%）的森林。

毁林和森林退化仍以惊人的速度不断发生，并导致了生物多样性的持续显著降低。尽管毁林速度在过去的 30 年间已有所降低，但自 1990 年以来，据估计森林面积通过转为其他用地丧失了 4.2 亿 hm²。2015—2020 年，毁林速度据估计为每年 1000 万 hm²，低于 20 世纪 90 年代的每年 1600 万 hm²。世界范围内的原始森林从 1990 年起已经减少了超过 8000 万 hm²。森林面积损失主要受到火灾、病虫害、入侵物种、干旱和灾害性天气事件的不利影响。

森林面积净损失由 20 世纪 90 年代的每年 780 万 hm² 降低至 2010—2020 年间的每年

470 万 hm²。尽管毁林在一些地区仍在继续，然而在另一些地区以自然扩张和人工辅助方式新建的森林逐渐增加。2010—2020 年，亚洲森林面积净增幅最高，其次是大洋洲和欧洲。从绝对数值来看，全球森林面积在 1990—2020 年共减少了 1.78 亿 hm²，规模大致与利比亚国家面积相当。非洲在 2010—2020 年的森林面积净损失最高，每年损失 394 万 hm²。其次是南美，每年损失 260 万 hm²。

二、中国林业概况

根据第九次全国森林资源清查（2014—2018 年）数据，全国森林覆盖率为 22.96%，比第八次全国森林资源清查的森林覆盖率 21.63% 提高了 1.33 个百分点。这意味着全国森林面积净增 1266.14 万 hm²，比福建省的面积还要大。全国现有森林面积 2.2 亿 hm²，森林蓄积量 175.6 亿 m³，实现了 30 年来连续保持面积、蓄积量"双增长"。乔木林有1892.43 亿株乔木。全国有 41.5 万个固定样地，是采用系统抽样布设的，每块样地面积为 1 亩左右。这次对公众普遍关注的森林生态服务功能也进行了调查，如我国森林年涵养水源量 6289.5 亿 m³、年固土量 87.48 亿 t、年保肥量 4.62 亿 t、年吸收大气污染物量4000 万 t、年滞尘量 61.58 亿 t、年释氧量 10.29 亿 t、年固碳量 4.34 亿 t。

全国森林植被总生物量 170.02 亿 t，总碳储量 84.27 亿 t。根据第二次全国湿地资源调查（2009—2013 年），全国湿地总面积 5360.26 万 hm²，与第一次调查相比，受保护的湿地面积增加 525.94 万 hm²，达到 2324.32 万 hm²。全国完成沙化土地治理面积 1000 万 hm²，土地沙化趋势整体得到初步遏制。全国林业系统累计建立各级各类自然保护区 2189处，面积 1.25 亿 hm²，其中国家级自然保护区 359 处，面积 7874 万 hm²。随着人们越来越重视森林资源的保护和生态文明的建设，林业作为森林资源保护和生态文明建设的主体，作为一项重要的公益事业和基础产业，承担着建设林业生态体系、林业产业体系和生态文化体系的历史重任，我国林业发展必将取得更大的成就。

📖 习题

1. 森林的概念是什么？
2. 林业的概念是什么？
3. 林学的概念是什么？
4. 简述森林的间接效益。
5. 简述我国生态环境问题。

第二章 森 林 植 物

学习目标

☞ 通过本章学习，了解和认识森林；掌握植物分类的基础知识，能够对森林中数量众多、种类复杂的植物进行识别和分类；熟悉我国重要的森林树种。

第一节 植物分类基础知识

植物在地球上出现距今大约有 34 亿年的历史，在这个漫长的历史时期里，随着地质变迁和时间推移，新的植物种类不断产生，但也有一部分植物种类衰退甚至消亡，这样经过不断遗传、变异和演化就形成了今天丰富多彩、种类繁多、形态各异的植物。目前，地球上的植物种类大约有 30 万种，近十分之一生长在中国，它们的分布范围极为广泛，其形态结构和内部特征差异很大。

200 多年前瑞典博物学家林奈在《自然系统》(Systema Nature，1735) 一书中明确将生物分为植物和动物两大类，即植物界和动物界。按照两界分类系统的分类原则，植物界大体上有 16 门，根据各种植物在长期演化过程中所形成的特点，通常又将其分成藻类植物、菌类植物、地衣植物、苔藓植物、蕨类植物和种子植物六大类群，具体分类情况如图 2 −1 所示。

一、植物界的基本类群

藻类植物、菌类植物和地衣植物称为低等植物。由于它们在生殖过程中不产生胚，故又称为无胚植物。苔藓植物、蕨类植物和种子植物称为高等植物，它们在生殖过程中可产生胚，故又称为有胚植物。藻类、菌类、地衣、苔藓、蕨类植物用孢子进行繁殖，所以称孢子植物，由于不开花、不结果所以称为隐花植物；而裸子植物和被子植物开花结果，用种子繁殖，所以称种子植物或显花植物。蕨类植物和种子植物具有维管束，所以把它们合称为维管束植物；藻类、菌类、地衣、苔藓植物无维管束产生，所以称为非维管束植物。

（一）低等植物

低等植物是地球上出现最早的一群古老而原始的植物，其形态结构比较简单，大部分

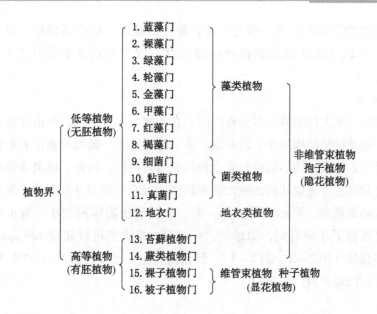

图 2-1 植物界的基本类群

生活在水中或潮湿的环境条件下，植物体没有根、茎、叶的分化。低等植物的生殖器官除极少数为多细胞外，大都是单细胞的。其生殖过程亦比较简单，合子不形成胚而直接萌发成新的植物体。

根据其结构和营养方式可将低等植物分为藻类植物、菌类植物和地衣植物三大类群。

1. 藻类植物

藻类是极古老的植物，植物体构造简单，仅有单细胞、群体、丝状体或叶状体，没有根、茎、叶的分化。目前地球上现存的藻类植物约有 3 万种，其中约有 90% 生活在水中（淡水和海水），但在潮湿的岩石、墙壁和树干上、土壤表面和下层都有它们的分布。藻类植物的形态、大小、结构差异很大，如蓝藻、绿藻等；有些为多细胞的群体，如水绵；有的构造较复杂，形体较大，世界上最大的藻类是生于太平洋东岸寒流中的巨藻，最大的可达 100 m。藻类为自养植物，植物体细胞中含有叶绿素，能进行光合作用，制造养分供本身需要。除叶绿素外，植物体细胞中还含有其他色素，因而大多数藻类植物都表现出蓝、绿、褐、紫、红等颜色。根据其含有的色素、植物体结构、贮藏的养料、生殖方式等不同，可将藻类植物分为蓝藻门、裸藻门、绿藻门、轮藻门、金藻门、甲藻门、红藻门、褐藻门等。

藻类植物在进行同化作用时能吸收水中的有害物质，增加水中氧气，净化和氧化污水；许多藻类虽然个体非常微小，但在水中能构成体积很大的浮游植物，成为鱼类和其他水生动物的主要食物；有些藻类可以用作家畜的饲料和农业上的绿肥；藻类由于其低比例的木质素和半纤维素，常常用作生物乙醇的来源，相比其他木质植物拥有独特的优势，

17

因此可以用作生物能源的开发。除此之外，藻类多糖还有抗病毒活性、抗菌消炎活性、抗肿瘤活性、抗氧化活性以及改善肾功能活性，因此它们还有用作生物医药活性的功能。

2. 菌类植物

菌类植物是个庞大的家族，其分布广泛，在土壤、水、空气、高山甚至动植物体内外都可以生存。菌类植物结构简单，没有根、茎、叶等器官。菌类植物体多不含色素，没有叶绿素，除极少数细菌外均不能进行光合作用制造有机物。因此，菌类植物是异养的，异养方式有寄生和腐生，主要从活的或死的有机体中吸取养分而维持生活。菌类植物体有单细胞的，也有多细胞的，形态多种多样。大多数菌类植物体积较小，最小的在 1 μm 以下，必须在显微镜下才能看到，如球菌、杆菌等，最大的可以超过 100 μm，肉眼可见，如羊肚菌、蘑菇等（图 2-2、图 2-3）。到目前为止，已知的菌类有 10 多万种，通常分为细菌门、粘菌门和真菌门三个门。

图 2-2 羊肚菌（胡杰摄）

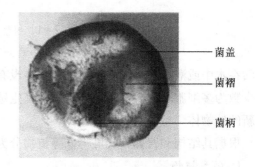

图 2-3 蘑菇（郭亚娇摄）

菌类植物在自然界的物质循环及人类生活中起很重要的作用。许多菌类植物可以分解腐烂动植物残体，能使复杂的有机物还原成简单的化合物，重新为植物所利用；有些菌类植物能吸收空气中的游离氮和固定土壤中的游离氮，提高土壤肥力，如根瘤菌和固氮菌；许多大型真菌是滋味鲜美、营养丰富的食用菌，如蘑菇、香菇、口蘑、猴头菌、木耳及羊肚菌等；供药用的真菌也很多，如冬虫夏草、灵芝、茯苓等；有些菌类植物还可以用于化工、造纸、制革等工业。当然，菌类还对人类健康及动植物有直接影响，可以引起人、禽、畜及植物发生病害甚至死亡，如伤寒、鼠疫、破伤风等病原菌侵入人体，可以发生严重疾病，危害生命。

3. 地衣植物

地衣是植物界中一种特殊的植物，是由真菌和藻类共生的复合体。在生长过程中，藻类具有叶绿素，能进行光合作用，光合作用制造的有机物供真菌生长；而真菌没有叶绿素，不能制造有机物，但它能用菌丝体吸收水分和无机盐供给藻类生活，为藻类进行光合作用提供原料，并在环境干燥时保护藻类，不致干死。在这种共生关系中，藻、菌之间相互获利，经过长期的密切结合，使其在形态、构造和生理上成一有机整体，在分类上也自成体系。根据其生长状态可分为壳状地衣、叶状地衣和枝状地衣3种类型。

地衣被誉为植物家族中的"顽强公民"，无论在骄阳似火、一望无垠的沙漠中，还是冰封千里、万里雪飘的北国荒原，甚至悬崖峭壁上它都能立足扎根，繁衍生息。其耐受干旱高温、严寒冷冻的能力是任何高等生物无法比拟的。地衣可分泌出多种地衣酸，而地衣酸具有风化解体岩石的"特异功能"。它可使岩石逐渐变成薄薄的土壤层，给苔藓、蕨类及其他高等植物创造生存繁衍的环境。地衣代谢产物中的许多成分在医药卫生方面具有很高的应用价值，如有一种枝状松萝地衣，兼有滋补与解毒功效，内服可滋阴补肾，外用则消肿解毒。在北极，漫长的秋冬严寒季节来临时，冰冻三尺，万木凋零，百草不生，唯有地衣是饲养驯鹿的理想食料。地衣对遭受污染的空气十分敏感，凡受空气污染比较严重的地区，地衣也会随之而消失。据此特性，环境保护工作者把它作为一种监测环境污染严重程度的"指示剂"，而且相当灵敏。地衣还是制作颜料、香料、试剂、药材的重要原料。当然，地衣也有有害的一面：林中地衣满布于树枝表面，不仅影响树木的光照和呼吸，而且容易成为害虫的栖息地。

（二）高等植物

高等植物是植物界最大的一个类群，其形态结构和生理现象都比较复杂。除少数水生外，绝大多数高等植物都是陆生。由于长期适应陆地的环境条件，除苔藓植物外，其他植物体都有根、茎、叶的分化。高等植物的生殖器官是由多细胞构成的，受精卵形成胚，再长成植物体。

高等植物包括苔藓植物、蕨类植物和种子植物三大类群。

1. 苔藓植物

苔藓植物是高等植物中最原始的陆生类群，它们虽然脱离水生环境进入陆地生活，但大多数仍生长于阴湿的地方，是植物从水生到陆生过渡的代表类群。植物体构造简单而矮小，较低等的苔藓植物没有根、茎、叶的分化，常呈扁平的叶状体，如地钱；较高等的苔藓植物则有根、茎、叶的分化，但没有真正的根，只有假根。假根是由单细胞或单列细胞构成的丝状分枝，主要起固定植物体、吸收水分和无机盐的作用，如葫芦藓。茎还没有分化出维管束那样的真正输导组织。其世代交替的一个重要特征是孢子体退化，着生在配子体上，配子体发达，具叶绿体，能自养生活。全世界苔藓植物种类在1.5万～2.5万种之间。根据其植物体构造不同，可分为苔纲和藓纲两大类群。

苔藓植物的分布范围很广，多生于阴湿的土壤表面、石面、荒漠、冻原以及树干、枝叶上，其中树附生苔藓植物是一类附生在树木上的苔藓植物，是森林生态系统的重要组成部分，在维持生物多样性和生态系统功能等方面发挥着重要作用。相对于其他陆生苔藓植物，树附生苔藓植物对环境变化更为敏感，常在大气污染、气候变化、森林干扰等方面作为指示生物。此外，苔藓植物是植物界的拓荒者之一，具有很强的吸水和保湿特性，对防止水土流失和对植物群落的初生演替具有重要意义。

2. 蕨类植物

蕨类植物一般为陆生，少数为水生，有明显的根、茎、叶分化，根为须根状；茎多为根状茎，在土中横走、上升或直立；叶有小型叶和大型叶之分。根茎中具有维管束的分化，担任水分、无机盐和有机物的运输，比苔藓更能适应陆地生活。蕨类植物的外形与种子植物相似，但从不产生种子，以孢子繁殖。蕨类植物作为一个自然类群，通常分为蕨类植物门一个类群。现代蕨类植物约有1.2万种，广泛分布于地球上，寒、温、热三带都有分布，以热带、亚热带、温带分布最多。我国的蕨类植物有2600余种，广布于全国各地，以西南地区和长江流域以南为多。

蕨类植物可作为土壤和气候的指示植物，可根据蕨类的生长和分布来指导人们进行林业生产。如芒萁和石松等适合生长的酸性土壤正是茶和油茶等经济林木的宜林地；许多种类可作药用，如海金沙可治尿道感染和结石；有些嫩叶可食用，茎中含淀粉可食用或工业用；有些可作为饲料和肥料。

3. 种子植物

种子植物是目前地球上分布最广、种类最多、经济价值最大的一类植物。其最大的特征就是产生种子，种子由胚珠发育而来，胚被包藏在种子内，不但能够抵抗不良环境条件，而且还能获得发育所必需的养料。与种子出现有密切关系的另一特点是花粉管的形成，它将精子送到胚囊与卵细胞结合，使种子植物的有性繁殖不再受外界环境——水的限制。此外，种子植物的孢子体非常发达，有强大的根系，体内各种组织的分化越来越完善，相反配子体极为简单，并寄生在孢子体上，从孢子体上获取水分和养料。所以，种子植物的结构更完善，能更好地适应陆生环境，有利于种族繁殖。现在地球上已被人类知道的种子植物有25万余种，我国有3万余种。

根据种子是否有果皮包被，种子植物又可分为裸子植物和被子植物。

1）裸子植物

裸子植物是种子植物中比较低等的一类植物。其最突出的特征就是种子是裸露的，没有果皮包被，也就是说发育成种子的胚珠是裸露的。裸子植物在形成种子的过程中，并不形成子房和果实，胚珠裸露，因此称为裸子植物。裸子植物都有形成层和次生结构，维管组织比被子植物简单，大多数种类的木质部中只有管胞而无导管和纤维（买麻藤纲的植物例外），韧皮部中只有筛胞而无筛管和伴胞。绝大多数的裸子植物都是木本植物，且多为高大的乔木，常绿，极少数是灌木，没有草本类型。裸子植物在植物分类系统中通常也被作为一个自然类群，分类为裸子植物门。现存的裸子植物门分为苏铁纲、银杏纲、松柏纲、红豆杉纲和买麻藤纲5纲，近800种。我国是裸子植物最多、资源最丰富的国家，约有240种。

现今存活的裸子植物多为第三纪孑遗植物，被称为"活化石"。它们对于研究第四纪的气候变迁、植物的适应能力有很重要的学术价值，如银杏、银杉、水杉、苏铁等。裸子植物是重要的材用树种，我国南方的马尾松杉木和北方的红松均为重要的木材原料；常形成大面积的森林，多为用材树种，如马尾松、红松、油松、杉木等。裸子植物又是树脂、栲胶等重要的工业原料植物。裸子植物既能给人类提供优质的食物资源，如红松的种子，也是药用植物的重要成员，如红豆杉可用来提取紫杉醇作为抗癌药等。

2）被子植物

被子植物是植物界中最高级和分布最广泛的一个类群。最主要的特征是种子或胚珠包被在果实或子房中，不裸露。被子植物的果实在成熟前对种子起保护作用，成熟后以各种方式散布种子或继续保护种子；孢子体高度发达，组织分化精细，配子体进一步简化；木质部中有导管和纤维，韧皮部中有筛管和伴胞。被子植物对陆生条件的适应性更强，比裸子植物更进化。被子植物有乔木、灌木、藤本和草本；有一年生、二年生和多年生的；可以生长在平原、高山、沙漠、盐碱地等；有些种类也可以分布在湖泊、河流、池塘等。

被子植物是地球上种类最多、适应性最强的一群植物，地球上的种子植物几乎大都是被子植物。被子植物与人类生存密切相关，农作物、果树、蔬菜都是被子植物，医药、木材、纤维等轻工业原料也都取自于被子植物。因此，被子植物是人类生活和国民经济建设与发展不可缺少的重要植物资源。

二、植物分类

植物分类是将植物的形态特征、内部结构及遗传特性等进行比较、分析、归纳，使之分门别类，并按照植物的发生、演化规律进行有秩序的排列。

（一）植物分类方法

植物分类方法大致可分为两种，即人为分类方法和自然分类方法。

1. 人为分类方法

人为分类方法是人们按照自己的目的和方便，选择植物的一个或几个特征为标准进行分类，而不考虑植物种类彼此间的亲缘关系和在系统发育中的地位，然后按人为的标准顺序建立分类系统。

2. 自然分类方法

自然分类方法又称系统发育分类方法。它是以植物亲缘关系的远近作为分类标准，按照植物间在形态、结构、习性等方面的相似程度大小，来判断其亲缘关系的远近，并将其分门别类，形成植物的分类系统。例如，杨树和小麦形态上相同点少，它们的亲缘关系必然远；而杨树和柳之间、小麦和水稻之间，它们的相同点多，亲缘关系就近。这种方法被称为自然分类方法，这种根据亲缘关系建立起来的分类系统称为自然分类系统或系统发育分类系统。

随着现代科学的发展，近代植物分类的发展已不再停留在原有的分类水平上，除了以外部形态为依据进行分类的形态分类学方法外，还逐渐产生了一些新的分类学方法，如分子生物学方法、实验分类学方法、细胞分类学方法、化学分类学方法、数量分类学方法、孢粉分类学方法等。尽管如此，一个完善的自然分类系统的建立仍有待今后的努力。

（二）植物分类的阶层

为了方便又科学地表示每一种植物的系统地位和归属，分类学上设立一定的分类等级，将植物按相似程度和亲缘关系进行分类，划分为若干类群，由大类群到小类群，再到个体为止，并分别给它们一定的名称，制定出各级分类单位。分类学上是以种作为基本单位的，因为同种的植物都有它们自己共有的特征、特性，并与其他种相区别，所以在分类时就可以将彼此在形态特征、亲缘关系相近的种（Species）集合为属（Genus），再把近似的属集合为科（Familia），以此类推，再集合成目（Ordo）、纲（Classis）、门（Division），最后统归于界（Regnum）。这样，就形成了分类学上的界、门、纲、目、科、属、种七大等级分类单位。界是植物分类中的最高等级，种是植物分类的基本单位或基层等级。同时，在以上各级分类单位中的某一等级内，如果种类繁多，也可根据实际需要再划分更细的单位，如亚门（Subdivision）、亚纲（Subclassis）、亚目（Subordo）、亚科（Subfamilia）和亚属（Subgenus）。有的科下除亚科外，还设有族（Tribus）和亚族（Subtribus）；属下除亚属外还设有组或派（Sectio）和系（Series）等等级。

种是植物分类的基本单位。对种的认识现在还没有完全统一的意见。但一般认为种是具有相似的形态和生理特征，并有一定自然分布范围的植物类群，同种的个体彼此交配能产生遗传性相似的后代，而不同种通常存在生殖上的隔离或杂交不育。根据《国际植物命名法规》的规定，在种下可设亚种（Subspecies）、变种（Varietas）和变型（Forma）等等级。它们可分别缩写为 subsp.（ssp.）、var. 和 f. 。亚种是一个种内的变异类群，形态上有一定区别，在分布上、生态上或季节上有所隔离，这样的类群即为亚种。变种是指种内的某些个体在形态上有所变异，而且比较稳定，分布范围比亚种小得多。变型是指虽有形态变异，但看不出有一定的分布区，而是零星分布的个体。

（三）植物的命名

植物的命名，也就是如何确定植物种的名称，是植物分类中的一个重要组成部分。每一种植物都有它自己的名称，但是由于各国语言不同，每种植物在各国有各国的叫法，即使在同一国家的不同地区叫法也不相同，常常发生"同物异名"或"同名异物"的混乱现象。为了避免混乱，《国际植物命名法规》规定，用双名法对每一种植物进行命名。双名法是瑞典著名的植物学家林奈提出来的，被世界各国的植物学家广泛采用，并经国际植物学会确认，在《国际植物命名法规》中予以肯定，后经国际植物学会多次讨论修改而成，成为世界各国法定的通用命名方式。

所谓双名法，就是每种植物名称由两个拉丁词组成，第一个词是属名，为名词，第一个字母要大写；第二个词为种加词，或种区别词，多为形容词，第一个字母要小写。由此共同组成国际通用的植物科学名称，称为学名。一个完整的学名还要在种名之后附以命名人的姓氏缩写，即完整的学名应为属名＋种加词＋命名人（缩写）。例如，银白杨的拉丁

名是 *Populus alba* L.，第一个词为属名，是拉丁词的"白杨树"之意（名词），第二个词中文意为"白色的"（形容词），第三个词是定名人林奈（Linnaeus）的缩写。如果种下还有亚种、变种等等级的话，还要加上亚种或变种加词，并在亚种或变种加词之前加上亚种或变种的缩写词 subsp.（ssp.）、var.。另外，有些植物是由 2 人共同命名的，则在这 2 人的姓之间加"et"（即"和"的意思）；如果命名人多于 2 人，则可用"et al."表示。有时 2 个命名人的姓中间加"ex"，这表示前一人是该种的命名人，但未公开发表，后一人著文代他公开发表了这个种。有时命名人的姓后加有"f."，为 filia、filius（子女）的缩写，即该种为某分类学家的子女命名。

（四）植物检索表及其应用

植物检索表是识别鉴定植物时不可缺少的工具。检索表的编制是根据法国人拉马克（Lamarck，1744—1829）的二歧分类原则，以对比方式而编制成区分植物种类的表格。具体来说，就是把原来的一群植物的关键性特征进行比较，根据其区别点，把相同的归在一项下，不同的归在另一项下，即分成 2 个相对应的分支，再把每个分支中相对的性状分成 2 个相对应的分支，依次下去，直到编制的科、属和种检索表的终点为止。植物各分类等级，如门、纲、目、科、属、种都有检索表，其中科、属、种的检索表最为重要，也最为常用。通常人们通过分科、分属和分种检索表，可以分别检索出植物的科、属、种。当检索一种植物时，先以检索表中出现的 2 个分支的形态特征与植物相对照，选其与植物符合的一个分支，在这一分支下边的 2 个分支中继续检索，直到检索出植物的科、属、种名为止。然后再对照植物的有关描述或插图，验证检索过程中是否有误，最后鉴定出植物的正确名称。

植物检索表的格式通常有下列 2 种。

1. 等距（或定距）检索表

为了便于使用，在等距检索表里，首先将各分支按其出现的先后顺序，前边加上一定的顺序数字或符号，其相对应 2 个分支前的数字或符号应是相同的，并列在同一距离处。如 1、1，2、2，3、3，…每一个分支下边，相对应的 2 个分支，较先出现的又向右低一个字格，如此继续逐项列出、逐级向右错开，直到科、属和种的名称出现为止。它的优点是将相对性质的特征都排列在同样距离，一目了然，便于应用。缺点是如果编排的种类较多，检索表势必偏斜，并造成篇幅上的浪费。例如：

漆树科分属检索表

1. 羽状复叶；果期不育花的花梗不伸长，无长柔毛；果非肾形
　2. 奇数羽状复叶；具花瓣
　　3. 有乳液
　　　4. 花序顶生，果序直立；小叶有锯齿 ……………… 盐肤木属

4. 花序腋生，果序下垂；小叶全缘 ························· 漆树属
  3. 无乳液 ·· 南酸枣属
 2. 偶数羽状复叶；无花瓣 ······························· 黄连木属
1. 单叶；果期不育花的花梗伸长，有长柔毛；果极肾形 ······ 黄栌属

2. 平行检索表

平行检索表是把每一种相对特征的描写并列在相邻两行里，每一条后面注明往下查的号码或者植物名称。这种检索表的优点是排列整齐而美观，缺点是不及等距检索表那么一目了然，熟悉后使用也方便。如将上例改为平行检索表，则为：

1. 单叶；果期不育花的花梗伸长，有长柔毛；果极肾形 ·········· 黄栌属
1. 羽状复叶；果期不育花的花梗不伸长，无长柔毛；果非肾形 ··· 2
2. 偶数羽状复叶；无花瓣 ······························· 黄连木属
2. 奇数羽状复叶；具花瓣 ······························· 3
3. 无乳液 ·· 南酸枣属
3. 有乳液 ·· 4
4. 花序顶生，果序直立；小叶有锯齿 ··················· 盐肤木属
4. 花序腋生，果序下垂；小叶全缘 ····················· 漆树属

在查检索表之前，首先要对所要鉴定的植物标本或新鲜材料进行全面与细心地观察，必要时还须借助放大镜或双目解剖镜等做细致的解剖与观察，弄清鉴定对象的各部形态特征，依据植物形态术语的概念做出准确判断，切忌粗心大意与主观臆测，以免造成误差。在鉴定蜡叶标本时，还须参考野外记录及访问资料等，掌握植物在野外的生长状况、生活环境以及地方名、民族名等，然后根据检索表检索出植物名称，再对照植物志等做进一步核对。

有时某一植物经过反复鉴定，不尽符合植物志所记述的特征，或者找不到答案，这时不可勉强定名，须进一步寻找参考书籍，或到有关研究部门或大学院校植物标本室，进行同种植物的核对，请有经验的分类工作者协助鉴定，也可将复分标本寄送有关专家进行鉴定。

第二节 植物的形态识别基础

一、基础分类

1. 根据植物生长环境划分

1）陆生植物

陆生植物指生长于陆地上的植物，通常根着生于地下，茎生于地上。由于环境条件的多样性，陆生植物又可分为沙生植物（如梭梭、仙人掌等）、盐生植物（如红树、柽柳

等）和高山植物等。

2）水生植物

水生植物指生长于水中（如湖泊、河流里）的植物，如睡莲、芡实等。一些生于沼泽的植物叫沼生植物。

2. 根据植物性状划分

1）乔木

乔木指有明显主干而比较高大的树木，如松树、柏树、杨树等。

2）灌木

灌木的主干不明显，常从基部分枝形成丛状，如丁香、珍珠梅等。

3）小灌木

小灌木指高在 1 m 以下的低矮灌木，如沙区常见的麻黄属、红沙属等植物。

4）半灌木

半灌木植株中下部茎干木质化，上部半木质化或草质，如胡枝子、沙蒿等植物。

5）草本植物

草本植物指植物体木质部不发达，茎柔软，通常于开花结果后即枯死的植物。

6）藤本植物

藤本植物指植物茎细长，不能直立，只能缠绕或攀缘其他植物或物体向上生长的植物。根据茎的木质化程度，又可分为木质藤本（如葡萄属）和草质藤本（如铁线莲属、野豌豆属中的一些植物）两类。

3. 根据植物生活期的长短划分

1）一年生

植物的生活周期为 1 年，即在一年期间发芽、生长、开花然后死亡的植物，如水稻、花生等。

2）二年生

植物的生活周期为 2 年，即种子当年萌发、生长，第二年再开花结实，然后整个植株枯死，如白菜、芹菜等。

3）多年生

植物体的生命周期超过 2 年以上，地上部分每年死去，地下部分仍能越冬，如针茅属的植物。多年生的植物一生中大多能多次开花结实。

二、识别特征

（一）根的识别特征

根是由植物种子幼胚的胚根发育而成的器官。根通常向地下生长，使植物体固定在土壤里，并从土壤中吸收水分和养料，将所吸收的物质运输到地上部分的茎、叶、花和果实中。根不分节，一般不形成芽。

1. 根的种类

根据根的发生情况，可分为主根、侧根、不定根。

（1）主根：种子萌发时，最先突破种皮的胚根发育而形成的根，通常粗大而直立向下。

（2）侧根：主根生长到一定长度后在主根上会形成分支，分支上再形成分支，以此类推，由主根上生出各级大小支根。

（3）不定根：植物由于主根生长受损，或主根生长短时间停止生长，由胚轴、茎、叶或老根等不同部位产生粗细较均匀的根。

2. 根系的类型

一株植物所有的根总称为根系。它又可分为直根系和须根系。

（1）直根系：植物的主根明显粗壮，垂直向下生长，各级侧根小于主根，斜伸向四周的根系。裸子植物和绝大多数双子叶植物的根是直根系类型。

（2）须根系：植物的主根不发达，生长缓慢或者早期即停止生长，茎基部发生许多较长、粗细相似的不定根，呈丛生状态的根系。单子叶植物如小麦、玉米等禾本科植物的根都属于须根系类型。

3. 根的变态类型

由于植物适应不同生活条件，根的功能特化，产生了许多变态，主要有储藏根、气生根和寄生根三类。

1）储藏根

储藏根具有储藏养料的功能，所储藏的养料可供越冬植物第二年生长发育使用。根据来源可分为肉质直根和块根，其中肉质直根主要由主根发育而成，因此一株植物仅有一个肉质直根，如萝卜、胡萝卜、甜菜的肉质肥大的根。块根主要由不定根和侧根发育而成，因此一株植物可以形成多个块根，如番薯的肥大肉质根是常见的块根之一。

2）气生根

气生根指能在空气中生长的根，这些根具有吸收、呼吸、攀缘作用。常见的气生根有支柱根、呼吸根和攀缘根，其中支柱根有不定根形成，当植物的根系不能支持地上部分时，常会产生支持作用的根，如玉米、榕树的支持根比较明显。呼吸根是长期生长于沼泽地带或水边的植物，由于土壤中缺乏空气，造成根部呼吸困难，为适应这种环境，一部分根背地向上生长，露出地面，适应于呼吸。这类根有发达的通气组织，如广东沿海一带的红树和生长在水边的水松等。攀缘根通常指从藤本植物的茎藤上长出，用它攀附于其他物体上，使细长柔弱的茎能领先其他物体向上生长，常见于木质藤本植物，如常青藤、凌霄等。

3）寄生根

寄生植物是通过根发育出的吸器伸入寄主植物的根或茎中以获取营养物质，因此这类结构称为寄生根。寄生植物分为全寄生植物和半寄生植物。列当、肉苁蓉、菟丝子等为全寄生植物；槲寄生、柳寄生等为半寄生植物，这些植物除吸取寄主的水分和无机盐供其自身生长外，本身具绿叶，能制造养料。

（二）枝条和芽的识别特征

1. 枝条的识别特征

枝条是位于顶端，着生芽、叶、花或者果实的木质茎。枝上着生叶的部位叫节，各节之间的部位叫节间，叶柄与枝间的夹角叫叶腋。叶痕是叶子脱落后在枝条上留下的痕迹；托叶痕是托叶脱落后在枝条上留下的痕迹；芽鳞痕是包被芽的鳞片脱落后在枝条上留下的痕迹；皮孔是茎枝表面隆起呈裂隙状的小孔，常呈浅褐色。

1）枝条的变态

枝条的变态包括卷须、刺、叶状茎或叶状枝、肉质茎等形态。其中，叶状茎或叶状枝是指茎或枝扁平或圆柱形，绿色如叶状，行使叶的作用，如天门冬属的植物及扁竹蓼等。刺是指一些植物的一部分枝变成尖锐而硬化的棘刺，着生在枝条上芽的位置，具有防止动物伤害的保护作用，如沙枣、沙棘、霸王等。卷须是指一些攀缘植物的枝常变态成卷须，着生在叶腋或与叶对生处，如葡萄等。

2）叶痕的形状

叶痕的形状也是识别树种的一种重要特征，不同的树种具有的叶痕形状不同，通常分为新月形（如五角枫）、圆形（如梓树）、半月形（如杜仲）、马蹄形（如火炬树）等。

3）托叶痕的形状

托叶痕的形状通常分为点状、眉状（如加拿大杨）、环状（如鹅掌楸和木兰）等。

2. 芽的识别特征

芽是未伸展的枝、叶、花或者花序的幼态。

芽根据着生位置的不同，可以分为顶芽、侧芽（腋芽）、假顶芽。生于枝条顶端是顶芽；在枝条上侧生的是侧芽；当顶芽败育，有靠近顶端的芽代替顶芽的为假顶芽。芽按照着生位置的不同也可以分为芽互生（红皮柳的芽）、对生芽（迎春的芽）、并生芽（山桃的芽）、叠生芽（皂荚的芽）、簇生芽（连翘的芽）、叶柄下芽（国槐、悬铃木的芽）。

芽根据性质的不同可以分为叶芽、枝芽和花（花序）芽。将来发育成叶的称为叶芽；将来发育成枝条的称为枝芽；将来发育成花的称为花芽。按照有无芽鳞可以分为鳞芽和裸芽，其中有芽鳞包被的称为鳞芽，无芽鳞包被的称为裸芽。

（三）叶片的识别特征

叶是由芽的叶原基分化而形成，通常为绿色，是植物制造有机营养物质和蒸腾水分的器官。一片完全叶由叶片、叶柄和托叶三部分构成，如图2-4显示的就是牛叠肚的完全叶；如果缺其中一或两部分，叫不完全叶。最常见的是缺少托叶，其次是缺少叶柄，也有缺少叶片的，如相思树除幼苗时期外，全树的叶均无叶片，而由扩展成扁平状的叶柄来行使叶的功能。

1. 叶序

叶序指叶在茎或枝上排列的方式，可分为互生、对生、轮生和簇生，如图2-5所示。

绝大多数植物具有一种叶序，也有些植物会在同一植物体上生长两种甚至两种以上的叶序类型，如金鱼草可以在同一植株上有对生、互生、轮生三种叶序。无论叶在茎枝上的排列方式如何，相邻两节的叶子都互不重叠，在与阳光垂直的层面上作镶嵌排布，这种现象称为叶镶嵌。叶镶嵌使所有叶片都能够以最大效率接受光照，进行光合作用。

图2-4　牛叠肚叶（任明轩摄）

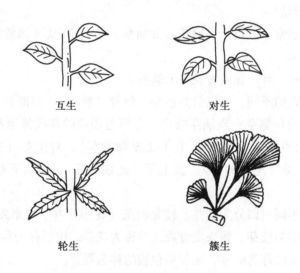

图2-5　叶序类型

2. 单叶与复叶

一个叶柄上只生一个叶片的叫单叶；在一个总叶柄上有2个以上叶片的叫复叶，复叶的总柄叫总叶柄或总叶轴，其上的叶片叫小叶，小叶有的也有托叶，叫小托叶。复叶根据其小叶数目、排列方式及叶轴分枝情况，又可分为单身复叶、羽状复叶、掌状复叶和三出复叶。复叶类型如图 2-6 所示。

羽状三出复叶　　　掌状复叶　　　偶数羽状复叶　　　奇数羽状复叶

掌状三出复叶　　　二回羽状复叶　　　三回羽状复叶　　　单身复叶

图 2-6　复叶类型

3. 叶脉

叶片中的叶脉主要是由维管束组成的，是叶片中的输导系统。叶片中有一至数条较粗大的脉称主脉，主脉上的第一次分枝叫侧脉，连接各侧脉之间的次级脉叫小脉。叶脉在叶片中的分布方式叫脉序。叶脉可分为网状脉、平行脉和弧形脉，如图 2-7 所示。

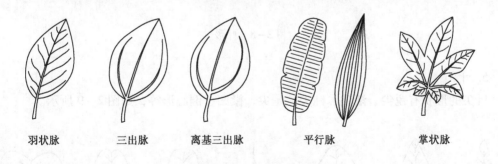

羽状脉　　　三出脉　　　离基三出脉　　　平行脉　　　掌状脉

图 2-7　叶脉类型

（1）网状脉：大多数双子叶植物的叶脉属此类型。叶脉错综分支，相互连接成网状，根据主脉数目和排列方式又可分为羽状脉（如玉兰）、掌状脉（如梧桐）、三出脉（如肉桂）和离基三出脉（如樟树）。

（2）平行脉：大多数单子叶植物的叶脉属此类型。叶片中主要的叶脉平行排列，其中主脉与侧脉平行排列的叫直出脉；侧脉与主脉垂直、侧脉彼此平行的叫侧出脉。

（3）弧形脉：叶片多为椭圆形或矩圆形，主要的叶脉呈弧形排列，如车前、玉竹等。

4. 叶形

根据叶片的长宽比、最宽处的位置及叶片的整体形状，可将叶片分为针形、条形、披针形、椭圆形、矩圆形（长圆形）、卵形、圆形、心形、菱形、肾形、扇形、三角形、匙形、剑形和鳞形等，如图2-8所示。

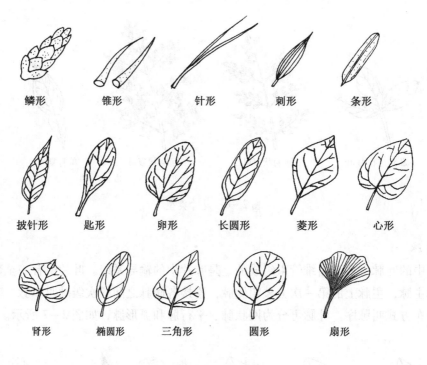

图2-8 叶形

5. 叶尖

叶尖的形状有锐尖、渐尖、钝尖、尾尖、微凹、倒心形等，如图2-9所示。

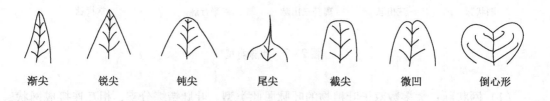

图2-9 叶尖的形状

6. 叶基

叶基的形状有心形、圆形、楔形、偏斜形、箭形、戟形、耳垂形等，如图 2 – 10 所示。

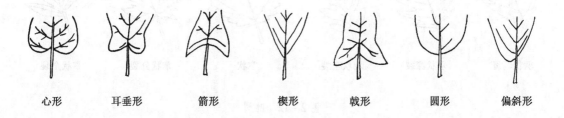

心形　　　耳垂形　　　箭形　　　楔形　　　戟形　　　圆形　　　偏斜形

图 2 – 10　叶基的形状

7. 叶缘

叶缘的形状有全缘、锯齿、波状和睫毛状，如图 2 – 11 所示。

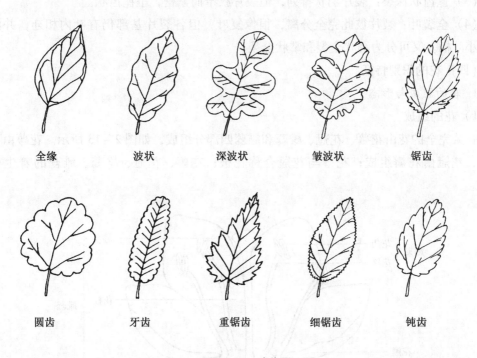

全缘　　　波状　　　深波状　　　皱波状　　　锯齿

圆齿　　　牙齿　　　重锯齿　　　细锯齿　　　钝齿

图 2 – 11　叶缘

8. 叶裂

常见的叶裂（图 2 – 12）主要有以下四种形式：

（1）羽状分裂：裂片在叶的左右两侧呈羽状排列。如分裂的深度为叶缘至中脉的 1/3 左右，叫羽状浅裂；如分裂的深度为叶缘至中脉的 1/2 左右，叫羽状半裂；如分裂深度接

| 羽状浅裂 | 羽状深裂 | 羽状全裂 | 掌状 | 掌状分裂 | 掌状全裂 |

图 2 - 12　叶裂

近中脉时，叫羽状深裂；还有的羽状分裂叶其顶端的裂片特大，这叫大头羽裂叶。

（2）掌状分裂：裂片呈掌状排列并有掌状脉序。根据其分裂的深浅，也可分为掌状浅裂、掌状半裂及掌状深裂。

（3）篦齿状深裂：裂片羽状排列，但裂片狭窄而紧密，呈篦齿状。

（4）全裂叶：裂片彼此完全分离，很像复叶，但各裂片基部仍有叶内相连，并没有形成小叶柄。又可分为羽状全裂和掌状全裂。

（四）花的识别特征

1. 花的组成与形态

1）花的组成

一朵完全的花由花萼、花冠、雄蕊和雌蕊四部分组成，如图 2 - 13 所示。花萼由萼片组成；花冠由花瓣组成；花萼与花冠合称花被；花萼、花冠、雄蕊、雌蕊的着生处叫花托。

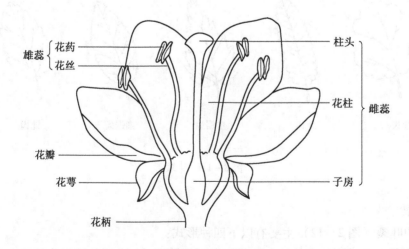

图 2 - 13　花的组成

2）花的形态

花萼、花冠、雄蕊、雌蕊均具备的花，称为完全花，如苹果、梨等；缺少其中任何一部分的花称为不完全花，如杨树、榆树等。

一朵花中兼有雄蕊及雌蕊的花叫两性花，如豆科、蔷薇科等植物；一朵花中，只有雄蕊或只有雌蕊的花称为单性花，如沙棘、瓜类等。单性花中，雄蕊能正常发育的叫雄花，雌蕊能正常发育的叫雌花。雌花与雄花生在同一植株上叫雌雄同株，如玉米、桦木等；雌花与雄花分别生在不同植株上叫雌雄异株，如杨树、柳树等。此外，一朵花中，雌蕊、雄蕊均缺或均不发育的花叫作中性花，如八仙花；而杂性花是指同一株植物上或同种植物的不同植株上，既有两性花，也有单性花，如文冠果。

依花被的状况可划分为双被花、单被花、无被花和重瓣花。双被花即一朵花既有花萼，又有花冠，如桃、杏等。单被花即一朵花只有花萼或者只有花冠，如榆树；有的单被花其花萼具有鲜艳的颜色，呈花瓣状，如铁线莲等。无被花又叫裸花，是指一朵花中花萼、花冠均缺，如杨树、柳树等。重瓣花是指一些栽培的花灌木中，一朵花具有2至多轮的花瓣，如重瓣榆叶梅等。

2. 花萼

花萼由萼片组成，通常为绿色，当花在开放以前，能起保护作用。萼片彼此完全分离的叫离萼，如铁线莲等。萼片部分或全部合生的叫合萼，如蔷薇、甘草等。合生的部分叫萼筒，分离的部分叫萼齿或萼裂片。

有些植物具有二轮花萼，其外轮花萼叫副萼，如委陵菜、锦葵等。菊科植物的花萼常变态成冠毛、鳞片或刺芒等形状。

花萼通常在开花后即脱落，有些植物的花萼一直保持在成熟的果实上，叫萼宿存，如茄、天仙子等。

3. 花冠

花冠由花瓣组成，位于花萼内，通常有各种鲜艳的颜色，具有保护雄蕊、雌蕊及引诱昆虫传粉等作用。花瓣完全分离的，叫离瓣花冠；其花瓣上端宽大的部分叫瓣片，下端狭长的部分叫瓣爪。花瓣部分或全部合生的，叫合瓣花冠；合瓣花冠连合的部分叫冠筒（冠管），分离的部分叫花冠裂片。有些植物的花还具有副花冠，即花冠或雄蕊的附属物，如杠柳、牛心朴子等。

4. 雄蕊和雌蕊

雄蕊是花的雄性器官，由花丝和花药组成。根据花丝与花药的分离或连合，分为二强雄蕊、单体雄蕊、二体雄蕊和多体雄蕊。

雌蕊是花的雌性器官，位于花的中央，一个典型的雌蕊由柱头、花柱及子房三部分组成。

（1）柱头：位于雌蕊顶端，有承接花粉的作用，形状有头状、盘状、羽毛状、放射状等。

（2）花柱：连接子房与柱头的细长部分，有些植物花柱不明显。花柱通常着生在子房顶端，也有着生在子房侧面的，如绵刺；或着生在子房基部，如鹤虱、紫筒草等。开花以后花柱通常枯萎脱落,但铁线莲、白头翁等植物的花柱宿存在果实上。

（3）子房：为雌蕊基部的膨大部分,其壁为子房壁,即心皮的绝大部分,壁内为子房室,室内有胚珠。受精以后,子房壁发育为果皮,胚珠发育成种子。

5. 花托

花托是花梗先端膨大的部分,其上着生了花的各个组成部分。在较原始的植物花里,花各部分的排列呈螺旋状,所以花托会伸长,如碱毛茛、毛茛等;但在较进化的植物花里,花的各部呈轮状排列,因此花托也就相应缩短。花托有各种形状,如柱状、球状、盘状、杯状、瓶状等。花托形状的变化,使花的各组成部分的位置也相应发生变化。具体可分为下位花、周位花和上位花三种类型。

（五）花序的识别特征

花在花序轴（花枝）上排列的顺序叫花序。生于枝顶的花序叫顶生;生于叶腋的花序叫腋生。花序中最简单的是1朵花生于枝顶的,叫单生花。但许多植物的花是成丛成串地按一定规律排列在花轴上的,称为花序。根据花的着生情况及花序轴的分枝方式,花序可分为无限花序和有限花序两大类。

1. 无限花序（向心花序）

在形态上属于总状分枝式,顶端要保持一段时间能分化新花的能力。因此,开花的顺序是下部的花先开,逐渐向上开放;如果花序为平顶式的,则周围的花先开,渐次向中心开放。无限花序又可分为以下类型（图2－14）：

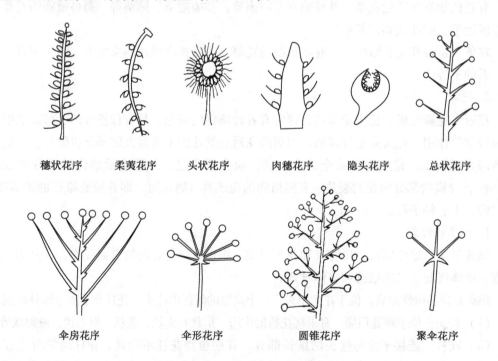

| 穗状花序 | 柔荑花序 | 头状花序 | 肉穗花序 | 隐头花序 | 总状花序 |

| 伞房花序 | 伞形花序 | 圆锥花序 | 聚伞花序 |

图2－14 花序类型

（1）总状花序：花序轴细长，不分枝，其上着生多数花柄近于等长的花，如花棒、甘草等。

（2）穗状花序：与总状花序相似，但花无柄或极短，如车前、肉苁蓉等。

（3）柔荑花序：与穗状花序相似，但同一花序的花均为单性花，常无花被，花序轴常下垂，如杨树、柳树。

（4）肉穗花序：与穗状花序相似，但花序轴肉质肥厚，并为一佛焰苞所包围，有的植物在肉穗花序外面包有一个大的苞片，称为佛焰苞，如马蹄莲、半夏等。这类花序又可称为佛焰花序。佛焰花序是肉穗花序的一种特例。

（5）圆锥花序：花序轴分枝，各分枝再形成总状或穗状花序，实际上为一复花序，外形上呈圆锥状，如芦苇。

（6）伞房花序：与总状花序相似，但花序轴下面的花柄较长，向上渐短，使整个花序的顶端成为平头状，如山楂、土庄绣线菊等。

（7）伞形花序：花柄近等长，集生于花序轴的顶端，状如张开的伞，如葱属植物。如果每一伞梗（花柄）再形成一个伞形花序，即为复伞形花序，如伞形科的很多植物。

（8）头状花序：花无柄或近无柄，多花集生于短而宽、平坦或隆起的花序轴顶端（花序托），形成一头状体，外被以形状、质地各异的总苞，如菊科植物。

（9）隐头花序：花集生于肉质中空的花序托内，如无花果。

2. 有限花序（聚伞花序）

在形态上属于合轴分枝式，花序轴的顶端先分化形成花，然后从上到下或从中心向周围依次开放。聚伞花序如图 2-14 所示。有限花序可分为以下类型：

（1）单歧聚伞花序：花序轴顶端的花先开放，然后其下面一侧的花再开放，依次下去即形成单歧聚伞花序。

（2）二歧聚伞花序：花序中央的一花先开放，形成二歧聚伞花序，如石竹科的一些植物。

（3）多歧聚伞花序：花序中央的一花先开放，其下侧形成的数花后开放，如榆树、大戟等。

（4）轮伞花序：聚伞花序生于对生叶的叶腋，花序轴和花梗极短，呈轮状排列，如唇形科的一些植物。

（六）果实的识别特征

植物开花后，胚珠受精发育形成种子，子房壁发育成果皮，果皮加上里面的种子即为果实。这种果实叫真果。果皮通常可分为外果皮、中果皮和内果皮三层。各层的质地、厚薄等随植物种的不同而有所差异。有些植物果实的形成除子房外，还有花托或其他部分参与，这种果实叫假果，如苹果、梨等。根据果实的结构，可以分为单果、聚合果、聚花果三大类。

1. 单果

一朵花中只有一个雌蕊，由其子房形成的单个果实叫单果。根据成熟果皮干燥与否，可分为干果与肉质果两类。

1）干果

干果的果实成熟后，果皮失水而干燥。根据果皮开裂与否，又可分为开裂干果和不开裂干果。

（1）开裂干果：果成熟时果皮开裂。常见有以下种类：

蓇葖果，由子房上位的单心皮雌蕊形成，成熟时沿背缝线或腹缝线一侧开裂，内含1至数粒种子，如绣线菊、珍珠梅等。

荚果，由子房上位的单雌蕊形成，成熟时沿腹缝线和背缝线同时开裂，如大豆。也有的荚果在种子间收缩呈念珠状，成熟时在收缩处断裂形成节荚，如花棒、槐树等。

角果，由2个合生心皮的雌蕊形成，子房上位，中间有假隔膜，种子多数，成熟时沿假隔膜自下而上开裂，也有些种类不裂。角果的长比宽大4倍以上时为长角果，如白菜、油菜等；角果的长宽比在4倍以下时为短角果，如群心菜、沙芥等。

蒴果，由2个以上合生心皮的上位或下位子房形成，1室或多室，种子多数。蒴果开裂的方式有室背开裂（沿心皮背缝线开裂，如胡麻）、室间开裂（沿心皮腹缝线开裂，如文冠果）、孔裂（蒴果先端形成小孔，如野罂粟）、盖裂（蒴果上部横裂成盖，如车前）等。

（2）不开裂干果：果熟后果皮不裂。常见有以下种类：

瘦果，由离生心皮或合生心皮的上位或下位子房形成，1室1粒种子，果皮紧包种子，不易分离，如沙拐枣、荞麦等。

颖果，由2个合生心皮的上位子房形成，1室1粒种子，果皮与种皮完全愈合，如小麦、玉米等。

胞果，由合生心皮的上位子房形成，1室1粒种子，果皮薄而膨胀，疏松地包围种子，如藜、梭梭等。

翅果，由合生心皮的上位子房形成，果皮外延形成翅，如榆树、槭树等。

坚果，果皮木质化，坚硬，1室1粒种子，如板栗、榛子等。

小坚果，由合生心皮的上位或下位子房形成的坚硬小果，其子房4深裂，因此在一花内可形成4个小坚果，如紫草科、唇形科中的植物。

双悬果，由2个合生心皮的上位子房形成，果熟时形成2个分离的、悬挂在果柄上的小坚果，如阿魏、防风等。

2）肉质果

肉质果的果实成熟时，果皮及其他参与形成果实的部分肉质多汁。常见有以下种类：

核果，由单心皮或合生心皮的上位子房形成，外果皮薄，中果皮肥厚、肉质，内果皮坚硬而形成硬核，内有1粒种子，如杏、桃等。

浆果，由合生心皮的上位或下位子房形成，外果皮薄，中果皮及内果皮肥厚多汁，含

1 至数粒种子，如葡萄、枸杞等。

柑果，由合生心皮的上位子房形成，外果皮革质，有油囊；中果皮疏松，具有分枝的维管束；内果皮分隔成若干果瓣，果瓣内有许多多汁的腺毛，如柑、橘等。

瓠果，由合生心皮的下位子房形成，果皮外层由花托和外果皮组成，中果皮、内果皮及胎座均肉质化，如各种瓜类。

梨果，由合生心皮的下位子房及花托形成，外果皮、中果皮不明显，内果皮革质或骨质，内有数室，如苹果、梨等。

2. 聚合果

一朵花中有多数单雌蕊，每个单雌蕊形成一个单果，集生在花托上，将这样集生在一朵花内的单果合称聚合果。根据单果的类型可以分为聚合瘦果（如草莓）、聚合膏葖果（如绣线菊）、聚合核果（如悬钩子）等。

3. 聚花果

由整个花序形成的果实叫聚花果，如桑葚、菠萝等。

常见果实类型如图 2－15 所示。

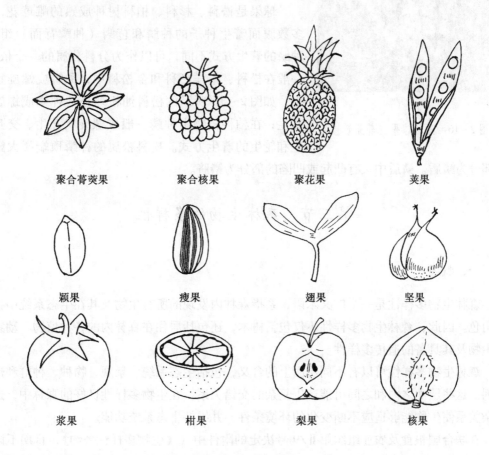

聚合膏葖果	聚合核果	聚花果	荚果
颖果	瘦果	翅果	坚果
浆果	柑果	梨果	核果

图 2－15　果实类型

（七）裸子植物识别的形态学术语

1. 球花

球花又叫孢子叶球，是裸子植物的有性生殖器官。单性，雌雄同株或异株。小孢子叶（雄蕊）聚生成小孢子叶球（雄球花），每个小孢子叶下面生有小孢子囊，囊内贮满小孢子也就是花粉粒。大孢子叶聚生成大孢子叶球（雌球花），胚珠裸露，不为大孢子叶所形成的心皮所包被。大孢子叶常变态为名称各异的部分，如珠鳞、珠领、珠托、套被、苞鳞等。

珠鳞：松、杉、柏等科树种的雌球花上着生胚珠的鳞片，相当于大孢子叶。

珠领：银杏的雌球花顶部着生胚珠的鳞片。

珠托：红豆杉科树种的雌球花顶部着生胚珠的鳞片，通常呈盘状或漏斗状。

套被：罗汉松属树种的雌球花顶部着生胚珠的鳞片，通常呈囊状或杯状。

苞鳞：承托雌球花上珠鳞或球果上种鳞的苞片。

2. 球果

图 2-16　油松球果（郭亚娇摄）

球果是松科、杉科、柏科树种成熟的雌球花，由多数腹面着生种子的种鳞和苞鳞（种鳞背面）组成。种鳞的着生方式不同，可以作为分科分属的一个依据。一般在松科、南洋杉科和金松科中，种鳞成螺旋状互生，如图 2-16 所示的松科油松球果的种鳞成螺旋状互生；在柏科植物中种鳞一般成螺旋状互生、交互对生和轮生的着生方式。松科松属的种鳞顶端膨大露出的部分为鳞盾。鳞盾中央有凸起或凹陷的部分为鳞脐。

第三节　森林生物的多样性

一、概述

森林生物多样性是一个广义术语，系指森林内发现的所有生物及其在生态系统中担当的角色。因此，森林生物多样性不仅包括树木，还包括居住在森林内的各种植物、动物和微生物及其具备的遗传多样性。

森林生物多样性可以有不同层面上的含义，包括生态系统、景观、物种、种群和遗传基因。这些层面之内和之间可能产生复杂的交错关系。在生物多样性良好的森林中，这些复杂关系使生物能够适应不断变化的环境条件，并维持生态系统功能。

在联合国粮食及农业组织第Ⅱ/9 号决定的附件中（《生物多样性公约》，日期不详），《生物多样性公约》缔约方大会认识到："森林生物多样性是数千年甚至数百万年进化过程的结果，而进化过程本身是由气候、火灾、竞争和干扰等生态因素所驱动。此外，森林生态系统的多样性（包括物理和生物学特征）导致了高度适应性，这也正是作为生物多样性一部分的森林生态系统的重要特征。在特定的森林生态系统中，生态过程的维持取决于其生物多样性的维持。"

根据《2020年世界森林状况》报告，目前科学上已知约有391000种维管植物，约94%为开花植物。其中有21%濒临灭绝。这些物种的60%存在于热带森林中。迄今为止，约144000种真菌得以命名和分类。然而，据估计，绝大多数（超过93%）的真菌物种至今尚不为科学所知，暗示地球上的真菌物种总数可能在220万到380万之间。已知并被描述的脊椎动物有近7万种。其中，森林为近5000种两栖动物（占所有已知两栖物种的80%）、近7500种鸟类（占所有鸟类的75%）和3700多种不同的哺乳动物（占所有哺乳物种的68%）提供了栖息地。依赖森林生存的标志性物种包括美洲豹、北美熊、中非大猩猩、马达加斯加狐猴、中国熊猫、菲律宾鹰和澳大利亚考拉。

已知并被描述的无脊椎动物约有130万种。但是，还有更多种未被了解的无脊椎动物，其物种数估计在500万到1000万之间。全球范围内，已被描述记载的土壤细菌和真菌分别超过15000种和97000种。然而，土壤生物群内许多物种仍然是未知的。土壤微生物、依赖森林的传粉动物（昆虫、蝙蝠、鸟类和某些哺乳动物）和腐木甲虫在维持森林生物多样性和生态系统功能方面起着非常重要的作用。同样，哺乳动物、鸟类和其他生物在森林生态系统结构中起主要作用，包括通过在散播和采食种子中的直接作用来决定树木的分布，以及在这样的生态架构中进行捕食的间接作用。在热带海岸，红树林为无数鱼类和贝类提供了繁殖和抚育场所，并吸纳了可能对海草床和珊瑚礁（无数海洋物种的栖息地）产生不利影响的沉积物。

二、森林生物多样性的特点与意义

森林生物多样性系统是全球三大陆地生物多样性系统之一，是世界生物多样性系统中最为重要的类型，也是世界生物多样性保护的关键。

（一）森林生物多样性的特点

森林生物多样性的特点主要体现在以下4个方面。

1. 森林生态系统的稳定性

生物多样性是森林生态系统稳定的基础。物种之间协同、竞争的关系，体系内能流、物流的循环，体系与环境物质能量的交换，保证了系统内的协调，系统与环境的统一。生物多样性使森林生态系统内部有良好的自我调节机制，这种能力越强，生态系统越稳定。这就是混交林较纯林生态系统稳定的原因所在，混交树种越多、程度越高，生态环境越好，越不易受外界影响。

2. 遗传基因的多样性

森林遗传资源是具有实际或潜在的经济、环境、科学或社会价值的林木和其他木本植物物种（灌木、棕榈和竹类）的可遗传物质。森林是一座庞大的基因库，森林中形形色色的生物是多种遗传基因的外在表现。每一种基因的表达都是一种生物的存在，不论低级、高级，简单、复杂，都需要不断进行物质和能量交换，与周围环境建立千丝万缕的联系。

3. 物种多样性

森林是多种生物的摇篮，任何生物要生存和发展，仅靠自己的能力是不够的，需要生物之间相互依存、协调发展，这种需要是全方位的，植物与植物、植物与动物、植物与微生物、动物与动物以及动物与微生物，这种复杂的关系链群相互联系，相互支撑；庞大基因资源可以不断地创造新的物种，更新系统内外的环境，更好地满足人类的需要。

4. 生态环境的高度协同性

随着经济的发展，人口增加，生态环境恶化，严重制约人类的进步和发展，建设高度协同的生态环境是人类面临的严峻课题，更是人类发展的需要。良好生态环境的形成，是多种生物群落充分利用环境资源而形成的。如果生物多样性遭到破坏，生态系统的调控能力就会被削弱，物流能流被阻隔或扭转，生态系统的协同性难以发挥。

（二）森林生物多样性的意义

森林生物多样性的意义表现在以下 4 个方面。

1. 生物多样性是森林经营的源泉

地球上的生物大部分与森林有联系，森林为动物、植物和微生物提供了生存空间和能量源泉。只有拥有了丰富的生物物种资源，森林的整体生态效能才能更高，才能更好地生产出人类所需要的东西；相反，丧失生物多样性，森林会很快退化。保护生物多样性，就是保护森林，也就是保护人类自己。

2. 生物多样性是稳定森林生态系统的标志

生物多样性是稳定森林生态系统的基础，生物物种越丰富，群落越稳定，效益越明显。因而，在森林系统的构建过程中，坚持以树种多样性为原则，多树种、多林种，保护森林内的物种资源。减少纯林，增加混交林。

3. 生物多样性是林业可持续发展的保证

林业可持续发展是从森林资源保护、开发利用、回收和良性循环的角度配置资源，实现资源的合理利用和生态社会效益的持久发挥。生物多样性为林业可持续发展提供了物质保证。

4. 生物多样性是林业发展的需要

现代林业发展早已摆脱传统林业的束缚。森林向人类提供的不仅仅是木材，而且还提供果实、种子，以及药用、油用、生物化工原料等。由于科技发展和人类消费水平的提高，人类对森林的需求越来越大，生物多样性为这种需求提供了可能。

三、生物多样性的现状

《2020 年世界森林状况》报告显示，在 2015—2020 年间，毁林速度据估计为每年
1000 万 hm²，低于 20 世纪 90 年代的每年 1600 万 hm²。世界范围内的原始森林从 1990 年
起已经减少了超过 8000 万 hm²。超过 1 亿 hm² 的森林受到了火灾、病虫害、入侵物种、
干旱和灾害性天气事件的不利影响。截至 2019 年 12 月，世界自然保护联盟濒危物种红色
名录（IUCN）总共收录了 20334 个树种，其中 8056 种被评估为全球受胁物种（极度濒
危、濒危或易危）。共有 32996 个树种得到了一定层面上的保护评估（国家、全球、区
域），其中 12145 个树种被认定为受威胁；1400 多个树种被评估为极度濒危，急需采取保
护行动。

长期以来，人们一直认为人口增长、人口构成趋势和经济发展是环境变化的主要驱动
力。在过去的 50 年中，人口翻了一番，全球经济增长了近四倍。经济发展使许多国家的
数十亿人摆脱了贫困。然而，全球大部分地区的自然状况在此过程中发生了巨大变化，伴
随最多的是对生物多样性的负面影响，也常常对包括土著居民在内的社会最脆弱群体产生
了最不利的影响。众所周知的主要压力包括：栖息地的变化、丧失和退化；不可持续的农
业经营；入侵物种；包括非法采伐和野生动植物贸易在内的资源利用效率低下和过度攫
取。气候变化和波动加剧了这些压力的影响。

1. 人口增长

人类能创造环境，也能破坏环境。生物多样性一直伴随人类社会的发展而变化，特别
是工业革命以来，生物多样性越来越受到人类活动的威胁，人类活动引起的自然生态破坏
和环境污染日益加剧。世界人口按中等出生率预测，2025 年将增长到 80 亿，2050 年将增
长到 94 亿（最低估计为 77 亿，最高为 112 亿）。按照联合国人口司的预测，2025 年我国
人口将达到 14.8 亿，2050 年达 15.1 亿。人口的快速增长是破坏和改变野生生物栖息地
和过度利用生物资源的最主要原因。

2. 生境丧失、退化与破碎

由于社会和经济的发展，人类对森林的乱砍滥伐、毁林开荒、乱占林地现象十分普
遍。19 世纪中期，全球森林面积有 56 亿 hm²，到 1990 年则下降到 34 亿 hm²；在森林
面积减少的同时，沙漠化正威胁着世界 1/3 的陆地。新中国成立后进行过大面积人工造
林，林地面积有所增加，但增加的多是幼龄人工片林、纯林，包括大面积的能源林、
灌木林、经济林等，天然林在持续减少。这种毁灭性的干预导致的环境巨大变化，使
许多物种失去相依为命、赖以生存的生境，沦落到灭绝境地。在濒临灭绝的脊椎动物
中，有 67% 的物种遭受生境丧失、退化与破碎的威胁。栖息地破坏和片段化已成为我
国一些兽类数量减少、分布区面积缩小、濒临灭绝的最重要原因。许多为保护濒危物
种而建立的自然保护区被大面积的已开发地区所包围，成为"生态孤岛"。即使在同一
山系，为保护同一物种而建立的保护区之间，也被森林采伐迹地、居民生活区或其他

的人类生产活动区隔绝，使被保护物种在保护区之间的必要迁移受到限制，形成一个个孤立的小种群。

3. 生物资源的过度利用和浪费

虽然生物资源有再生性，但其再生能力和速度是有极限的，而人类的欲望是无限的，人类对生物资源的掠夺式利用，从森林的过量采伐，野生动物的乱捕滥杀，渔业资源的过度捕捞，到野生植物的无节制采挖，草地过度放牧和垦殖等，使生物多样性遭受严重威胁。在濒临灭绝的脊椎动物中，有37%的物种受到过度开发的威胁。许多野生动物因皮可穿、毛可用、肉可食、器官可入药等被过度开发利用，人类正在为满足自己永无止境的欲望，剥夺野生动物的生存权利，使之遭灭顶之灾。同时由于对野生生物资源的开发利用缺乏规划，利用水平低，不能综合利用，造成很大浪费。这种过度利用和严重浪费，打破了生态系统生物链的平衡，影响了生态系统功能的发挥。

4. 外来种引入

外来有害生物在适宜的生态和气候条件下，可迅速繁殖蔓延，导致本地物种减少，甚至取代本地土生的动植物，致使灾害频繁发生，仅我国造成的经济损失每年高达574亿元，严重影响我国生态安全和社会经济的可持续发展。据统计，成功入侵我国的外来归化植物超过600种；外来杂草有百余种，包括高等植物、藻类和蕨类，如水葫芦、空心连子草等；对农业危害较大的外来微生物或病害有十多种。据《2020中国生态环境状况公报》显示，全国已发现660多种外来入侵物种，其中71种对自然生态系统已造成或具有潜在威胁并被列入《中国外来入侵物种名单》，219种已入侵国家级自然保护区。入侵我国并造成森林严重灾害的主要外来生物有：1979年通过木质包装材料引入的美国白蛾；1979年引入中国的互花米草；1982年入侵的松材线虫；2004年9月入侵广东吴川的红火蚁；2008年以来已广泛分布在珠江三角洲地区的外来入侵物种薇甘菊。外来入侵物种对其侵入的生态系统及物种的影响方式很多，可通过竞争、捕食和杂交等机制对生态系统（栖息地）、物种（种群）和社会经济产生影响，包括水文、养分库、生物群落、食物网、火动态、演替模式、土壤特征、种群大小、物种分布范围、遗传资源、农林牧渔业、人类健康、景观、基础设施和贸易等方面。外来入侵物种产生的负面影响往往具有不确定性。一些是已经发生的，即危害；另一些是可能发生的，即威胁。

5. 环境污染

随着人类的发展进步，环境污染问题日益严重，化工产品、汽车尾气、工业废水、有毒金属、原油泄漏、固体垃圾、制冷剂、防腐剂、水体污染、酸雨、温室效应……，这些都使地球上各种生命体的生存环境日益恶化。据中国社会科学院测算，目前由环境污染和生态破坏所造成的损失已占我国GDP总值的15%；目前中国的荒漠化土地已达267.4万多平方公里，全国18个省区的471个县、近4亿人口的耕地和家园正受到不同程度的荒漠化威胁，而且荒漠化还在以每年1万多平方公里的速度在增长；我国七大江河水系中，完全没有使用价值的水质已经超过 40%，全国有 2/3 的城市处于缺水状态，其中有不少是由于水污染所造成的；同时全国 1/3 的城市人口呼吸着严重污染的空气，有 1/3 的国土被酸雨侵蚀，其中经济发达的浙江省酸雨覆盖率已达 100%，华中地区及南方部分城市酸雨频率超过了 90%；我国 2003 年的二氧化硫排放量就达到了 2158.7 万 t，比 2002 年增长 12%。这些数据充分反映了我国环境污染的严峻性，这对森林及野生生物的危害是巨大的。

6. 自然灾害

自然灾害的破坏力是惊人的，如由于干旱，我国"三北"地区每年约有 1333 万 hm^2 农田遭受风沙侵害，有 1 亿 hm^2 草场严重退化，林地面积急剧减少。水灾、火灾、干旱、病虫害等自然灾害对生物多样性有很大影响。

四、保护对策

1. 建立健全森林生物多样性保护体制

生物多样性保护不是一朝一夕，更不能朝令夕改，必须持之以恒，建立完善的保护机制，把其纳入法制化轨道，严厉打击毁林、捕杀野生动物、非法开发利用生物资源等行为，坚决保护人类的生存环境。

2. 提高公众保护森林生物多样性的意识

积极宣传联合国环境和发展大会制定的《生物多样性公约》和《保护自然环境中动植物公约》等，宣传我国《森林法》及《野生动植物保护条例》等法律法规，提高人们对生物多样性意义的认识，把生物看成人类的朋友，保护生物多样性。

3. 加强生物多样性的科研工作

生物多样性涉及面宽，联系着生命科学、环境科学、生态学、系统科学的方方面面，因此，必须弄清森林生物多样性的规律，开展深入研究。

4. 加大森林生物多样性保护的资金投入

在健全体制的条件下，研究多途径的资金投入模式，加大中央政府投入的力度，这样才能有效地保护好、维护好我国的森林生物资源。

5. 用森林生物多样性原理指导人类行动

在实践中，用保护森林生物多样性的思想指导人类行动，增强科学性，减少盲目性，使其成为人类的自觉行动。

随着生态环境问题日益突出，人们对生态环境保护的意识、能力也在不断提高，但森林资源的利用和保护在一定程度上是矛盾的，这正是一直困扰森林生物多样性保护中的一个两难问题。尽管通过这些年的探索和实践，人们对森林生物多样性的保护与利用有了更深的认识，也在实践中取得了一定的成效。但从总体上看，仍未达到预期目标，因此如何改进现有森林生物多样性保护工作，促进森林多样性的可持续发展，是摆在我们面前的重要课题。

第四节　重要森林树种

森林消防指战员在灭火作战中会遇到各种各样的树种，有些树种是易燃的，给我们的灭火作战带来了极大的困难和挑战。但有些树种却是难燃的，甚至可以起到阻火作用，这样就会给灭火作战带来希望和转机。所以作为一名消防指战员，有必要认识一些重要的树种，为灭火实战提供一定的理论参考。

一、东北地区

东北地区是中国重要商品木材和多种林产品生产基地，包括辽宁、吉林、黑龙江三省，跨越寒温带、温带、暖温带，属大陆性季风气候。

1. 兴安落叶松

兴安落叶松（图2-17）为松科落叶松属植物。兴安落叶松本身含大量树脂，易燃性很高。兴安落叶松林的易燃性主要取决于立地条件，可以划分为易燃型（草类落叶松林、

图2-17　兴安落叶松（王秋华摄）

蒙古栎落叶松林、杜鹃落叶松林）、可燃型（杜香落叶松林、偃松落叶松林）、难燃或不燃型（溪旁落叶松林、杜香云杉落叶松林、泥炭藓杜香落叶松林）三种燃烧类型。

（1）形态特征。落叶乔木，高30 m，胸径80 cm。树皮暗灰色或灰褐色，纵裂成鳞片状剥落。1年生，长枝淡黄色，短枝顶端黄白色长毛。叶线形，柔软，簇生于短枝顶端，在长枝上互生。雌、雄球花均单生于短枝。球果卵圆形，成熟时顶端的种鳞开展，种鳞五角状卵形，鳞背无毛。种子三角状卵形，顶端具膜质长翅。

（2）习性分布。产大兴安岭、小兴安岭北部。黑龙江、吉林东部、辽宁东部及西部、华北均有引种。

（3）主要用途。适应性强，耐寒耐湿，更新容易，是我国东北地区主要采伐利用和人工造林的优良树种。

2. 樟子松

樟子松（图2-18）为松科松属植物。枝、叶和木材均含有大量树脂，易燃性很高。

图2-18 樟子松（王秋华摄）

樟子松林林冠密集，容易发生树冠火。由于樟子松林多分布在较干燥的立地条件下，林下生长易燃阳性杂草，所以樟子松的几个群丛都属易燃型。

（1）形态特征。常绿乔木，高30 m，胸径1 m。树皮下部黑褐色，鳞片状开裂，中上部褐黄色或淡黄色。1年生枝淡黄褐色，2～3年生枝灰褐色。叶2针一束，粗硬，稍扁，微扭曲。6月开花，翌年9—10月成熟。球果长卵形，黄绿色，鳞盾常肥厚隆起向后反曲，鳞脐小，疣状凸起，有短刺，易脱落。

（2）习性分布。产黑龙江大兴安岭，小兴安岭北坡亦有分布。辽宁、陕西、新疆、北京等地均已引种成功。

（3）主要用途。用途广泛，是我国东北地区主要速生用材、防风固沙和"四旁"绿化的优良树种。

3. 红松

红松为松科松属植物。红松的枝、叶、木材和球果均含有大量树脂，尤其是枯枝落叶非常易燃。但随立地条件和混生阔叶树比例不同，燃烧性有所差别。人工红松林和蒙古栎红松林、椴树红松林易发生地表火，也有发生树冠火的危险；云冷杉红松林一般不易发生火灾，但在干旱年份也能发生地表火，而且有发生树冠火的可能，但多为冲冠火。天然红松林按其燃烧性和地形条件可划分为易燃（山脊陡坡红松林）、可燃（山麓缓坡红松林）和难燃（坡下湿润红松林）三类。

（1）形态特征。常绿乔木，高40 m，胸径1.5 m。树皮红褐色，块状脱落。小枝密被黄褐色毛。叶5针一束，粗硬。球果大，2年成熟，成熟球果卵状圆锥形，成熟时种鳞不张开。种子生于种鳞腹面下部凹槽中，三角状卵形，无翅。

（2）习性分布。产黑龙江大兴安岭，小兴安岭北坡亦有分布。辽宁、陕西、新疆、北京等地均已引种成功。

（3）主要用途。材质良好，出材率高，工艺价值很高，是我国珍贵的用材树种和东北山区重要的造林树种。

4. 蒙古栎

蒙古栎（图2-19）为壳斗科植物。多生长在立地条件干燥的山地，它本身的抗火能力很强，能在火后以无性繁殖的方式迅速更新。幼龄的蒙古栎林冬季树叶干枯而不脱落，林下灌木多为易燃的胡枝子、榛子、绣线菊、杜鹃等耐旱植物，常构成易燃的林分。此外，东北地区的次生蒙古栎林多数经过反复火烧或人为干扰，立地条件日渐干燥，且生长许多易燃的灌木和杂草。因此，东北大小兴安岭地区的次生蒙古栎林多属易燃类型，而且是导致其他森林类型火灾的策源地。

（1）形态特征。落叶乔木，高30 m。小枝紫褐色，无毛，具棱。单叶互生，叶多集生于小枝末端，宽倒卵形至长圆状倒卵形，先端钝圆，基部渐狭成耳状，叶下面无毛或泄脉有疏毛。壳斗浅碗状，外被瘤状突起的鳞片，坚果卵形至长卵形。

（2）习性分布。产大兴安岭、小兴安岭南部、长白山地区、内蒙古、河北、山东、

图2-19 蒙古栎（王秋华摄）

山西等地。

（3）主要用途。为产区主要更新造林用材树种。

5. 偃松

偃松（图2-20）为松科松属植物。该树种为易燃树种，并且着起来很容易引发狂燃大火，往往给灭火工作带来困难和挑战，2019年大兴安岭秀山发生森林火灾，在这场火灾中，林间偃松密布，站杆倒木多，扑火队伍需要连续翻越山岭，行进困难。

图2-20 偃松（王秋华摄）

（1）形态特征。灌木，高3～6 m，树干通常伏卧状，基部多分枝；树皮灰褐色，裂成片状脱落；一年生枝褐色，密被柔毛。叶5针一束。雄球花椭圆形，黄色，长约1 cm；雌球花及小球果单生或2～3个集生；种子生于种鳞腹面下部的凹槽中。花期6—7月，球果第二年9月成熟。

（2）习性分布。分布于俄罗斯、朝鲜、日本和中国；在中国分布于东北大兴安岭白哈喇山、英吉里山上部海拔1200 m以上，小兴安岭海拔1000 m以上，吉林老爷岭上部海拔1200 m以上，长白山上部海拔1800 m以上。在土层浅薄、气候寒冷的高山上部之阴湿地带与西伯利亚刺柏混生，或在落叶松或黄花落叶松林下形成茂密的矮林。

（3）主要用途。对保持水土有积极作用。树干矮小，木材仅供器具及能源用材；树脂多，木材及树根可提取松节油。可作庭园或盆栽观赏树种。种子可食，亦可榨油。

6. 白桦

白桦（图2-21）为桦木科植物。在温带森林地区，白桦不仅是红松阔叶林的混交树种之一，也是落叶松、红松林采伐迹地及火烧迹地的先锋树种，多发展成纯林或杨桦混交林。白桦林郁闭度较低，灌木、杂草丛生于林下，容易发生森林火灾。但是，东北地区大多数阔叶林树木体内水分含量较大，比针叶林难燃。

图2-21　白桦（王秋华摄）

（1）形态特征。落叶乔木，高25 m，胸径50 cm。有白色光滑像纸一样的树皮，可分层剥下来，用铅笔还可以在剥下的薄薄树皮上面写字。白桦的叶为单叶互生，叶边缘有锯齿，花为单性花，雌雄同株，雄花序柔软下垂，先花后叶植物。白桦树的果实扁平且很小，叫翅果，很容易被风刮起来传到远处。

（2）习性分布。生于海拔400～4100 m的山坡或林中，适应性大，分布甚广，尤喜湿润土壤，为次生林的先锋树种。中国大、小兴安岭及长白山均有成片纯林，在华北平原和黄土高原山区、西南山地亦为阔叶落叶林及针叶阔叶混交林中的常见树种。

（3）主要用途。"桦树汁"饮料具有抗疲劳、抗衰老的保健作用，是21世纪最具希望的功能饮料之一，另外桦树汁有止咳等药理作用，被欧洲人称为"天然啤酒"和"森林饮料"。树皮可提取栲胶、桦皮油，叶可作染料。可用作胶合板卷轴、枪托、细木工家具及农具用材。木材可供一般建筑及制作器具之用，白桦皮在民间常用以编制日用器具。

二、华北地区

华北地区具有独特的地理位置，保护和发展森林资源，实施防沙治沙工程，改善生态状况，已成为该区林业和生态建设的重要任务。该区包括北京、天津、河北、山西、内蒙古5省（区、市），自然条件差异较大，跨越寒温带、温带、暖温带3个温度带，以及湿润、半湿润、干旱和半干旱区，属大陆性季风气候。

1. 油松

油松为松科松属植物。该树枝、叶和木材富含挥发性油类和树脂，为易燃树种。油松多分布在比较干燥瘠薄的土壤上，林下多生长耐干旱的禾本科草类和灌木，林分易燃。2019年"3·29"山西沁源森林火灾以及2020年"3·17"山西榆社森林火灾的主要树种都是油松。特别要注意的是，油松的球果遇火容易脱落，易造成二次燃烧。

（1）形态特征。常绿乔木，高30 m，胸径1.8 m；树冠塔形或卵圆形。1年生枝淡灰黄色或淡褐红色。叶2针一束，粗硬。球果卵圆形，常宿存树上数年不落，鳞盾肥厚隆起，横脊显著，鳞脐有刺，种子卵形，长6~8 cm，翅长约1 cm。

（2）习性分布。我国特有树种，分布范围很广，北至内蒙古，西至宁夏、青海，南至四川、陕西、河南、山西、河北，东至沿海。

（3）主要用途。木材坚实，富松脂，耐腐朽，为优良的建筑、电杆、枕木、矿柱等原料。是我国北方广大地区主要的造林和用材树种。

2. 华北落叶松

华北落叶松为松科落叶松属植物。同兴安落叶松一样，本身含大量树脂，易燃性很高。

（1）形态特征。落叶乔木，高30 m，胸径1 m。树皮灰褐色或棕褐色。片状剥裂。1年生小枝淡黄褐色或淡褐色，幼时有毛，后脱落，有白粉；2~3年生枝条灰褐色或暗灰色。针叶披针形至线形，上面平。雌雄同株，球果卵形至宽卵形，果鳞近五角状卵形，先端平、波形或微凹，成熟时黄色，无毛，有光泽，苞鳞短，呈紫褐色。

（2）习性分布。主要分布于山西、河北两省。内蒙古、山东、辽宁、陕西、甘肃、宁夏、新疆等省（区）有引种栽培。

（3）主要用途。生长较快，材质好，用途广，耐腐朽。是我国华北地区山地主要更新造林和用材树种。有涵养水源的显著效能。

3. 麻栎

麻栎为壳斗科栎属植物。麻栎的燃烧性较弱，抗火性较强。

（1）形态特征。落叶乔木，高25 m，胸径1 m。小枝带黄褐色，无毛。叶长椭圆状披针形，先端渐尖，基部圆形或宽楔形，边缘有锯齿，齿尖毛刺少。雌雄同株，雄花柔荑花序下垂；壳斗碗状，鳞片锥形，反曲，有毛，坚果于翌年成熟，卵状短圆柱形，果顶圆。

（2）习性分布。分布广，北到辽宁、河北，南到广东、广西，西到四川、云南、西藏东部。以长江流域及黄河中下游较多。

（3）主要用途。木材经济价值高，是我国著名的硬阔叶树用材树种。为产区主要造林更新树种。也可作能源林、柞蚕林及各种水土保持林。

4. 栓皮栎

栓皮栎（图2-22）为壳斗科栎属植物。李连强等人对北京妙峰山林场几种植物的燃烧性进行了研究，将地表可燃物燃烧性指数 CI 分为5个等级：高燃烧性（Ⅰ）、较高燃烧性（Ⅱ）、可燃烧性（Ⅲ）、较低燃烧性（Ⅳ）、低燃烧性（Ⅴ）。结果表明，栓皮栎地表可燃物燃烧性指数为可燃烧性。

图2-22　栓皮栎（王秋华摄）

（1）形态特征。落叶乔木，高25 m，胸径1 m，栓皮层发达。叶矩圆状披针形或长椭圆形，锯齿具芒状尖头，下面密被灰白色星状绒毛。壳斗杯形，鳞片锥形，反曲，有毛；坚果球形或短柱状球形，顶端平圆。

（2）习性分布。分布广，北起辽宁、河北、山西、陕西、甘肃南部，东南至广东、广西及台湾，东至山东，西至四川、云南。

（3）主要用途。树皮为木栓可制软木，具有密度小、浮力大、弹性好、不透水、不透气、耐酸、耐碱等特性，是重要的工业原料和用材树种。

5. 侧柏

侧柏为柏科侧柏属植物。侧柏枝、叶富含挥发性油类，燃烧性极强。

（1）形态特征。常绿乔木，高20 m，胸径1 m。树皮淡褐色或灰褐色，细条状纵裂。生鳞叶的小枝扁平，直展，鳞叶交互对生，先端微尖，背部有纵凹槽。雌雄同株。球果长卵形，种鳞4对，扁平，背部上端有一反曲的小尖头。种子长卵形，无翅。

（2）习性分布。分布广，全国各地都有栽培。在淮河以北、华北等地生长最好。

（3）主要用途。耐干旱瘠薄，为淮河以北、华北、西北石灰岩山地及黄土高原重要的造林树种和庭院观赏树。

三、华东、中南地区

华东地区自然环境条件优越，森林类型多样，树种丰富。该区包括上海、江苏、浙江、安徽、福建、江西、山东7省（市），属亚热带湿润性季风气候和温带季风气候，临近海岸地带，其大部分地区因受台风影响获得降水，降水量丰富，而且四季分配比较均匀，森林植被以常绿阔叶林为主。中南地区森林类型多样，植物种类繁多。该区包括河南、湖北、湖南、广东、广西和海南6省（区），跨越暖温带、亚热带和热带气候区。

1. 杉木

杉木为杉科杉木属植物。杉木枝、叶含有挥发性油类，易燃，加上树冠深厚，树枝接近地面，多分布在山下部比较潮湿的地方，其燃烧性比马尾松林低一些。但是在干旱天气条件下也容易发生火灾，有时也易形成树冠火。

（1）形态特征。常绿乔木，高30 m以上，胸径3 m。树冠尖塔形。树皮棕色至灰褐色，条裂、内皮淡红色。侧枝轮生。叶螺旋状排列，侧枝的叶排成2列，线状披针形，有白粉或无白粉，边缘有锯齿，上下两面中脉两侧有气孔线，下面更多。雄球花簇生枝顶，雌球花单生，或2~3朵簇生枝顶，球形，苞鳞与种鳞结合。球果近球形或圆卵形，熟时黄褐色。苞鳞大，种鳞较种子短，每种鳞有3粒种子。

（2）习性分布。我国南方分布较广的特有用材树种，栽培区北自丘陵南坡、淮河流域、长江流域，南至广东、广西北部、云南东南部和中部，西至四川等。

（3）主要用途。树干通直圆满，材质轻软细致，生长快、材质好、用途广、产量高，是我国最普遍而重要的商品用材树种。

2. 马尾松

马尾松为松科松属植物。马尾松的枝、叶、树皮和木材中均含有大量挥发性油类和大量树脂，极易燃。火烧后的马尾松如图 2－23 所示。

图 2－23　火烧后的马尾松（王秋华摄）

（1）形态特征。常绿乔木，高 40 m，胸径 1 m。树皮上部红褐色，下部灰褐色，深裂成不规则的鳞状厚块片。枝条斜展，小枝微下垂。1 年生枝红黄色或淡黄褐色。叶 2 针一束，偶见 3 针或 1 针一束，长 10～20 cm。雌雄同株，单性，花期 3—4 月，球果 2 年成熟，长卵形或卵圆形，熟时栗褐色。

（2）习性分布。分布于淮河、伏牛山、秦岭以南，南至广东、广西南部，东自东南沿海和台湾，西至贵州中部及四川大相岭以东地区。

（3）主要用途。木材经防腐处理，可作矿柱、枕木、电杆；木材纤维长，是造纸和人造纤维的主要原料，也是我国主要的产脂树种。

3. 青冈

青冈为壳斗科青冈属植物。青冈为难燃的树种，是南方林区主要的防火植物之一。

（1）形态特征。常绿乔木，高 20 m，胸径 1 m。单叶互生，叶革质，先端渐尖或呈短尾状，基部圆形或宽楔形，边缘中部以上有疏锯齿，叶上面无毛，有光泽，叶下面灰白色，有白粉，被子伏毛。花单性，雌雄同株。壳斗浅碗形，小苞片鳞片状，合生成 5～7 条同心环带。坚果卵形或椭圆形，当年成熟。

（2）习性分布。分布广，产长江流域，南至广东、广西、台湾，西至青海东南部。

（3）主要用途。材质坚韧，强度大，结构细，供桩柱、车船、桥梁、地板、木制机械、纺织木梭、军工等用。

4. 桉树

桉树（图 2-24）为桃金娘科桉属植物。桉树枝、叶和干含有大量挥发性油类，叶为革质且不易腐烂，林地干燥，容易发生森林火灾。因此应对桉林加强防火管理。2019 年澳大利亚林火，燃烧了 210 天，直到 2020 年 2 月火才被扑灭，燃烧的主要树种就是桉树。

（1）形态特征。常绿植物，一年内有周期性的枯叶脱落现象，大多品种是高大乔木，少数是小乔木，呈灌木状的很少。树冠形状有尖塔形、多枝形和垂枝形等。单叶，全缘，革质，有时被有一层薄蜡质。叶子可分为幼态叶、中间叶和成熟叶三类，多数品种的叶子对生，较小，心脏形或阔披针形。桉树叶如图 2-25 所示。

图 2-24　桉树（夏斯摄）　　　　　图 2-25　桉树叶（夏斯摄）

（2）习性分布。自然分布于澳大利亚、巴布亚新几内亚、印度尼西亚和菲律宾。中国最早于 1890 年引进桉树。自 20 世纪 50 年代开始，我国大面积试验推广桉树并取得成功，80 年代后快速发展，迄今为止，全国已有桉树人工林面积 450 多万公顷，主要分布于广西、广东、福建、云南、海南等气温较高的 10 个省（区）。

（3）主要用途。桉树的树根可以食用也可以取水。也有的地方用桉树作为燃料。许多桉树的叶子可以用作饲料。桉树树姿优美，四季常青，生长异常迅速，抗旱能力强，宜作行道树、防风固沙林和园林绿化树种。树叶含芳香油，有杀菌驱蚊作用，可提炼香油，是疗养区、住宅区、医院和公共绿地的良好绿化树种。

5. 木荷

木荷为山茶科木荷属植物。木荷是一种较好的耐火、抗火、难燃树种，为南方林区防火林带建设的优选树种。

（1）形态特征。常绿乔木，高 30 m，胸径 1 m。树皮深褐色，纵裂。小枝暗灰色，皮孔明显。叶互生，椭圆形或卵状椭圆形，叶无毛，边缘有钝锯齿。花期 5—7 月，花白色。蒴果近球形，径约 15 cm，5 裂，花萼宿存。种子扁平，肾形，边缘有翅。

（2）习性分布。产长江流域以南地区，南至广东、广西、台湾，西南至云南、四川、贵州等地。

（3）主要用途。为南方珍贵的用材造林树种。树干通直，木材坚硬，为纺织工业中的特种用材。

6. 红椎

红椎又名红栲、红锥栗，为壳斗科椎属植物。同青冈一样为难燃树种，也作为南方林区主要的防火植物之一。

（1）形态特征。常绿乔木，干形通直，高30 m，胸径1 m。树皮灰色至灰褐色，片状剥落。幼枝被疏柔毛，2年生枝无毛。叶互生，2列，薄革质，卵状披针形，先端渐尖，基部楔形，全缘或顶端有齿缺，下面被棕色鳞枇和淡毛，老则变成淡黄色，侧脉10～12对。壳斗球形，4瓣裂，坚果2年成熟，卵形。

（2）习性分布。产长江以南，福建、湖南、湖北南部、广东、广西、云南、贵州、西藏都有分布。

（3）主要用途。是优良的硬材，用途甚广，为分布区内更新及造林树种。木材、枝丫、树皮、果实等都各有妙用。

四、西南地区

西南地区大江大河较多，生物多样性丰富。该区包括重庆、四川、贵州、云南、西藏5省（区、市），垂直高差大，气温差异显著，形成明显的垂直气候带与相应的森林植被带，森林类型多样，树种丰富。

1. 云南松

云南松（图2-26）为松科松属植物。云南松针叶、小枝易燃，树木含挥发性油类和松脂，树皮厚。具有较强抗火能力，火灾后易飞籽成林。成熟林分郁闭度在0.6左右，林

图2-26 云南松（王秋华摄）

内干燥，林木层次简单，一般分为乔、灌、草三层，由于林下多发生地表火，灌木少，多为乔木、草类，非常易燃。在人为活动少、土壤深厚地方混生有较多常绿阔叶林，这类云南松阔叶混交林燃烧性略有降低。

（1）形态特征。常绿乔木，高30 m，胸径1 m。又名"飞松""青松""长毛松"，叶3针一束，稀2针，细长柔软，稍下垂，叶鞘宿存。树脂道4~6个，中生或边生，鳞盾常肥厚，隆起，鳞脐微凹或微凸起，有短刺。树皮灰褐色。球果的形状为圆锥状卵圆形，种子近卵圆形或倒卵形，微扁。果期翌年10—11月。

（2）习性分布。分布于四川西南部、云南、西藏东南部、贵州西部、广西西部，多分布于海拔1000~3200 m的广大地区，常形成大面积纯林。

（3）主要用途。花粉可作药用。木材是优质造纸、人造板原料，并供建筑、家具等用材。枝、干可培养茯苓，且富含松脂，是制取松香、松节油的原料。

2. 云杉

云杉（图2-27）为松科云杉属植物。云杉的枝叶和木材均含有大量挥发性油类，对火特别敏感。

图2-27 云杉（郭亚娇摄）

（1）形态特征。高30 m，树皮灰红色，呈不规则薄片状剥落，嫩枝亮黄色，叶坚硬，四棱状条形，有刺，环生于枝上，球果灰色，下垂，渐红褐色。花期5—9月，果期翌年9—10月。

（2）习性分布。分布于中国西部地区。

（3）主要用途。可供建筑用材，并是造纸的原料。云杉针叶含油率为0.1%~0.5%，可提取芳香油。

3. 冷杉

冷杉（图2-28）为松科冷杉属植物。

（1）形态特征。乔木，高40 m，胸径1 m；树皮灰色或深灰色，裂成不规则的薄片固

图 2-28　冷杉（郭亚娇摄）

着于树干上，内皮淡红色。叶在枝条上面斜上伸展，枝条下面乏叶列成两列，条形，直或微弯，先端有凹缺或钝。球果卵状圆柱形或短圆柱形，基部稍宽，顶端圆或微凹，有短梗，熟时暗黑色或淡蓝黑色，微被白粉；种子长椭圆形，花期 5 月，球果 10 月成熟。

（2）习性分布。常在高纬度地区至低纬度的亚高山至高山地带的阴坡、半阴坡及谷地形成纯林，或与性喜冷湿的云杉、落叶松、铁杉和某些松树及阔叶树组成针叶混交林或针阔混交林。

（3）主要用途。冷杉的树皮、枝皮含树脂，著名的加拿大树脂即是从香脂冷杉的幼树皮和枝皮中提取的，是制切片和精密仪器最好的胶接剂。国产冷杉也可以提取相似的胶接剂，为制造纸浆及一切木纤维工作的优良原料，可作一般建筑枕木（需防腐处理）、器具、家具及胶合板，板材宜作箱盒、水果箱等。

4. 高山栎

高山栎为壳斗科栎属植物。高山栎为易燃植物。

（1）形态特征。常绿乔木，高 30 m；幼枝被星状毛，后脱落。叶互生，革质，长椭圆形或卵形，长 5 ~ 12 cm，先端圆钝，基部浅心形，全缘或具锐齿。表面无毛或疏被星状毛，背面具棕色粉状物及星状毛。花单性，雌雄同株，雄花为柔荑花序，下垂，生于叶腋，花被 4 ~ 7 裂；雌花序穗状，雌花单生于花苞内，花被即花萼和花冠的总称，成 5 ~ 6 片，深裂状；壳斗杯形或碟形；坚果卵形或椭圆形。花期 3—4 月，果期 10—11 月。

（2）习性分布。产于西藏波密、古隆、错那、聂拉木及四川西部。生于海拔 2600 ~ 4300 m 山坡上、山谷栎林中，与石楠类、圆柏类混生。

（3）主要用途。为高档硬木家具、木制工艺品的重要原料；树皮、壳斗含鞣质，可提取栲胶。

5. 毛竹

毛竹（图 2–29）为禾本科刚竹属植物。毛竹林一般属于难燃的类型，只有在干旱年份才有可能发生火灾。

图 2–29 毛竹（郭亚娇摄）

（1）形态特征。单轴散生型竹种，地下具粗壮横走的竹鞭。竹竿散生直立，最高可达 20 多米，最粗可达 20 cm 左右，间间最长可达 45 cm。每节 2 个分枝，分枝一侧节间有沟槽。箨鞘厚革质，紫褐色或褐色，密被棕色毛和黑褐色斑块，箨耳小，箨叶长三角形至披针形，绿色，无褶皱。叶片披针形，叶耳不明显，叶舌隆起。穗状花序，颖片 1 枚，鳞被 3 枚，膜质，雄蕊 3 枚；柱头 3 裂，呈羽毛状。颖果针状。花期 5—8 月，果实 3—9 月成熟。

（2）习性分布。毛竹是竹类植物中分布最广的竹种，台湾、云南、四川、安徽、浙江、江西、湖南、广西等地均有分布。有人工纯林，或与杉木、马尾松及其他阔叶林组成天然混交林。

（3）主要用途。做建筑材料、加工制作家具及工艺品等，是纤维造纸工业的好原料，其笋可以食用。

五、西北地区

西北地区干旱缺水、生态脆弱。该区包括陕西、甘肃、青海、宁夏、新疆 5 省（区），境内大部分为大陆性气候，寒暑变化剧烈，除陕西南部和甘肃东南部降水量丰富外，其他地区降水量稀少，为全国最干旱地区。

1. 新疆杨

新疆杨为杨柳科杨属植物。

（1）形态特征。落叶乔木，高 30 m。树冠圆柱形，侧枝角度小，向上伸展，近贴树干；树皮灰绿色，光滑，基部浅裂，老树灰色，树干基部常纵裂。短枝叶近圆形或椭圆形，基部截形，边缘有粗牙齿；幼叶下面有灰白绒毛，后脱落；长枝叶掌状深裂，边缘有不规则粗牙齿，表面光滑，有时脉腋被绒毛，背面被白绒毛。

（2）习性分布。主要分布在我国新疆地区，以南疆地区较多。陕西、甘肃、宁夏等地有大量引种。

（3）主要用途。为优良的绿化和防护、用材树种，木材供建筑、家具等用。

2. 胡杨

胡杨为杨柳科杨属植物。

（1）形态特征。落叶乔木，高 25 m，胸径 60 cm。树冠球形。树皮厚，灰黄色，纵裂。幼枝灰绿色，被短毛。小枝细，无顶芽。叶形多变化，幼树及长枝上的叶线状披针形，似柳叶；大树上的叶卵圆形、披针形、三角形或肾形，灰绿色或浅灰绿色，革质，顶端阔楔形或粗牙齿形，基部截形或近心形，少阔楔形；叶柄稍扁平，光滑，顶端具腺点 2 个。雌雄异株，果长卵圆形，2 瓣裂。

（2）习性分布。产于新疆、青海、甘肃、内蒙古、宁夏等地。在新疆地区分布最广，尤其在南疆的塔里木河流域等地有大片野生胡杨林。

（3）主要用途。为干旱大陆性气候条件下的乡土树种。具抗热、抗干旱、抗风沙、耐盐碱的特性，是干旱地区的重要森林资源。

3. 梭梭

梭梭为藜科梭梭属植物。

（1）形态特征。落叶小乔木或灌木，高 7 m。树皮灰白色，干形扭曲，枝对生，有关节，小枝纤细、绿色、直伸。鳞叶近三角状，内面有毛，对生。花小，两性，单生叶腋，成穗状花序状。果扁球形，顶部凹陷，暗黄褐色，宿存花被瓣具半圆形膜质翅。

（2）习性分布。产于新疆、甘肃、青海、内蒙古和宁夏。

（3）主要用途。抗旱、抗热、抗寒、耐盐，根系发达，是我国西北和内蒙古干旱荒漠地区优良的固沙树种。

4. 沙棘

沙棘为胡颓子科沙棘属植物。

（1）形态特征。落叶灌木或小乔木，高 10 m，枝上有灰褐色刺针。单叶互生，线形或线状披针形，下面密被银白色或淡褐色盾状鳞斑，叶柄短。雌雄异株，短总状花序腋生，花单性，先叶开放，花被简短，2 裂，颜色为黄色，雄蕊数量为 4 个，风媒传粉。浆果近球形或卵圆形，橙黄色。种子多枚，卵形，种皮坚硬，黑褐色有光泽。

（2）习性分布。分布广，产于内蒙古、河北、山西、陕西、甘肃、宁夏、青海、新疆、四川、云南、贵州、西藏等地。

（3）主要用途。适应能力强，繁殖容易，经济价值较高。为华北、西北黄土丘陵和干旱风沙地区荒山造林、水土保持的重要灌木树种。

5. 青海云杉

青海云杉为松科云杉属植物。

（1）形态特征。常绿乔木，高 25 m，胸径 60 cm。树冠灰蓝绿色，树皮鳞状开裂。1 年生枝淡绿黄色，2～3 年生枝粉红色，小枝有木钉状叶枕。叶锥形，先端钝，横切面菱形。球果成熟前种鳞上部边缘紫红色、背部绿色，球果成熟后下垂，长圆状圆柱形，种鳞倒卵形，先端圆。

（2）习性分布。我国特有树种，产于青海、甘肃、宁夏、内蒙古等地，青海分布最广。

（3）主要用途。生长较快，适应性较强，是西北高山林区主要更新树种之一。

📖 习题

1. 名词解释

高等植物、低等植物、裸子植物、被子植物、森林生物多样性。

2. 简答题

（1）植物界的基本类群及其主要特点是什么？

（2）低等植物和高等植物的基本特征分别是什么？

（3）种子植物根据是否有果皮包被分为哪几类植物？特征分别是什么？

（4）什么是叶序？列举几种常见的叶序。

（5）森林生物多样性的意义是什么？

（6）东北地区的代表植物有哪些？选取 1～2 种，介绍其燃烧性。

第三章　森　林　资　源

学习目标

☞ 通过本章学习，了解森林资源的概念和内涵以及目前中国乃至世界的森林资源状况，掌握森林的分布规律及我国主要的森林类型。

第一节　概　　述

森林资源是国家自然资源的重要组成部分，是林业和生态建设的基础，是森林资源管理和经营活动的主要对象。森林资源也是有生命的，是可更新再生资源，具有多效益、多功能作用。森林和森林资源是密切相关，且内涵又有所区别的两个概念。森林资源的概念涵盖了森林，并且在内容上又有所扩展。森林资源的内涵随着人与森林关系的不断加深，其内涵也在不断扩大。

一、概念及内涵

森林资源的概念一般有广义和狭义之分。狭义的森林资源仅指以林木、林地为主的森林植物。广义的森林资源指林区范围内的森林、林木、林地以及依托森林、林木、林地生存的野生动物、植物和微生物的统称。《中华人民共和国森林法实施条例》是为了保护森林资源而制定的法规。2000 年 1 月 29 日国务院发布《中华人民共和国森林法实施条例》，自 2000 年 1 月 29 日起实施。2018 年 3 月 19 日，根据《国务院关于修改和废止部分行政法规的决定》(中华人民共和国国务院令第 698 号) 修改了《中华人民共和国森林法实施条例》，自 2018 年 3 月 19 日起实施。新修订的《中华人民共和国森林法实施条例》明确规定：森林资源包括森林、林木、林地以及依托森林、林木、林地生存的野生动物、植物和微生物。《中华人民共和国森林法》已由中华人民共和国第十三届全国人民代表大会第十五次会议于 2019 年 12 月 28 日修订通过，自 2020 年 7 月 1 日起施行。新修订的《中华人民共和国森林法》中对森林、林木、林地也做出了明确规定：①森林包括乔木林、竹林和国家特别规定的灌木林，按照用途可以分为防护林、特种用途林、用材林、经济林和能源林；②林木包括树木和竹子；③林地是指县级以上人民政府规划确定的用于发展林业的土地，包括郁闭度 0.2 以上的乔木林地以及竹林地、灌木林地、疏林地、采伐迹地、火烧迹地、未成林造林地、苗圃地等。

根据《森林资源规划设计调查技术规程》（GB/T 26424—2010）和国家林业局 2014 年重新修订的《国家森林资源连续清查技术规定》，对森林资源的基本属性做了规定，反映了中国森林资源的属性和内涵。下面我们重点介绍森林和林地的内涵及属性。

1. 森林

森林按照用途可以分为防护林、特种用途林、用材林、经济林和能源林。

（1）防护林：以发挥生态防护功能为主要目的。

（2）特种用途林：以保存物种资源、保护生态环境，用于国防、森林旅游和科学实验等为主要经营目的。

（3）用材林：以生产木材或竹材为主要目的。

（4）经济林：以生产油料、干鲜果品、工业原料、药材及其他副特产品为主要经营目的。

（5）能源林：以生产生物质能源为主要目的。

2. 林地

林地资源主要包含乔木林地、灌木林地、竹林地、疏林地、未成林造林地、苗圃地、迹地、宜林地。

1）乔木林地

乔木林地指由乔木组成的片林或者林带，郁闭度大于或者等于 0.20。

2）灌木林地

灌木林地指附着有灌木树种，因生境恶劣或人工栽培矮化成灌木型的乔木树种以及胸径小于 2 cm 的小杂竹丛，以经营灌木林为主要目的或专为防护用途，覆盖度在 30% 以上的林地。灌木林地又分为特殊灌木林地和一般灌木林地。其中特殊灌木林地指国家特别规定的灌木林地，按照国务院林业主管部门的有关规定执行。特殊灌木林地细化为年平均降水量 400 mm 以下地区灌木林地、乔木分布线以上灌木林地、热带亚热带岩溶地区灌木林地、干热（干旱）河谷地区灌木林地，以及获取经济效益为目的的灌木经济林；一般灌木林地指不属于特殊灌木林地的其他灌木林地。

3）竹林地

竹林地指附着有胸径 2 cm 以上的竹类植物，郁闭度大于或等于 0.20 的林地。由不同竹类植物构成的竹林的具体划分标准由各省自行规定，并报国务院林业主管部门备案。

4）疏林地

疏林地指乔木郁闭度在 0.10 ~ 0.19 之间的林地。

5）未成林造林地

未成林造林地指人工造林（包括直播、植苗）和飞播造林后不到成林年限或者达到成林年限后，造林成效符合下列条件，即苗木分布均匀，尚未郁闭但有成林希望或补植后有成林希望的林地，包括乔木未成林造林地和灌木未成林造林地。

6）苗圃地

苗圃地指固定的林木和木本花卉育苗用地，不包括母树林、种子园、采穗圃、种质基地等种子、种条生产用地以及种子加工、储藏等设施用地。

7）迹地

迹地包括采伐迹地、火烧迹地和其他迹地。

（1）采伐迹地：乔木林地采伐作业后3年内活立木达不到疏林地标准、尚未人工更新的林地。

（2）火烧迹地：乔木林地火灾等灾害后3年内活立木达不到疏林地标准、尚未人工更新的林地。图3-1所示为2017年7月3日内蒙古满归火灾的火烧迹地。

（3）其他迹地：灌木林经采伐、平茬、割灌等经营活动或者火灾发生后，覆盖度达不到30%的林地。

图3-1 火烧迹地（任建朋摄）

8）宜林地

宜林地指经县级以上人民政府规划用于发展林业的土地。包括造林失败地、规划造林地和其他宜林地。

（1）造林失败地：人工造林后不到成林年限，成活率低于41%，需重新造林的林地；造林更新达到年限后，未达到乔木林地、灌木林地、疏林地标准，保存率低于41%，需重新造林的林地。

（2）规划造林地：未达到上述乔木林地、灌木林地、竹林地、疏林地、未成林造林地标准，经营造林（人工造林、飞播造林、封山育林等）可以成林，规划为林地的荒山、荒（海）滩、荒沟、荒地、固定或流动沙地（丘）、有明显沙化趋势的土地等。

（3）其他宜林地：经县级以上人民政府规划用于发展林业的其他土地。包括培育、生产、存储种子、苗木的设施用地；存储木材和其他生产资料的设施用地；集材道、运材道；野生动植物保护、护林、森林病虫害防治、森林防火、木材检疫、林业科学研究与实验设施用地；具有林地权属证明，供水、供热、供气、通信等基础设施用地等。

二、数量指标

为了更直观地了解森林资源，我们通常会采用一些数量指标来衡量森林资源的变化规律。衡量森林资源的数量指标主要有森林覆盖率、林地面积、森林面积、森林蓄积、林木蓄积等。

1. 森林覆盖率

森林覆盖率亦称森林覆被率，指一个国家或地区森林面积占土地面积的百分比，是反映一个国家或地区森林面积占有情况或森林资源丰富程度及实现绿化程度的指标，又是确定森林经营和开发利用方针的重要依据之一。按国家现行标准规定，森林覆盖率=森林面积(有林地面积+国家特别规定灌木林地面积)÷国土面积×100%。有林地是指连续面积≥1亩、郁闭度≥0.20、附着有森林植被的林地，包括乔木林和竹林。国家特别规定灌木林地是指分布在干热(干旱)河谷、岩溶地区、乔木生长界线以上等生态脆弱地带，专为防护用途，且覆盖度≥30%的灌木林地，以及以获取经济效益为目的进行经营的灌木经济林地。

根据第九次全国森林资源清查(2014—2018年)结果，我国的森林覆盖已经达到22.96%。各省(自治区、直辖市，简称"省"，下同)森林覆盖率超过60%的有福建、江西、台湾、广西4省，50%~60%的有浙江、海南、云南、广东4省，30%~50%的有湖南等11个省，10%~30%的有安徽等13个省，不足10%的有青海、新疆2省。各省森林覆盖率见表3-1。

表3-1　各省森林覆盖率

分　级	森林覆盖率/%
≥60	福建66.80；江西61.16；台湾60.71；广西60.17
50~60	浙江59.43；海南57.36；云南55.04；广东53.52
40~50	湖南49.69；黑龙江43.78；北京43.77；贵州43.77；重庆43.11；陕西43.06；吉林41.49
30~40	湖北39.61；辽宁39.24；四川38.03；澳门30.00
20~30	安徽28.65；河北26.78；香港25.05；河南24.14；内蒙古22.10；山西20.50
10~20	山东17.51；江苏15.20；上海14.04；宁夏12.63；西藏12.14；天津12.07；甘肃11.33
<10	青海5.82；新疆4.87

注：数据来源于《中国森林资源报告(2014—2018)》。

2. 林地面积

林地是用于培育、恢复和发展森林植被的土地，它根据土地的覆盖和利用状况来划定，包括乔木林地、竹林地、灌木林地、疏林地、未成林造林地、苗圃地、迹地和宜林地。根据第九次全国森林资源清查(2014—2018年)结果，全国林地面积为32368.55万 hm^2。

3. 森林面积

森林面积包括郁闭度0.20以上的乔木林地面积、竹林地面积和国家特别规定的灌木林地的覆盖面积。目前全国森林面积为21822.05万 hm^2，其中乔木林17988.85万 hm^2、占82.43%，竹林641.16万 hm^2、占2.94%，特殊灌木林3192.04万 hm^2、占14.63%。

森林按起源分为天然林和人工林。全国森林面积中，天然林面积为13867.77万 hm^2、占 63.55%，人工林面积为 7954.28 万 hm²、占 36.45%。

森林按林木所有权分为国有林、集体林和个人所有林。全国森林面积中，国有林 8274.01 万 hm²、占 37.92%，集体林 3874.24 万 hm²、占 17.75%，个人所有林 9673.80 万 hm²、占 44.33%。

森林按林种分为防护林、特种用途林、用材林、能源林和经济林 5 个林种。全国森林面积中，防护林 10081.92 万 hm²、占 46.20%，特种用途林 2280.40 万 hm²、占 10.45%，用材林 7242.35 万 hm²、占 33.19%，能源林 123.14 万 hm²、占 0.56%，经济林 2094.24 万 hm²、占 9.60%。

4. 森林蓄积

森林蓄积指一定森林面积上存在着的林木树干部分的总材积。它是反映一个国家或地区森林资源总规模和水平的基本指标之一，也是反映森林资源的丰富程度、衡量森林生态环境优劣的重要依据。目前全国森林蓄积 1705819.59 万 m³。

5. 林木蓄积

林木蓄积也称活立木蓄积，是一定范围土地上现存活立木材积的总量。包括森林蓄积、疏林蓄积、散生木蓄积和四旁树蓄积。全国活立木蓄积 1850509.80 万 m³，其中森林蓄积 1705819.59 万 m³、占 92.18%，疏林蓄积 10027.00 万 m³、占 0.54%，散生木蓄积 87803.41 万 m³、占 4.75%，四旁树蓄积 46859.80 万 m³、占 2.53%。

三、质量指标

森林质量指标包括单位面积蓄积、单位面积生物量、单位面积生长量、平均郁闭度、平均胸径、平均树高、树种组成结构等。乔木林是森林资源的主体，森林质量通常采用乔木林的质量指标反映。下面我们就以乔木林为例，分别介绍这几种质量指标。

1. 单位面积蓄积

根据第九次全国森林资源清查（2014—2018 年）结果，全国乔木林每公顷蓄积 94.83 m³。按起源分，天然林 111.36 m³，人工林 59.30 m³；按林木所有权分，国有林 136.01 m³，集体林 76.19 m³，个人所有林 61.32 m³；按森林类别分，公益林 108.17 m³，商品林 75.80 m³。国家级公益林每公顷蓄积 114.10 m³。人工林每公顷蓄积约为天然林的一半，国有林每公顷蓄积高于集体林和个人所有林，公益林的每公顷蓄积高于商品林。

2. 单位面积生物量

根据第九次全国森林资源清查（2014—2018 年）结果，全国乔木林每公顷生物量 86.22 t。按起源分，天然林 100.61 t，人工林 55.31 t；按林木所有权分，国有林 114.07 t，集体林 76.65 t，个人所有林 62.17 t；按森林类别分，公益林 96.32 t，商品林 71.83 t。国家级公益林每公顷生物量 99.12 t。每公顷生物量天然林高于人工林、国有林高于集体林和个人所有林、公益林高于商品林。

3. 单位面积生长量

全国乔木林每公顷年均生长量 4.73 m³。按起源分，天然林 4.04 m³，人工林 6.15 m³；按林木所有权分，国有林 3.72 m³，集体林 5.12 m³，个人所有林 5.52 m³；按森林类别分，公益林 3.96 m³，商品林 5.79 m³。国家级公益林每公顷年均生长量 3.78 m³。每公顷年均生长量人工林高于天然林、集体林和个人所有林高于国有林、商品林高于公益林。

4. 平均郁闭度

郁闭度指林地树冠垂直投影面积与林地面积之比，以十分数表示，完全覆盖地面为 1。简单来说，郁闭度就是指林冠覆盖面积与地表面积的比例。

根据第九次全国森林资源清查（2014—2018 年）结果，全国乔木林平均郁闭度 0.58。按起源分，天然林 0.60，人工林 0.53；按林木所有权分，国有林 0.61，集体林 0.55，个人所有林 0.57。乔木林平均郁闭度超过全国平均水平的有 14 个省（区），吉林平均郁闭度最大，为 0.67；新疆平均郁闭度最小，为 0.42。全国乔木林中，郁闭度 0.2 ~ 0.4 的面积 4505.36 万 hm²、占 25.05%，0.5 ~ 0.7 的面积 9476.61 万 hm²、占 52.68%，0.8 以上的面积 4006.88 万 hm²、占 22.27%。

5. 平均胸径

对于乔木林，应该根据主林层优势树种每木检尺胸径，采用平方平均法计算平均胸径，以厘米为单位，记载到小数点后一位。

根据第九次全国森林资源清查（2014—2018 年）结果，全国乔木林平均胸径 13.4 cm。按起源分，天然林 13.9 cm，人工林 12.0 cm；按林木所有权分，国有林 15.2 cm，集体林 12.3 cm，个人所有林 11.7 cm。乔木林平均胸径高于全国平均水平的有 12 个省（区），其中 6 个省（区）乔木林平均胸径在 15 cm 以上，分别为西藏 24.9 cm、新疆 20.5 cm、青海 18.0 cm、吉林 15.8 cm、甘肃 15.4 cm、海南 15.1 cm。

6. 平均树高

对于乔木林，应根据平均胸径大小，在主林层优势树种中选择 3 ~ 5 株平均样木测定树高，采用算术平均法计算平均树高，以米为单位，记载到小数点后一位。

根据第九次全国森林资源清查（2014—2018 年）结果，全国乔木林平均树高 10.5 m。按起源分，天然林 11.2 m，人工林 8.9 m；按林木所有权分，国有林 12.4 m，集体林 9.0 m，个人所有林 9.2 m。人工林平均树高低于天然林，国有林平均树高大于集体林和个人所有林。乔木林平均树高超过全国平均水平的有 9 个省（区），西藏乔木林平均树高最高，为 16.0 m。全国平均树高在 5.0 ~ 15.0 m 的乔木林面积 12374.34 万 hm²、占乔木林面积的 68.79%。

7. 树种组成结构

树种组成是按照十分法分别记载树种名称和株数比例。全国乔木林中，纯林面积 10447.01 万 hm²、占 58.08%，混交林面积 7541.84 万 hm²、占 41.92%。天然乔木林中，纯林面积 5821.30 万 hm²、占 47.42%，混交林面积 6454.88 万 hm²、占 52.58%；人工乔木林中，纯林面积 4625.71 万 hm²、占 80.98%，混交林面积 1086.96 万 hm²、占

19.02%。乔木林以纯林居多，人工林中纯林更多，人工乔木林过纯的问题依然突出。从各省（区）树种组成结构看，纯林面积比率较大的有新疆93.53%、青海90.81%、宁夏88.90%、山东87.25%、河北84.99%；混交林面积比率较大的有吉林59.03%、湖北58.76%、浙江56.25%、福建54.99%、黑龙江53.82%。

第二节　森林分布

一、森林分布的地带性规律

森林的分布是气候和土壤的综合反映，地球上气候带、土壤带和森林植被带相互对应呈一定的分布规律。在地球表面作为气候条件的热量和水分条件按纬度、经度和海拔高度呈现出一定的地带性变化规律，森林植被也沿这3个方向呈现出交替分布的地带性规律。

（一）森林分布的水平地带性

在地球表面，气候条件特别是热量和水分状况随纬度和经度呈现出有规律的递变，从而引起森林在水平方向上随经纬度呈现出有规律的变化，这一现象称为森林分布的水平地带性。

1. 森林分布的纬度地带性

森林分布的纬度地带性主要是地球表面的热量差异造成的。太阳辐射是地球表面热量的主要来源，到达地球表面的太阳辐射随地理纬度高低的不同，提供给地球表面的热量从南到北呈规律性的差异。低纬度地区接收太阳总辐射量大，季节分配较为均匀，终年高温无冬季；随着纬度增高，地面接收太阳总辐射量减少，热量的季节差异增大，一年中春夏秋冬四季分明；到了高纬度地区特别是极地这样的极端环境，地面受热量最少，终年寒冷积雪以至于森林无法生长。一般纬度每增高1°（111 km），年平均温度下降0.5~0.9 ℃（1月为0.7 ℃，6月为0.3 ℃）。这样从赤道向两极形成了依次变化的热量带和气候带，森林类型也呈带状分布。我国东部湿润森林区，自北向南依次为寒温带针叶林、中温带针阔混交林、暖温带落叶阔叶林、亚热带常绿阔叶林、热带雨林和季雨林。西部内陆腹地，受强烈的大陆性气候影响，由于青藏高原的隆起，从北至南出现一系列东西走向的巨大山系，打破了原有的纬度地带性，因此自北向南的变化为温带荒漠、半荒漠带→暖温带荒漠带→高寒荒漠带→高寒草原带→高寒山地灌丛草原带。

2. 森林分布的经度地带性

森林分布的经度地带性主要与海陆位置、大气环流和地形相关。一般规律是从沿海到内陆，降水量逐渐减少，植被也表现出明显的有规律性变化。我国位于欧亚大陆东南部的太平洋西岸，由于受东南海洋季风气候的影响，由近海到内陆、自东南向西北降水量逐渐减少，在水分指标上可以根据干燥度系数来划分适度气候区域。如干燥度系数16.0等值线恰好与塔里木盆地边缘、柴达木盆地边缘以及巴丹吉林、腾格里沙漠边缘一致，该等值线的西北地区为荒漠景观,属于极干旱区。干燥度系数 1.0 等值线为湿润区和半湿润区的分界线(表 3-2)。可明显看出,我国从东南沿海到西北内陆其水分指标的分布规律为湿润区、半湿润区、半干旱区、干旱区、极干旱区,植被类型依次为森林区、森林草原区、草原区、半荒漠和荒漠区。

表 3-2 水分指标与植被类型

水 分 指 标	干 燥 度 系 数	植 被 类 型
湿润	<1.0	森林
半湿润	1.0~1.6	森林草原
半干旱	1.6~3.5	草原
干旱	3.5~16.0	半荒漠
极干旱	>16.0	荒漠

(二) 森林分布的垂直地带性

森林分布除受纬度和经度影响而具有水平地带性分布规律外,森林在山地上也呈有规律分布。在山地由于受海拔高度的影响,随着海拔的升高环境梯度发生有规律的变化,表现在年平均气温逐渐降低、生长季节逐渐缩短,通常海拔每升高 100 m,气温下降 0.6 ℃;在一定的海拔范围,随着海拔的升高,降水量增加,太阳辐射增强,风速增大。综合环境因子沿海拔梯度的垂直变异引起山地森林在垂直分布上的相应改变。森林类型随海拔升高呈现出有规律的变化,这一现象称为森林分布的垂直地带性。

由于山地所处的地理纬度、山地高度以及距离海洋远近等的差异,在不同山地上各自形成不同特点的植被垂直带谱。森林垂直带谱的基带与山地所在区域的水平地带性植被相一致。如某山地位于热带平原,则森林垂直分布的基带只能是热带雨林,而不可能是常绿阔叶林或落叶阔叶林。同样温带山地垂直分布的基带只能是针阔混交林,而不可能出现热带和亚热带的植被类型。这样不同纬度带的山地其垂直植被带的多少并不相同,以热带最为完整。如位于台湾热带的玉山(北纬 24°30′,海拔 3950 m),从山下到山顶可以划分为6 个植被带:

130~600 m:热带雨林;

600~900 m:山地雨林;

900~1800 m:山地常绿阔叶林;

1800~3000 m:沙地暖温带针阔混交林、常绿落叶混交林和落叶阔叶林;

3000~3600 m:亚高山寒温带针叶林;

3600~3950 m:高山杜鹃灌丛和高山草甸,二者呈镶嵌分布。

而位于我国东北地区的长白山(北纬 42°,海拔 2691 m),其基带为温带植被,垂直带谱相对比较简单:

250～500 m：落叶阔叶林；

500～1100 m：针阔混交林；

1100～1800 m：亚高山针叶林；

1800～2100 m：山地矮曲林；

2100 m 以上：高山灌丛草甸。

可以看出，山地的森林垂直带谱也反映了该山地所在纬度和经度的水平地带特征，即森林分布的垂直地带性的表现从属于水平地带性特征，二者的相互关系为水平地带性是基础。

二、中国不同地理区森林分布

我国幅员辽阔，气候、地貌类型复杂多样。纬度、经度和大地貌特征成为我国划分自然地理区域的主要因素。一般根据地质地貌、气候、水文、土壤和动植物等大尺度分布规律，将我国划分为三大自然地理区，即东部季风区、西部干旱区和青藏高寒区。三大自然地理区与我国的森林发育有一定的相关性。东部季风区为湿润季风森林区域；西北干旱区为内陆干旱半干旱草原荒漠和山地森林区域；青藏高寒区为高寒干旱的高原草甸荒漠区域，为非森林区域。

（一）东部季风区森林分布

此区域自北向南，随着纬度减小，可以划分为寒温带针叶林、温带针阔混交林、暖温带落叶阔叶林、亚热带常绿阔叶林、热带雨林和季雨林。

1. 寒温带针叶林

主要分布于中国东北的大兴安岭北部。气候属寒温带季风类型，冬季漫长，寒冷少雪，春秋季短，夏更短甚至无夏，年较差大。年均温 -5.5～2 ℃，年降水量 350～500 mm，其中5—8月占70%以上，≥10 ℃年积温 1100～1600 ℃，极端最低 -52.3 ℃（漠河），生长期90～120 天，土壤有岛状永冻层。本带气候虽然水热同期，但因冬季严寒，生长期短，7、8月也偶有霜冻，夏季日温差也大，不利于温带常绿针叶树的生长，只适宜耐寒的落叶针叶林。兴安落叶松是本区寒温带气候条件下的顶极森林群落。土壤为山地棕色针叶林土，土层浅薄，为 20～40 cm，表层多有一层泥炭化粗腐殖质层，土体中含石砾较多。本带是西伯利亚寒温带针叶林（泰加林）向中国境内深入的最南端，其建群种和其他植物成分与东西伯利亚的兴安落叶松林非常相似。针叶林建群种除兴安落叶松外，还有樟子松及少量的红皮云杉和鱼鳞云杉，高海拔还分布有灌丛状偃松和兴安圆柏；阔叶树有白桦、山杨、蒙古栎、黑桦以及沿河岸分布的朝鲜柳和甜杨等。兴安落叶松林经火烧和采伐破坏后形成大面积以白桦、山杨为主的次生林；再经破坏后，立地变得瘠薄干燥，出现以蒙古栎为主并伴生有黑桦的次生林。大兴安岭山地隆起不大，除个别高峰外，植被垂直分布不明显，以北部奥科里堆山北坡为例，海拔 500 m 以下为阔叶林与草甸草原带，500～1000 m 为兴安落叶松林带，1000～1400 m 为偃松灌丛带，1400 m 以上为苔原带。

2. 温带针阔混交林

位于大兴安岭寒温带落叶针叶林带的东南方向，主要分布于小兴安岭和包括完达山、张广才岭、老爷岭和长白山在内的东北东部山地，是东北红松林的故乡。温带针阔混交林带大致南起北纬 42°至小兴安岭和完达山的北端。≥10 ℃年积温 1600～3200 ℃，年均温 2～8 ℃，最冷月 1 月均温 -10～-25 ℃，最热月 7 月均温 21～24 ℃，全年无霜期 100～180 天，年平均降水量 600～800 mm，其中 6—8 月的降水占 70%。冬季受西伯利亚气团控制，严寒少雪；夏季受海洋气流影响，温暖多雨，由于水热同期，适合不少常绿针叶树种和落叶阔叶树种的生长，形成了温带针阔混交林的顶极森林类型，植物种类较为丰富，是欧亚大陆北部在东端形成的一个针阔混交林的中心分布区。土壤以山地暗棕壤为地带性土壤，土层较深厚，一般可达 70～100 cm，腐殖质含量高。这种自然气候和土壤环境适宜于喜温湿和较肥沃土壤的多种常绿针叶树和落叶阔叶树种的生长，因而形成了红松和紫椴、槭、水曲柳、黄檗、核桃楸等组成的温带针阔混交林带。

主要建群种还有臭冷杉、鱼鳞云杉和红皮云杉等。常见的阔叶树种有紫椴、裂叶榆、风桦、花曲柳、假色槭、白牛槭、柠筋槭、鹅耳枥和水榆、花楸等，并出现三叶木通和软枣等藤本植物。山地森林的垂直分布特征也较明显，如小兴安岭南坡（汤旺河流域）的朗乡六道沟海拔 1080 m，其土壤、植被垂直分布较明显，海拔 1000～1080 m 的亚高山为岳桦、偃松矮林带，土壤为石质棕色针叶林土；海拔 700～1000 m（阴坡）和 650～1000 m（阳坡）为云冷杉林带，土壤为棕色针叶林土；海拔 250～650 m 为红松阔叶林带，土壤为暗棕壤；海拔 150～300 m 为阔叶林带，土壤为粗骨性暗棕壤。长白山主峰白头山（海拔 2744 m）的土壤、植被垂直分布带为：海拔 250～500 m 为阔叶林带，土壤为粗骨性暗棕壤；海拔 500～1200 m 为红松阔叶林带，土壤为暗棕壤；海拔 1200～1800 m 为云冷杉林带，土壤为棕色针叶林土；海拔 1800～2100 m 为亚高山岳桦矮林带与亚高山草甸带，土壤为亚高山草甸森林土；海拔 2100 m 以上为高山苔原带，土壤为苔原土。

3. 暖温带落叶阔叶林

本带地理范围在北纬 32°30′～42°30′、东经 103°30′～124°10′之间，其北界大致以沈阳、丹东一线为界，南界止于淮河、秦岭分水岭，含渭河平原和黄淮海平原。气候属于温带季风气候带，其气候特征为年均气温 8～14 ℃，≥10 ℃年积温 3200～4500 ℃，最冷月 1 月均温 -12～0 ℃，最热月 7 月均温 24～28 ℃，全年无霜期 180～240 天，年平均降水量 600～1000 mm，其中 6—8 月的降水占 70%。该区由于受东亚海洋季风气候的影响，同时因东来赤道暖流由台湾折向日本岛，本区大陆性气候特征加强，冬季寒冷晴燥，夏季酷热和雨量集中，因而发育为冬季落叶的落叶阔叶林。该区域地貌类型有华北石质山地、丘陵、黄土高原和华北大平原。地带性土壤为褐土或淋溶褐土和棕壤或暗棕壤，黄土高原为黑垆土，平原湖泊和低洼地分布有盐土和沼泽土，沿河泛滥地零星分布有潮土和风沙土。

由于长期的人为活动，地带性森林植被已破坏殆尽，现有林主要是以针叶树种油松、侧柏、白皮松、华山松等和阔叶树辽东栎、蒙古栎、槲栎、槲树、落叶阔叶栎类为主组成的"松栎林"。伴生树种还包括元宝枫、白蜡、苦木、色木槭、漆树、紫椴、糠椴、桑和黄连木等。海拔较高处分布有青秆、白杆、华北落叶松等针叶树种和白桦、山杨、榆、朴等落叶阔叶树种。小乔木以野生的山杏和山桃分布广泛。灌丛主要由荆条、酸枣、虎榛子、土庄绣线菊、三桠绣线菊、鼠李、胡枝子等组成。

暖温带落叶阔叶林分布区多高山，植被垂直分布明显。如位于河北的燕山山脉主峰雾灵山（海拔 2118 m）森林分布垂直带由低向高分别为：海拔 700～1500 m 为落叶阔叶林带，主要由油松和辽东栎、蒙古栎组成，并混生山杨、元宝枫等；海拔 1500～1800 m 为暗针叶林带，主要建群种为云杉，但因长期遭破坏，老龄云杉极少见，目前多为杨、桦次生林；海拔 1800 m 以上为华北落叶松林带。

4. 亚热带常绿阔叶林

分布区域北起秦岭、淮河一线（大致相当于北纬34°），南抵北回归线附近，南北跨纬度 11°～12°，东西跨经度 28°，分布区域约占国土总面积的 1/4。气候属东亚热带季风气候类型，≥10 ℃年积温 4500～7500 ℃，最冷月均温 0～15 ℃，无霜期 250～350 天，年降水量一般高于 1000 mm，最高可达 3000 mm 以上，年干燥度小于 1.0。

地貌类型复杂多样，山地、丘陵、平原、盆地和高原兼具。气候存在明显差异，东部的华东、华南和华中地区，夏半年受太平洋暖湿气团控制，春夏高温多雨；冬季受西伯利亚冷气团影响，降温明显。西部的云贵高原和川西山地，夏半年主要受印度洋西南季风影响，夏秋为雨季；冬季受西部热带大陆热气团影响，形成冬春干暖的旱季。土壤类型种类繁多，如北亚热带常绿落叶阔叶林下的黄棕壤和棕壤，中亚热带常绿阔叶林下的红壤和黄壤，南亚热带季风常绿阔叶林下的砖红壤性红壤以及热带季雨林、山地雨林下的砖红壤和砖红壤性土。因此，亚热带常绿阔叶林划分为东、西两大部分。另外，由于南北纬度延伸达 12°，按热量分布的纬度地带性规律，南北热量也存在较大差异，又可划分为北亚热带常绿落叶阔叶林、中亚热带常绿阔叶林和南亚热带季风常绿阔叶林。

1）东部北亚热带常绿落叶阔叶林

分布范围大致北起秦岭、淮河一线，南沿大巴山脉向东南延伸至神农架南坡一线，西至松潘附近，东以黄海边为界。气候属东部亚热带湿润气候带，四季寒暑分明，年均温 13.5～16 ℃，≥10 ℃年积温 4500～5100 ℃，1 月均温 0～3 ℃，极端最低温 −20 ℃左右，无霜期 200～250 天，年降水量 800～1200 mm。土壤以黄棕壤和棕壤为主。

北亚热带常绿落叶阔叶林以壳斗科落叶和常绿树种为基本建群种，外貌近似落叶阔叶林，优势种以麻栎和栓皮栎为常见，其次还有白栎、短柄栎、槲栎、小叶栎和茅栗等，以及枫香、化香、山合欢、黄檀、盐肤木、黄连木、大穗鹅耳枥、灯台树等。常绿树以苦槠、青冈为主，还有细叶青冈、小叶青冈、石栎、绵石栎等。在低海拔区域马尾松林分布普遍，偏南还有杉木和毛竹林分布。该海拔区域分布有巴山冷杉林、秦岭冷杉林、岷江冷杉林和太白红杉林，与西部亚高山针叶林有联系。

2）东部中亚热带常绿阔叶林

本区域分布面积最大，包括江苏、浙江、安徽、江西、福建、湖南、湖北、贵州、广西、四川、广东等省（区）的全部或部分地区。气候温暖湿润，年均温16～21℃，1月均温5～12℃，7月均温25～30℃，≥10℃年积温4000～6500℃，年降水量1000～2000 mm。地带性土壤为发育在砂页岩和花岗岩上的酸性红壤和黄壤。广西、贵州境内尚有大面积石灰岩、白云岩形成的土壤，呈中性或微碱性。

优势树种主要有壳斗科的栲属、青冈属和石栎属，樟科的润楠属、楠木属和樟属，山茶科的木荷属。这些种类在北亚热带只有少量能生长于阴湿谷地，不能成为上层林木。伴生树种有杜英属、猴欢喜属、含笑属、木莲属、交让木属、槭属、樱属等常绿树种。

石灰岩山地分布另一类型常绿落叶阔叶混交林，常绿树种主要是青冈，落叶树种多为榆科的榆属、朴属以及漆树科的黄连木属和榛科的鹅耳枥属。

经济林主要有茶树、油茶、油桐、肉桂、乌桕、八角、枇杷、杨梅、橘、橙、厚朴、棕榈等。龙眼、荔枝和香蕉等热带果树虽有少量栽培，但冬季易受冻害。

3）东部南亚热带季风常绿阔叶林

地处北回归线附近，具有明显的热带季风气候特点，夏半年受东南季风控制，并有台风强烈影响，出现高温多雨的湿季；冬半年受北方冷气团影响有短暂降温，是温暖干燥的旱季。极端最高温超过37℃，极端最低温0℃以上，年均温19～21℃，≥10℃年积温6500～7500℃，无霜期310～330天，年降水量1500～2000 mm，其中5—10月占70%～80%。地带性土壤为砖红壤性红壤。

森林组成成分复杂，区系多样，优势树种以壳斗科和樟科的热带性属种以及金缕梅科和山茶科的种类为主，夹杂番荔枝科、桃金娘科、大戟科、桑科、橄榄科、无患子科、梧桐科、茜草科、紫金牛科、夹竹桃科、棕榈科、红树科和竹亚科等。壳斗科主要是栲属和青冈属，主要种类有刺栲、华栲、华南栲和甜槠等，这是与西部南亚热带季风常绿阔叶林有别之处。樟科主要为厚壳桂属、润楠属和木姜子属。该区域栽培有大量的热带性果树，主要有荔枝、龙眼、杧果、番石榴、黄皮树、阳桃、橄榄、番木瓜和香蕉等。

4）西部亚热带常绿阔叶林

分布于北纬22°30′～30°、东经98°10′～106°20′之间的云南高原和川西高原南缘。属高原季风气候类型，夏秋季受印度洋西南季风影响，气候暖湿，降雨量大，雨日多；冬春季受来自热带大陆西风急流南支干燥气团控制，降水少，气候干燥温暖。形成年较差小、四季不明显、降水集中、干湿季分明的特点。年均温15～20℃，最热月均温20～24℃，最冷月均温8～12℃，无霜期240～330天，≥10℃年积温4400～6000℃，年降水量900～1300 mm。

森林植被以壳斗科的青冈属和栲属的一些种类为主，向南随海拔下降，青冈属逐渐消失，代之以栲属中的一些喜暖树种；向北或遇山地则由青冈属和石栎属共同组成林木上层。海拔上升生境变湿润，石栎属一些种类渐成森林上层优势种。云南松在中部分布广泛，至南部随海拔下降，思茅松逐渐取代云南松，至西北部随海拔上升，云南松又逐渐被高山松（*Pinusdensata*）代替。

该区域因气候和森林植被的差异，可划分为西部中亚热带常绿阔叶林和西部南亚热带季风常绿阔叶林。

（1）西部中亚热带常绿阔叶林。主要分布于北纬24°～30°、东经98°45′～106°10′范围内。气候特点是冬无严寒，夏无酷暑，四季如春，一雨成冬，干湿分明。年均温15～17 ℃，≥10 ℃年积温5000～5500 ℃，最热月均温不到22 ℃，最冷月均温8～10 ℃，年降水量900～1200 mm，主要集中于5—10月。

森林植被是以滇青冈和高山栲为主的常绿阔叶林，樟科、山茶科中的喜湿种类少见，藤本和附生植物也较少。大面积的云南松林是重要标志，分布范围在海拔1100～3200 m之间，常有常绿阔叶树种混生而形成"松栎混交林"。干热河谷发育热性稀树灌丛，主要是由扭黄茅、香茅为主组成的禾草群落，其中散生着木棉、山黄麻和红椿等乔木。

（2）西部南亚热带季风常绿阔叶林。主要分布于北纬22°30′～26°，东经98°10′～106°20′范围内。气候具南亚热带特点，河谷干热，山原暖湿。年均温17～19 ℃，≥10 ℃年积温5500～6500 ℃，最冷月均温10～12 ℃，极端最低温0～2 ℃，年降水量1000～1200 mm，迎风坡可达2000 mm。

森林以喜暖的常绿栎类为主，林中有较多热带林种类混生。植被垂直分布明显，由低到高海拔依次出现季风常绿阔叶林—常绿阔叶林—湿性常绿阔叶林—山地针阔叶混交林—山顶苔藓矮林。如滇中南中山峡谷季风常绿阔叶林，海拔1100 m以下干热河谷两侧散生木棉、毛麻楝、偏叶榕、滇榄仁、重阳木、火把花等河谷季雨林树种；海拔1100～1300 m低山丘陵和阶地为地带性季风常绿阔叶林，建群种主要有刺栲、印栲、红木荷等常绿阔叶树种；海拔1300～1500 m思茅松分布广泛，既有纯林，也有与栲类、木荷等的混交林；海拔1500～2400 m出现中亚热带常绿阔叶林，主要树种有元江栲、小果栲、刺斗石栎、包斗石栎等；海拔2400 m以上出现云南铁杉与石栲、木莲、木荷、槭等阔叶混交的山地针阔叶混交林。

5. **热带雨林、季雨林**

分布于我国最南端，北界回归线以南地区，大致东起东经123°附近的台湾静浦以南，西至东经85°的西藏南部亚东、聂拉木附近。气候属热带季风气候类型，年均温20～22 ℃，≥10 ℃年积温7500～9000 ℃以上，全年基本无霜，年降雨量超过1500 mm。土壤类型以砖红壤或砖红壤性土为代表。

地带性森林植被为热带半常绿季雨林，主要种类有大戟科的重阳木属、肥牛树属、核果木属、黄铜属，椴树科的海南椴属、蚬木属，无患子科的细子龙属，楝科的山楝属、割舌树属，桑科的榕属、米杨噎属，榆科的白颜树属、朴属，漆树科的酸枣树、南酸枣属，苏木科的油楠属，藤黄科的铁力木属，樟科的厚壳桂属、琼楠属，山榄科的紫荆木属等。落叶树种主要有木棉，漆树科的厚皮树属、槟榔青属，含羞草科的合欢属、金合欢属，紫葳科的猫尾木属、千张纸属、菜豆树属等。

另外，热带山地阔叶林与亚热带常绿阔叶林近似，组成树种以樟科、壳斗科和木兰科的常绿树为主，常见有栲、石栎、青冈、黄肉楠、新木姜子、山胡椒、木姜子、樟树和厚壳桂等。林下棕榈科和竹亚科的种类丰富，蕨类也丰富，并出现木本树蕨。最南端的南海珊瑚岛还分布着由麻疯桐、草海桐等组成的热带海岛常绿林。

（二）西北干旱区森林分布

地处我国西北部欧亚大陆的内陆腹地，东南季风气候影响微弱，降水稀少，气候干旱，干燥度多在4.0以上，甚至达到16.0以上极端干燥程度。水平地带性植被为中温带与暖温带草原、荒漠草原与荒漠。森林植被仅限于个别山地。

1. 温带、暖温带荒漠山地针叶林

1) 天山北坡针叶林

天山横贯于新疆中部，绵延千米，主峰托木尔峰位于中俄边境，海拔7443.8 m，海拔4700～4900 m以上山峰均有恒雪线或冰川。天山北坡受大西洋和北冰洋湿润气流影响，在山地随海拔上升降水增加，如乌鲁木齐（海拔653.5 m）年降水量194.6 mm，小渠子（海拔2160 m）为572.7 mm，云雾站（海拔3539 m）为433.8 mm，海拔2000～2500 m的中山带降水量最丰富，可达600～800 mm，得以形成森林带。森林带土壤为山地灰褐色森林土。

天山北坡森林带呈带状分布于海拔1300～2800 m的中山阴坡，树种以天山云杉为主，还分布有西伯利亚落叶松，伴生树种有欧洲山杨、疣枝桦、苦杨、柳和榆叶梅等。天山北坡植被垂直分布明显，自上而下可划分为高山原始石质带、高山草甸带、亚高山草甸草原带、山地森林草原带、低山灌木草原带。

2) 阿尔泰山西南坡针叶林

阿尔泰山位于新疆准格尔盆地东北侧，是中国与蒙古、俄罗斯、哈萨克斯坦的界山。山势自西北走向东南，山体平缓，蜿蜒约2000 km，平均海拔3000 m以上，最高峰海拔4374 m。

山地针叶林分布海拔范围下限自西北向东南递升，大致西北段为海拔1100～1300 m，中段1450～1700 m，东南段1700～2000 m；林带上限为西北段海拔2400 m，中段2500 m，东南段2600 m。山地针叶林以西伯利亚落叶松为主，中段以北尚有落叶松与西伯利亚云杉混交林及小面积云杉纯林。针叶林破坏后常形成疣枝桦或欧洲山杨为主的次生林。阿尔泰山西南坡植被垂直分布明显，自上而下可划分为高山石质带、高山草甸带、亚高山草甸草原带、山地森林草原带、低山灌木草原带、山前半荒漠草原及荒漠带。森林带土壤为山地灰色森林土。

3) 祁连山北坡针叶林

祁连山位于青藏高原东北缘，地势西北高东南低，山脊海拔多在3500 m以上，主峰祁连山5547 m以上。气候属高寒半干旱类型，垂直分异明显。森林分布于山地阴坡、半阴坡和半阳坡生境较湿润处,自东向西森林分布范围日益缩小,东部为海拔 2500 ~ 3200 m,西部为 2700 ~ 3300 m。树种组成简单,东段以青海云杉为主,并混生红桦、白桦和山杨;西段常由青海云杉组成纯林;阳坡只有祁连圆柏和刺柏;祁连山北坡植被垂直分布明显,自下而上划分为山地荒漠带(海拔 2000 m 以下)、山地草原带、山地森林草原带、亚高山灌丛草甸带、亚高山冰雪稀疏植被带。林带下土壤为山地灰褐色森林土。

2. 温带、暖温带荒漠河岸胡杨林

集中分布于南疆塔里木河沿岸,形成走廊状河岸林。分布区气候具有温带、暖温带极端干旱特征,年均温 10 ~ 11 ℃,≥10 ℃年积温 4000 ~ 4300 ℃,年降水量 25 ~ 75 mm,蒸发量 2000 ~ 3000 mm。胡杨林生长基本脱离自然降水和地表水影响,主要靠漫溢洪水和地下水生存。土壤为由河滩冲积土和山麓扇缘坡积土母质发育的荒漠森林土,质地为细质沙土,普遍含盐分,有盐化、碱化和苏打化特征。胡杨林结构简单,具有中亚荒漠特征,以旱生、沙生和盐生植物为优势。常见树种有胡杨、灰杨、多枝怪柳、尖果沙枣、甘草、骆驼刺、白刺、黑果枸杞和盐穗木等。

3. 温带草原区域

我国温带草原区域是欧亚草原区域的重要组成部分,主要连续分布在松辽平原、内蒙古高原、黄土高原等地,面积十分辽阔。地貌上大部分是以辽阔坦荡的高平原和平原为主;气候为典型的大陆性气候,冬季寒冷,年降水量少,一般为 200 ~ 400 mm,大部分属温带半干旱地区。

本区是我国的牧区,也有森林,但主要是灌木,乔木树种主要有蒙古栎、山杨、黑桦、椴树等;在高山地带,还有西伯利亚落叶松及云杉林。

(三)青藏高寒区森林分布

青藏高原位于我国西南部,北起昆仑山、阿尔金山及祁连山,南抵喜马拉雅山,东自横断山脉,西至国境线,平均海拔在 4000 m 以上。气候受两大基本气流的影响,即冬半年(10 月至翌年 5 月)高空西风气流起支配作用,致使西北部气候寒冷、干燥、风大,再加上海拔高,成为高原区域;夏半年(6—9 月)来自印度洋和南海的湿润气流,沿高原东南缘纵谷和各河谷北上,向高原内部减弱,形成东南温暖湿润、西北寒冷干旱的气候特点。

其基带为亚热带湿性常绿阔叶林,但分布面积最大的是针阔混交林和寒温性针叶林,高原的东南部如以喜马拉雅山南翼为例,有低山热带常绿雨林、半常绿雨林、山地常绿阔叶林、针阔混交林、山地暗针叶林、高山灌丛等类型。高原的东部,以横断山脉中北部的高山峡谷为主体,包括藏东和川西。在海拔 1800 m 以下的干热河谷地带,普遍分布着刺肉质灌丛,1800 ~ 2400 m 残存有常绿阔叶林,2400 ~ 3200 m 阳坡为高山松林和栎林,阴坡则为铁杉林,以及铁杉、槭、桦组成的山地针阔混交林。海拔 3200 ~ 4000 m 阴坡为大面积暗针叶林所覆盖,由多种云杉和多种冷杉以及圆柏等组成,阳坡则以硬叶高山栎类林及灌丛为主；4000 m 以上的高山，则分布着灌丛和草甸。

主要优势树种为常绿栎类、高山松和多种云冷杉。常见的冷杉属有急尖长苞冷杉、喜马拉雅冷杉、长苞冷杉、苍山冷杉、川滇冷杉、黄果冷杉、鳞皮冷杉、云南黄果冷杉、察隅冷杉和墨脱冷杉。常见的云杉属有丽江云杉、川西云杉和林芝云杉等。在垂直分布上，冷杉较多数云杉要高，形成暗针叶林带上半部建群种。

第三节　中国森林资源

为准确掌握我国森林资源变化情况，客观评价林业改革发展成效，国务院林业主管部门根据《中华人民共和国森林法》和《中华人民共和国森林法实施条例》的规定，自 20 世纪 70 年代开始，建立了每 5 年一周期的国家森林资源连续清查制度，以翔实记录我国森林资源保护发展的历史轨迹。第九次全国森林资源清查（2014—2018 年）结果，调查固定样地 41.5 万个，清查面积 957.67 万 km²。结果显示，我国森林资源总体上呈现数量持续增加、质量稳步提升、生态功能不断增强的良好发展态势，初步形成了国有林以公益林为主、集体林以商品林为主、木材供给以人工林为主的合理格局。

一、中国森林资源构成

中国地域广阔，森林类型丰富、结构多样。按照起源，森林分为天然林和人工林；按照林地所有权，分为国有林和集体林；按照主导功能，分为公益林和商品林；按照地类不同，分为乔木林、竹林、红树林、疏林和灌木林资源等。这里我们重点介绍天然林资源、人工林资源、红树林资源和灌木林资源。

（一）天然林资源

天然林是指依靠自然力恢复形成的森林，是自然界中功能最完善的资源库、基因库、蓄水库、储碳库和能源库，在维护生态平衡、提高环境质量及保护生物多样性等方面发挥着不可替代的作用，是我国森林资源的主体。

全国森林面积中，天然林 13867.77 万 hm²、占 63.55%。天然林面积中乔木林 12276.18 万 hm²、占 88.52%，竹林 390.38 万 hm²、占 2.82%，特灌林 1201.21 万 hm²、占 8.66%。全国天然林蓄积 1367059.63 万 m³，每公顷蓄积 111.36 m³。内蒙古、黑龙江、云南、西藏、四川天然林面积较大，5 省（区）面积合计 8181.22 万 hm²、占全国天然林面积的 58.99%。

按林木所有权分，全国天然林面积中，国有 7305.03 万 hm²、占 52.68%，集体 2557.91 万 hm²、占 18.44%，个人 4004.83 万 hm²、占 28.88%。全国天然林蓄积中，国有 931732.60 万 m³、占 68.16%，集体 190484.91 万 m³、占 13.93%，个人 244842.12 万 m³、占 17.91%。

1. 天然林林种结构

按林种分，全国天然林面积中，防护林 7635.59 万 hm²、占 55.06%，特种用途林 2077.63 万 hm²、占 14.98%，用材林 3977.10 万 hm²、占 28.68%，能源林 105.07 万 hm²、占 0.76%，经济林 72.38 万 hm²、占 0.52%。全国天然林中，公益林与商品林的面积之比为 70 : 30。全国天然乔木林中，防护林比率较大，面积 6918.62 万 hm²、占 56.36%，蓄积 765487.64 万 m³、占 55.99%。

2. 天然林龄组结构

按龄组分，全国天然乔木林中，幼龄林面积 3551.63 万 hm²，蓄积 155372.76 万 m³；中龄林面积 3929.12 万 hm²，蓄积 370690.91 万 m³；近熟林面积 2052.72 万 hm²，蓄积 279159.63 万 m³；成熟林面积 1808.85 万 hm²，蓄积 329110.44 万 m³；过熟林面积 933.86 万 hm²，蓄积 232725.89 万 m³。

3. 天然林树种结构

按优势树种（组）归类，全国天然乔木林面积中，针叶林 3556.62 万 hm²、占 28.97%，针阔混交林 1033.23 万 hm²、占 8.42%，阔叶林 7686.33 万 hm²、占 62.61%。全国天然乔木林蓄积中，针叶林 535775.95 万 m³、占 39.19%，针阔混交林 99579.71 万 m³、占 7.29%，阔叶林 731703.97 万 m³、占 53.52%。全国优势树种（组）的天然乔木林面积，排名居前 10 位的为栎树林、桦木林、落叶松林、马尾松林、云杉林、云南松林、冷杉林、柏木林、高山松林、杉木林，面积合计 5430.12 万 hm²、占全国天然乔木林面积的 44.23%，蓄积合计 690419.96 万 m³、占全国天然乔木林蓄积的 50.50%。

（二）人工林资源

人工林是陆地生态系统的重要组成部分，在恢复和重建森林生态系统、提供林木产品、改善生态环境等方面起着越来越重要的作用。新中国成立以来，党和政府高度重视人工林资源的培育，采取了一系列政策措施，有力地促进了造林绿化工作的开展。全民义务植树运动蓬勃发展，部门绿化、城乡绿化和工程造林稳步推进，"植绿、爱绿、护绿、兴绿"意识普遍提高，全社会办林业、全民搞绿化的局面逐步形成。通过几十年的不懈努力，中国人工林资源有了较大发展，人工林面积居世界第一。

全国人工林面积 7954.28 万 hm²，其中乔木林 5712.67 万 hm²、占 71.82%，竹林 250.78 万 hm²、占 3.15%，特灌林 1990.83 万 hm²、占 25.03%。全国人工林蓄积 338759.96 万 m³，每公顷蓄积 59.30 m³。广西、广东、内蒙古、云南、四川、湖南人工林面积较大，6 省（区）人工林面积合计 3460.46 万 hm²、占全国人工林面积的 43.50%。

按林木所有权分，全国人工林面积中，国有 968.98 万 hm²、占 12.18%，集体 1316.33 万 hm²、占 16.55%，个人 5668.97 万 hm²、占 71.27%。全国人工林蓄积中，国有 75339.45 万 m³、占 22.24%，集体 64218.43 万 m³、占 18.96%，个人 199202.08 万 m³、占 58.80%。

1. 人工林林种结构

按林种分，全国人工林面积中，防护林 2446.33 万 hm²、占 30.75%，特种用途林

202.77 万 hm^2、占 2.55%，用材林 3265.25 万 hm^2、占 41.05%，能源林 18.07 万 hm^2、占 0.23%，经济林 2021.86 万 hm^2、占 25.42%。全国人工林中，公益林与商品林的面积之比为 33 ：67。全国人工乔木林中，用材林面积 3084.03 万 hm^2、占 53.99%，蓄积 194075.95 万 m^3、占 57.29%。

2. 人工林龄组结构

按龄组分，全国人工乔木林中，幼龄林 2325.91 万 hm^2、占 40.72%，中龄林 1696.80 万 hm^2、占 29.70%，近熟林 808.61 万 hm^2、占 14.15%，成熟林 658.81 万 hm^2、占 11.53%，过熟林 222.54 万 hm^2、占 3.90%。广西、广东、云南、湖南、四川、江西中幼龄人工乔木林面积较大，6 省（区）合计 1906.96 万 hm^2、占全国中幼龄人工乔木林面积的 47.40%。内蒙古、云南、四川、福建、广西、广东、黑龙江、湖南近成过熟人工乔木林面积较大，8 省（区）合计 913.86 万 hm^2、占全国近成过熟人工乔木林面积的 54.08%。

3. 人工林树种结构

按优势树种（组）归类，全国人工乔木林面积中，针叶林 2626.73 万 hm^2、占 45.98%，针阔混交林 387.36 万 hm^2、占 6.78%，阔叶林 2698.58 万 hm^2、占 47.24%。全国人工乔木林蓄积中，针叶林 186628.05 万 m^3、占 55.09%，针阔混交林 24568.56 万 m^3、占 7.25%，阔叶林 127563.35 万 m^3、占 37.66%。全国优势树种（组）的人工乔木林面积，排名居前 10 位的为杉木林、杨树林、桉树林、落叶松林、马尾松林、刺槐林、油松林、柏木林、橡胶林和湿地松林，面积合计 3635.88 万 hm^2、占全国人工乔木林面积的 63.65%，蓄积合计 231954.73 万 m^3、占全国人工乔木林蓄积的 68.47%。

（三）红树林资源

红树林是地球上最特殊的一种生物群落，它主要生活在以赤道为中心的热带及亚热带淤泥深厚的海滩，在海陆交界的潮间带形成壮观的"海上森林"。世界上的红树林大致分布在南北回归线之间的范围内，共有两个分布中心，一个在东亚，另一个在中南美洲，以东亚的较为繁盛。全世界红树林的面积约为 1800 万 hm^2，最大的红树林位于孟加拉湾，面积 100 万 hm^2，其次为非洲的尼罗河三角洲，面积 70 万 hm^2。我国的红树林约为 25000 hm^2，占全球红树林总面积的 0.13%，主要分布在广西、广东、海南、香港、台湾和福建。红树林是指一群可以适应生长在热带及亚热带河口潮间带的木本植物，并非单指某一种植物。

红树林湿地是地球上生产力最高的湿地生态系统之一。在这个生态系统中，红树植物通过光合作用吸收二氧化碳，释放氧气，制造有机物质，它的凋落物作为鱼、虾、蟹、螺、沙蚕等动物的饵料被利用，鸟类又以这些小型的动物为食物，鸟类的排泄物可作为红树林的肥料，鸟类还捕食红树林的害虫，保护红树林苗壮生长。通过持续不断的能量流动和物质循环，红树林生态系统保持着生机勃勃的自然景象，这就是我们常说的"生态平衡"。

我国自然资源部国土卫星遥感应用中心采用 2018 全年以及 2020 年第一、第二季度国产卫星影像开展全国红树林变化遥感监测，监测结果表明：2020 年全国红树林主要分布在广东、广西、海南、福建、香港、澳门和浙江等区域，广东红树林面积最大，约占总面积的 41%。2020 年相较于 2018 年新增的红树林共约 487 hm²，其中人工种植面积约 289 hm²，占比 59%；自然恢复面积约 198 hm²，占比 41%。减少的红树林共约 153 hm²，其中围塘养殖和港口建设等人为原因导致的减少面积约 116 hm²，占比 76%；自然减少的红树林面积约 37 hm²，占比 24%。

（四）灌木林资源

全国灌木林面积 7384.96 万 hm²，其中特灌林 5515.30 万 hm²、占 74.68%，一般灌木林 1869.66 万 hm²、占 25.32%。全国特灌林面积中，经济特灌林 1602.67 万 hm²、占 29.06%，分布在年均降水量 400 mm 以下地区的特灌林 2174.59 万 hm²、占 39.43%，在乔木分布（垂直分布）线以上的特灌林 1013.96 万 hm²、占 18.38%，在热带亚热带岩溶地区、干热（干旱）河谷地区的特灌林 724.08 万 hm²、占 13.13%。

全国灌木林面积按起源分，天然 5310.91 万 hm²、占 71.92%，人工 2074.05 万 hm²、占 28.08%。全国灌木林面积按林木所有权分，国有 3046.00 万 hm²、占 41.25%，集体 1640.87 万 hm²、占 22.22%，个人 2698.09 万 hm²、占 36.53%。全国灌木林面积按林种分，防护林 4835.56 万 hm²、占 65.48%，特种用途林 782.24 万 hm²、占 10.59%，用材林 1.28 万 hm²、占 0.02%，能源林 163.21 万 hm²、占 2.21%，经济林 1602.67 万 hm²、占 21.70%。

全国灌木林面积按优势树种（组）排名，位居前 10 位的为杜鹃、栎灌、柳灌、锦鸡儿、油茶、荆条、茶叶、山杏、柠条、柽柳，面积合计 2496.57 万 hm²，占全国灌木林面积的 33.81%。全国天然灌木林面积按优势树种（组）排名，位居前 10 位的为杜鹃、栎灌、柳灌、荆条、锦鸡儿、白刺、柽柳、金露梅、竹灌、绣线菊，面积合计 2201.85 万 hm²，占全国天然灌木林面积的 41.46%。全国人工灌木林面积按优势树种（组）排名，位居前 10 位的为油茶、茶叶、柑橘、柠条、苹果、桃树、锦鸡儿、山杏、核桃、梨树、荔枝，面积合计 1183.10 万 hm²，占全国人工灌木林面积的 57.04%。

二、主要林区森林资源分布

我国林区主要有东北内蒙古林区、东南低山丘陵林区、西南高山林区、西北高山林区和热带林区五大林区。东北内蒙古林区地处黑龙江、吉林和内蒙古 3 省（区），包括大兴安岭、小兴安岭、完达山、张广才岭、长白山等山系，森林资源丰富，是中国森林资源主要集中分布区之一；东南低山丘陵林区包括江西、福建、浙江、安徽、湖北、湖南、广东、广西、贵州、四川等省（区）的全部或部分地区，中国发展经济林和速生丰产用材林基地潜力最大的地区；西南高山林区位于中国西南边疆，青藏高原的东南部，包括西藏全部、四川和云南两省部分地区，林区地形复杂，植物种类繁多，是最丰富、最独特的野生植物宝库；西北高山林区涉及新疆、甘肃、陕西 3 省（区），包括新疆天山、阿尔泰山，甘肃白龙江、祁连山等林区，陕西秦岭、巴山等林区；热带林区包括云南、广西、广东、海南、西藏 5 省（区）的部分地区，热带季雨林是热带林区典型的森林类型，其他森林类型还有热带常绿阔叶林、热带雨林、红树林等。

（一）东北内蒙古林区

东北内蒙古林区森林面积 3759.84 万 hm^2，森林覆盖率 70.19%。活立木蓄积 425991.83 万 m^3，森林蓄积 396395.25 万 m^3，每公顷蓄积 106.61 m^3。

东北内蒙古林区森林面积中，乔木林 3718.19 万 hm^2、占 98.89%，特灌林 41.65 万 hm^2、占 1.11%；按林种分，防护林 2079.19 万 hm^2、占 55.31%，特种用途林 460.71 万 hm^2、占 12.25%，用材林 1207.02 万 hm^2、占 32.10%，能源林 1.49 万 hm^2、占 0.04%，经济林 11.43 万 hm^2、占 0.30%。

东北内蒙古林区森林按起源分，天然林面积 3457.53 万 hm^2，蓄积 371901.89 万 m^3；人工林面积 302.31 万 hm^2，蓄积 24493.36 万 m^3。按林地所有权分，国有林面积 3579.46 万 hm^2，蓄积 383338.82 万 m^3；集体林面积 180.38 万 hm^2，蓄积 13056.43 万 m^3。

（二）东南低山丘陵林区

东南低山丘陵林区森林面积 6362.81 万 hm^2，森林覆盖率 57.69%。活立木蓄积 393803.30 万 m^3，森林蓄积 358045.51 万 m^3，每公顷蓄积 71.41 m^3。

东南低山丘陵林区森林面积中，乔木林 5013.61 万 hm^2、占 78.79%，竹林 502.44 万 hm^2、占 7.90%，特灌林 846.76 万 hm^2、占 13.31%；按林种分，防护林 2162.69 万 hm^2、占 33.99%，特种用途林 288.44 万 hm^2、占 4.53%，用材林 3192.89 万 hm^2、占 50.19%，能源林 21.29 万 hm^2、占 0.33%，经济林 697.50 万 hm^2、占 10.96%。

东南低山丘陵林区森林按起源分，天然林面积 3473.97 万 hm^2，蓄积 225903.51 万 m^3；人工林面积 2888.84 万 hm^2，蓄积 132142.00 万 m^3。按林地所有权分，国有林面积 516.80 万 hm^2，蓄积 52440.97 万 m^3；集体林面积 5846.01 万 hm^2，蓄积 305604.54 万 m^3。

（三）西南高山林区

西南高山林区森林面积 4754.20 万 hm^2，森林覆盖率 25.22%。活立木蓄积 588838.10 万 m^3，森林蓄积 567189.33 万 m^3，每公顷蓄积 159.97 m^3。

西南高山林区森林面积中，乔木林 3545.57 万 hm^2、占 74.57%，竹林 16.45 万 hm^2、占 0.35%，特灌林 1192.18 万 hm^2、占 25.08%；按林种分，防护林 2723.63 万 hm^2、占 57.29%，特种用途林 677.61 万 hm^2、占 14.25%，用材林 1028.89 万 hm^2、占 21.64%，能源林 44.68 万 hm^2、占 0.94%，经济林 279.39 万 hm^2、占 5.88%。

西南高山林区森林按起源分，天然林面积 4105.00 万 hm^2，蓄积 538086.45 万 m^3；人工林面积 649.20 万 hm^2，蓄积 29102.88 万 m^3。按林地所有权分，国有林面积 2845.92 万 hm^2，蓄积 421619.67 万 m^3；集体林面积 1908.28 万 hm^2，蓄积 145569.66 万 m^3。

（四）西北高山林区

西北高山林区森林面积 562.29 万 hm²，森林覆盖率 51.54%。活立木蓄积 67255.11 万 m³，森林蓄积 64298.32 万 m³，每公顷蓄积 125.72 m³。

西北高山林区森林面积中，乔木林 511.46 万 hm²、占 90.96%，竹林 1.28 万 hm²、占 0.23%，特灌林 49.55 万 hm²、占 8.81%；按林种分，防护林 354.36 万 hm²、占 63.03%，特种用途林 138.96 万 hm²、占 24.71%，用材林 40.10 万 hm²、占 7.13%，能源林 10.24 万 hm²、占 1.82%，经济林 18.63 万 hm²、占 3.31%。

西北高山林区森林按起源分，天然林面积 495.25 万 hm²，蓄积 61583.25 万 m³；人工林面积 67.04 万 hm²，蓄积 2715.07 万 m³。按林地所有权分，国有林面积 362.38 万 hm²，蓄积 52528.62 万 m³；集体林面积 199.91 万 hm²，蓄积 11769.7 万 m³。

（五）热带林区

热带林区森林面积 1372.73 万 hm²，森林覆盖率 50.68%。活立木蓄积 125786.23 万 m³，森林蓄积 118626.65 万 m³，每公顷蓄积 102.34 m³。

热带林区森林面积中，乔木林 1159.15 万 hm²、占 84.44%，竹林 18.00 万 hm²、占 1.31%，特灌林 195.58 万 hm²、占 14.25%；按林种分，防护林 396.46 万 hm²、占 28.88%，特种用途林 203.14 万 hm²、占 14.80%，用材林 490.36 万 hm²、占 35.72%，能源林 15.84 万 hm²、占 1.15%，经济林 266.93 万 hm²、占 19.45%。

热带林区森林按起源分，天然林面积 701.92 万 hm²，蓄积 89001.72 万 m³；人工林面积 670.81 万 hm²，蓄积 29624.93 万 m³。按林地所有权分，国有林面积 455.06 万 hm²，蓄积 74008.03 万 m³；集体林面积 917.67 万 hm²，蓄积 44618.62 万 m³。

三、森林资源的特点

第九次全国森林资源清查（2014—2018 年）结果表明，中国森林面积、蓄积持续增长，森林覆盖率稳步提升；森林结构有所改善，森林质量不断提高；天然林持续恢复，人工林稳步发展；生态状况趋向好转，生态服务能力增强。中国森林资源总体上呈现数量持续增加、质量稳步提高、功能不断增强的发展态势。第八次和第九次两次清查间隔期内，森林资源变化呈现如下主要特点：

（1）森林面积稳步增长，森林蓄积快速增加。全国森林面积净增 1266.14 万 hm²，森林覆盖率提高 1.33 个百分点，继续保持增长态势。全国森林蓄积净增 22.79 亿 m³，呈现快速增长势头。

（2）森林结构有所改善，森林质量不断提高。全国乔木林中，混交林面积比率提高 2.93 个百分点，珍贵树种面积增加 32.28%，中幼龄林低密度林分比率下降 6.41 个百分点。全国乔木林每公顷蓄积增加 5.04 m³，达到 94.83 m³；每公顷年均生长量增加 0.50 m³，达到 4.73 m³。

（3）林木采伐消耗量下降，林木蓄积长消盈余持续扩大。全国林木年均采伐消耗量 3.85 亿 m³，减少 650 万 m³。林木蓄积年均净生长量 7.76 亿 m³，增加 1.32 亿 m³。长消盈余 3.91 亿 m³，盈余增加 54.90% 。

（4）商品林供给能力提升，公益林生态功能增强。全国用材林可采资源蓄积净增 2.23 亿 m³，珍贵用材树种面积净增 15.97 万 hm²。全国公益林总生物量净增 8.03 亿 t，总碳储量净增 3.25 亿 t，年涵养水源量净增 351.93 亿 m³，年固土量净增 4.08 亿 t，年保肥量净增 0.23 亿 t，年滞尘量净增 2.30 亿 t。

（5）天然林持续恢复，人工林稳步发展。全国天然林面积净增 593.02 万 hm²，蓄积净增 13.75 亿 m³。人工林面积净增 673.12 万 hm²，蓄积净增 9.04 亿 m³。

1973—2018 年开展的 9 次全国森林资源清查结果翔实反映出中国森林资源发展变化的轨迹。自 20 世纪 80 年代末以来，中国森林面积（图 3 - 2）和森林蓄积量（图 3 - 3）连续 30 年保持"双增长"，成为全球森林资源增长最多的国家，初步形成了国有林以公益林为主、集体林以商品林为主、木材供给以人工林为主的格局，森林资源步入了良性发展轨道。

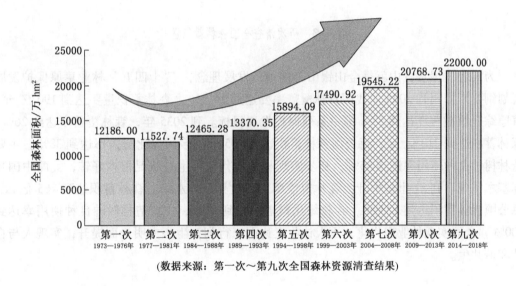

（数据来源：第一次～第九次全国森林资源清查结果）

图 3 - 2　历次清查全国森林面积

但是，中国依然是一个缺林少绿的国家，森林资源总量相对不足、质量不高、分布不均，森林生态系统功能脆弱的状况未得到根本改变。中国森林覆盖率为 22.96% ，低于全球 30.7% 的平均水平；人均森林面积 0.16 hm²，不足世界人均森林面积 0.55 hm² 的 1/3；人均森林蓄积 12.35 m³，仅为世界人均森林蓄积 75.65 m³ 的 1/6；森林每公顷蓄积 94.83 m³，只有世界平均水平 130.7 m³ 的 72%。陕西、甘肃、青海、宁夏、新疆等西北 5 省（区）的土地面积占国土面积的 32%，森林覆盖率仅为 8.73%，森林资源十分稀少。

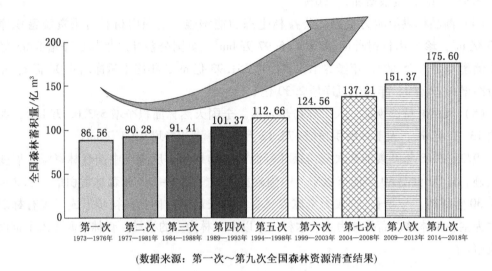

(数据来源：第一次～第九次全国森林资源清查结果)

图 3-3 历次清查全国森林蓄积量

为实现"绿水青山就是金山银山"的绿色发展理念，《"十四五"林业草原保护发展规划纲要》提出到 2025 年我国森林覆盖率要达到 24.1%，森林蓄积量要达到 190 亿 m³，草原综合植被盖度达到 57% 等一系列保护发展目标。到 2035 年，森林覆盖率达到 26%，森林蓄积达到 210 亿 m³，每公顷森林蓄积达到 105 m³，乡村绿化覆盖率达到 38%，主要造林树种良种使用率达到 85%，初步实现林业现代化，生态状况根本好转，美丽中国目标基本实现。到 21 世纪中叶，森林覆盖率达到世界平均水平，森林蓄积达到 265 亿 m³，每公顷森林蓄积达到 120 m³，乡村绿化覆盖率达到 43%，主要造林树种良种使用率达到 100%。全面实现林业现代化，迈入林业发达国家行列，生态文明全面提升，实现人与自然和谐共生。

第四节 世界森林资源

一、世界森林资源基本概况

联合国粮食及农业组织（FAO）每五年进行一次全球森林资源评估（FRA），为所有与森林和林业相关的政策、决策和磋商提供了必不可少的数据和信息。《2015 年全球森林资源评估报告》显示，在过去的 25 年中，森林和森林管理发生了巨大变化。总体来说，这一时期出现了一系列积极发展。尽管在全球范围内，由于人口的持续增长以及对粮食和土地需求量的增加，世界森林面积持续下滑，但森林净损失率减少了 50% 以上。同时，人们对可持续森林管理（SFM）的关注达到了空前的高度：更多的土地被划分为永久性森林，更多的测量、监测、报告、规划和利益相关者的参与在进行之中，有关 SFM 的法律框架得到了普遍采用。在森林不断满足人们对林产品和服务日益增长需求的同时，更大区域被划分为生物多样性保护区。

1990 年全世界共有 41.28 亿 hm² 森林，到 2015 年面积已减少到 39.99 亿 hm²，森林占全球陆地的面积则由 1990 年的 31.6% 减少到 2015 年的 30.6%。然而，砍伐森林或森林转化为其他用地比这更为复杂。森林的增减无时不在发生，并且即使使用高分辨率卫星影像来监测森林的增加也非易事。天然林和人工林面积的变动随着国情和森林类型的不同也明显相异。

我们可将森林面积的变化描述成一个增长（森林扩展）和减少（森林砍伐）的过程。森林总面积的变化为我们提供了一幅全部森林资源组合正在如何改变的画面。天然林面积的变化也许是一个较好的关于自然栖息地和生物多样性的动态指标。

1990—2015 年间的森林面积净损失为 1.29 亿 hm² 天然林，相当于整个南非的面积，代表 0.13% 的年度净损失率。但综合来看，森林每年净损失率已从 1990 年的 0.18% 减缓到过去五年里的 0.08%。在 2010—2015 年间，森林年损失量为 760 万 hm²，年增长量为 430 万 hm²，森林整体面积每年净减少 330 万 hm²。

森林面积减少最多的区域在热带，特别是南美洲和非洲。1990—2015 年，人均森林面积从 0.8 hm² 下降到 0.6 hm²。人均森林面积减少最多的区域在热带和亚热带，随着人口增长及林地被转化为农业和其他用地，这种情况出现在每一个气候域（除温带区域）。

世界森林大部分是天然林，据统计，2015 年的天然林占全球森林面积的 93%，即 37 亿 hm²。据统计，2010—2015 年的天然林面积每年净损失 650 万 hm²，这与 1990—2000 年的每年 1060 万 hm² 相比，天然林的年均净损失量有所下降。

大多数天然林属于"其他天然再生林"（占 74%）类别，其余的 26% 为原生林。根据各个国家的报告，自 1990 年以来已有 3100 万 hm² 的原生林被改造或清理。但这并不一定意味着原生林已改作其他土地用途。当原生林被改造但未清理时，就会变成天然再生（次生）林，或在某些情况下成为人工林。

1990—2011 年木材采伐量略有增加，同时对木质燃料的依赖仍然很强，尤其是低收入国家。2011 年的全球年度木材采伐量达 30 亿 m³，其中 49% 用作木质燃料。

在 2015 年，大约 31% 的世界森林被主要划分为用材林，与 1990 年相比减少了 1340 万 hm²。此外，接近 28% 的森林被划分为多用途林，并在 1990—2015 年减少了 3750 万 hm²。多用途林的管理可同时提供广泛的产品和服务。

生物多样性保护是对 13% 的世界森林的首要管理目标，自 1990 年以来，1.5 亿 hm² 的森林已被作为主要保护区来管理。同时，划分用于水土保持的森林面积也有所增加，占已报告国家的森林面积的 31%。

二、世界森林资源的特点

在过去的 25 年里，世界森林面积从 41 亿 hm^2 减少到略少于 40 亿 hm^2，即减少了 3.1%。1990—2000 年，全球森林面积的净损失率已减缓了逾 50%。这种变化是两方面作用的结果：即一些国家减少了森林损失，而另一些国家扩大了森林面积。森林净面积的变化似乎在过去的十年中已经稳定下来。从表 3 – 3 可以看出，森林面积排名前十位的国家约占全球森林面积的 67%。世界森林面积比例由大到小的国家排序为高收入国家、中等收入偏上国家、中等收入偏下国家和低收入国家。

表 3 – 3 2015 年拥有最大森林面积的前十个国家

序号	国　家	森林面积/10^3 hm^2	占陆地面积百分比/%	占全球森林面积百分比/%
1	俄罗斯	814931	50	20
2	巴西	493538	59	12
3	加拿大	347069	38	9
4	美国	310095	34	8
5	中国	208321	22	5
6	刚果（金）	152578	67	4
7	澳大利亚	124751	16	3
8	印度尼西亚	91010	53	2
9	秘鲁	73973	58	2
10	印度	70582	24	2
总　计		2686948		67

表 3 – 4 2010—2015 年报告最大年度森林面积净损失量的国家

序号	国　家	年度森林面积净损失	
		面积/10^3 hm^2	百分比/%
1	巴西	984	0.2
2	印度尼西亚	684	0.7
3	缅甸	546	1.8
4	尼日利亚	410	5.0
5	坦桑尼亚	372	0.8
6	巴拉圭	325	2.0
7	津巴布韦	312	2.1
8	刚果（金）	311	0.2
9	阿根廷	297	1.1
10	玻利维亚	289	0.5

表 3 - 5　2010—2015 年报告最大年度森林面积净增加量的国家

序号	国　家	年度森林面积净损失	
		面积/10^3 hm²	百分比/%
1	中国	1542	0.8
2	澳大利亚	308	0.2
3	智利	301	1.8
4	美国	275	0.1
5	菲律宾	240	3.3
6	加蓬	200	0.9
7	老挝	189	1.0
8	印度	178	0.3
9	越南	129	0.9
10	法国	113	0.7

　　森林面积变化的方式很重要，尤其是鉴于人口和对林产品需求的持续增长阶段。表 3 - 4 和表 3 - 5 显示了森林面积发生最大的减少和增长的区域。1990—2015 年将森林转换成其他土地使用最多的是在热带区域，从 1990 年开始，每个测量周期都出现了林地减少。而在温带地区每个测量周期内的森林面积都有所增加，寒带和亚热带区域变化则相对很小。在森林面积减少的同时，人口却增加了，这意味着人均森林面积在下降，这种趋势已经存在了几千年之久。人均森林面积的变化，如同其他森林面积的测量一样，在不同的气候分区是不均衡的。在寒带、温带地区变化较为平缓，而在热带地区却有不同——在过去 25 年里人均森林面积几乎减少了一半。亚热带地区人均森林面积也下降了 35%以上。

　　在过去的 25 年间，高收入国家森林面积变化为积极态势，2010—2015 年略有增加。中等偏上收入国家已设法减少每年森林的净损失，从 1990 年至 2000 年的约 180 万 hm² 的年度净损失转变为 2010 年至 2015 年的面积略有增加。中等偏下收入国家的森林年度净损失从 1990 年的 340 万 hm² 下降到 2010 年至 2015 年的 190 万 hm²；而低收入国家，则从 1990 年至 2000 年的每年 290 万 hm² 下降到 2010 年至 2015 年的每年 240 万 hm²。

　　热带和亚热带森林的净损失率降低，温带和寒带地区的稳定或者适度增加，表明森林损失率在未来几年很可能会继续降低以致逐渐达到增减持平。随着人口的不断增加，可能会有更多的林地转化为农业用地的要求，特别是在热带地区。人均森林面积减少，伴随着木材采伐需求的稳定增长，表明未来几年需要从更少的土地获取更多的木材。

（一）天然林和人工林面积的变化

天然林和人工林的相似性与差异性是许多对森林变化感兴趣的利益相关者之间讨论的话题。天然林有助于保存基因的多样性，并保持天然树种的组成、结构和生态活力。人工林则往往是为了林业生产或者水土保持而营造。管理良好的人工林可以提供各种森林产品和服务，并有助于减轻对天然林的需求压力。

全球范围内，天然林面积在减少而人工林面积在增加。截至 2015 年，已报告的天然林占森林总面积的 93%。全球天然林的年净损失量从 1990 年的大约 1060 万 hm^2 下降到 2010 年至 2015 年的 650 万 hm^2。

最大的天然林面积在欧洲，约为 9.25 亿 hm^2，其中约 85% 在俄罗斯。天然林减少最多的地区是南美和非洲，随后是亚洲及北美和中美洲。欧洲和大洋洲变化趋势则相对稳定。

自 1990 年以来人工林面积的增加超过了 1.05 亿 hm^2，占世界森林面积的 7%。1990—2000 年的年均增长量为 360 万 hm^2。2000—2010 年的增长高峰期年均增长量达到 530 万 hm^2，随后，由于东亚、欧洲、北美、南亚和东南亚种植量的减少，森林面积的增长减缓到 2010—2015 年的每年 320 万 hm^2。

面积最大的人工林在温带地区，占地 1.5 亿 hm^2，其次为热带和寒带地区，各为约 6000 万 hm^2。在过去的 25 年间，所有气候域的人工林面积都有所增加，最为显著的是寒带地区，增长了将近一倍。热带和温带地区则分别增加了 67% 和 51%。

尽管天然林面积减少速度放缓，但其面积仍可能继续下滑，尤其是热带，主要原因是森林用地转化为农业用地。另外，由于对林产品和环境服务的需求不断增加，人工林的面积很有可能在未来几年里继续增加。

（二）局部郁闭度减少

局部郁闭度减少（PCCL）是对 2000—2012 年全部年份数值的总计，因此没有时间序列估计值来确定其速度或所处位置的变化。2000—2012 年 PCCL 的总面积为 1.85 亿 hm^2，但在各气候区域分布不均。热带气候区域检测出的 PCCL 面积最大，超过 1.56 亿 hm^2，约占森林面积的 9%。寒带和亚热带气候区域的 PCCL 则分别为 1.3% 和 2.1%。

森林损失面积大于 PCCL 面积的是东非、南非、南美和中美洲。南亚和东南亚检测出的 PCCL 面积最大，超过 5000 万 hm^2。对南美的 PCCL 检测结果约有 4700 万 hm^2。西非和中非位居第三，有大约 3500 万 hm^2 的 PCCL 面积。按照在 2010 年森林总面积中所占比例来看，PCCL 面积最大的分区是中美洲，其 18% 的森林面积被测为 PCCL。

郁闭度减少产生的原因不仅包括危害原始森林功能的人为活动，也包括作为正常运转的森林生态系统的一部分或者被视为加强森林系统的人类管理活动和自然原因。大面积的PCCL 可能会引起火灾，其他的则被认为可以受到可持续森林管理的保护。作为选择性采伐、低立木密度的维护、火灾、虫害、疾病和（或）放牧的结果，未来将会发生更多的PCCL。但是，这些变化在数量上很可能会与目前发生的接近。对于国家层面的努力发生效应的地区，减少毁林和森林退化的机制可以减缓森林退化的进度。

习题

1. 名词解释

森林资源、森林覆盖率、水平地带性、垂直地带性。

2. 简答题

(1) 据第九次森林资源清查,目前我国的人工林和天然林资源状况是什么?

(2) 简述红树林及其生态意义。

(3) 我国森林分布的地带性规律是什么?

(4) 简述我国森林主要分布区域。

(5) 简述我国森林资源的变化特点。

(6) 简述世界森林资源状况。

第四章 森 林 环 境

学习目标

☞ 通过本章的学习，使学生理解环境与生态因子的概念及类型，掌握森林能量环境、森林物质环境与各生态因子之间相互作用的规律，为森林利用与保护及森林经营提供理论基础。

第一节 概 述

森林环境是生态因子综合构成的有机整体，不同的生态因子可以构成不同的森林环境。生态因子的变化必然导致森林环境的改变。森林环境是森林生物的生存条件，也是森林生物和自然因素共同作用的结果。

一、环境的类型

环境是指某一特定生物个体或生物群体周围的空间，以及直接或间接影响该生物个体或生物群体生存的一切事物的总和。环境是针对特定主体的一个相对概念。主体不同，环境的概念会有所差异，环境分类及环境因素分类也会有所不同。例如对某立木来说，它的地下空间和地上空间的一切，包括其他立木和动植物成分，均为该立木的环境。因此，各成分之间是彼此互为环境的。

环境是一个非常复杂的体系，一般按照环境的主体、人类的影响程度、环境的范围等进行分类。

1. 根据环境的主体分类

在环境科学中，人类是主体，环境是指围绕人群的空间以及其中可以直接或间接影响人类生存、生活和发展的各种因素的总和，因此又称为人类环境。在生态学中，生物是主体，环境是指生物的栖息地，以及直接或间接影响生物生存和发展的各种因素的总和。

2. 根据人类对其影响程度分类

在人类的作用和影响下，环境功能所产生的差异较大。按人类的影响程度可将环境分为自然环境、半自然环境、人工环境和社会环境。

3. 根据环境的范围分类

按环境的范围大小可将环境分为宇宙环境、地球环境、区域环境、微环境和内环境。研究人类的生存还可分为城市环境、村落环境、院落环境及居室环境等。

二、生态因子的类型

生态因子是指环境中对生物生长、发育、生殖、行为和分布有直接或间接影响的环境要素。例如，光照、温度、湿度、氧气、二氧化碳和其他相关生物等。

不同生态因子在其性质、特性、作用强度和作用方式等方面各不相同，但各生态因子之间相互结合、相互制约、相互影响，构成了丰富多彩的环境条件，为生物创造了不同的生活环境。

1. 根据生态因子的性质、特性及作用方式分类

在森林中通常可将生态因子分为六类。

（1）气候因子：如光照、温度、湿度和降水等因子。

（2）土壤因子：主要指土壤的物理性质、化学性质、营养状况等，如土壤的深度（厚度）、质地、结构、母质、容量、孔隙度、pH 值、盐碱度及肥力等。

（3）地形因子：指地表形状特征，如地形起伏、山脉走向、海拔、坡度、坡向、坡位等。

（4）生物因子：指同种或异种生物之间的相互关系或影响因素，如种群结构、密度、竞争、捕食、共生及寄生等。

（5）火因子：指林火行为特性和对森林生物所产生的各种影响，以及由此产生的与其他生态因子之间的各种复杂关系，如火强度、火焰高度、蔓延速度等。

（6）人为因子：指人类活动对生物和环境的影响，如采伐、修枝、植树及开垦等。

2. 根据生态因子的稳定性分类

根据生态因子的稳定性将其分为稳定因子和变动因子。稳定因子较恒定，长时间不变，如地心引力、地磁力、太阳辐射常数等。变动因子是随时间变化的因子，如季节变化、潮汐涨落、刮风、降水、捕食及寄生等。稳定因子主要决定生物的分布，变动因子主要影响生物的数量。

根据有机体对生态因子的反应和适应性特点，将变动因子分为三类。

（1）第一周期性因子：指由地球自转或公转及月相变化形成的光照、温度、潮汐的周期性变化，由此形成不同气候带，对生物种群分布起决定性作用。生物的光温反应及对湿度的不同要求，则是生物对这类因子的适应性反应。

（2）次生周期性因子：指在第一周期性因子的影响下形成的，如太阳辐射和温度周期性变化导致大气湿度、降水量周期性变化。这类因子对一定区域内的生物种类数量增减有较大影响。

（3）非周期性因子：指突发性或间断性出现的因素，如暴雨、山洪、冰雹、蝗灾及火山喷发、地震、地外物体撞击等突发性灾难，生物对这类因素很难形成适应性。

三、森林与环境相互作用的规律与形式

（一）森林与环境因子相互作用的规律

1. 最小因子定律

最小因子定律是德国化学家利比希（Liebig）于 1840 年提出的，他分析了土壤与植物生长的关系，认为每种植物都需要一定种类与一定数量的营养元素，且在必需元素中，供给量最少的元素决定着植物产量，如硼、锌等。Liebig 指出"植物的生长取决于处在最小量状况的营养物质"，这一概念被称作"Liebig 最小因子定律"。不少学者认为，应对该定律作两点补充：一方面，这一定律只适用于稳定状态，即物质和能量的流入与流出处于平稳的情况下才适用；另一方面，要考虑生态因子间的相互作用。同一个生态因子，由于伴随的其他因子不同，对生物所起的作用也不一样。如光照强度不足时，提高二氧化碳浓度可使光合作用强度有所提高。因而，最低因子并不是绝对的。

2. 限制因子定律

森林中生物的生存和繁殖依赖于各种环境因子的综合作用，其中限制生物生存和繁殖的关键性因子就是限制因子。任何一种环境因子只要接近或超过植物的耐受范围，它就会成为这种植物的限制因子。当生态因子处于最低状态时，生理现象全部停止；在最适状态下，生理活动达到最大观测值；在最大状态之上，生理现象又停止。植物对每一种环境因子都有一个耐受范围，只有在耐受范围内生物才能存活。英国植物生理学家 Blackman 注意到，因子处于最小量和过量时都会成为限制因子，他于 1905 年发展了利比希最小因子定律，并提出生态因子的最大状态也具有限制性影响，这就是众所周知的限制因子定律。

如果某森林植物对一种环境因子的耐受范围广，而且这种因子又非常稳定，那么这种因子就不大可能成为限制因子；相反如果一种植物对一种环境因子的耐受范围很窄，而且这种因子又易变化，那么这种因子就很可能是限制因子。限制因子的概念颇具实用价值，例如一种植物在特定条件下生长缓慢，这并非所有因子都具有同等重要性，只要找出可能引起限制作用的因子，便能找出生长缓慢的原因。

3. 耐性定律

生物的存在与繁衍依赖于综合环境因子，只要其中一项因子的量（或质）过多或不足时，超过了生物的耐性限度，则该物种不能生存甚至灭亡，这一概念被称作 Shelford 耐性定律。森林植物对生存环境的适应有一个最小量和最大量的界限，只有处在这两个界限范围之间植物才能生存，这个最小到最大的限度范围称为植物的耐性范围，即所谓的生态幅。耐性定律说明，植物只有在环境条件完全具备的情况下才能正常生长发育，任何一个因子数量上的不足或过剩，均会影响其生长发育。由此可见，任何接近或超过耐性限度的因子都可能是限制因子。

森林植物对一种生态因子的耐性是长期进化的结果，随着环境条件的变化，植物的耐

性也不断变化。植物对不同环境因子的耐性限度不同，不同植物对同环境因子的耐性限度也不相同。也就是说，植物可能对一个环境因子有较广的耐性范围，而对另一环境因子的耐性范围则很窄，如作物对磷、钾肥的耐性范围比氮肥的耐性范围宽得多。同种植物在不同发育阶段对多种环境因子的耐性范围不同，繁殖期通常是一个临界期，对生态条件的要求最严格，耐性范围最窄，生长期的耐性范围宽于繁殖期。有时，一种植物种对一个环境因子的适应范围较宽，而对另一个因子的适应范围很窄，这时生态幅常常为后面一个环境因子所限制。

森林植物的生态幅对植物的分布具有重要作用。但在自然界中，植物通常并不是处于最适环境条件下，这是因为植物间存在相互竞争，使它们不能得到最适宜的环境条件。因此，每种植物的分布区是由它的生态幅与环境相互作用决定的。

4. 生态因子作用的基本规律

1）生态因子的综合作用

环境是由综合因子组成的，各因子之间是相互联系、不可分割的。自然界没有单因子组成的环境，也没有只需要单因子的生物。森林环境中，绝不是个别因子单独起作用，而是各种因子综合起作用。例如，风作用于森林或林木，表面看来只是风的作用，实际是由于风改变了蒸发和蒸腾，蒸发、蒸腾和风都会改变空气温度和湿度，空气温度、湿度又影响土壤温度和湿度，进而影响微生物活动等。反之，防风林通过改变风速，减少了土壤蒸发，减免了细土和有机质的风蚀，改善了土壤湿度和肥力状况，起到了综合防护效益。

2）主导因子的存在

在环境因子的综合作用中，存在主导因子。主导因子在环境因子的联系变化中起主导作用，它的改变引起相关因子的系列变化。例如，森林抚育间伐改变了林内整个小气候——光、热、风、土壤、植被结构等诸方面，但主要原因是间伐改变了林内的光量和光质。光在这里起了主导作用，因此是主导因子。防风林改变环境，首先是改变风速。风引起相关因子的系列变化，风是主导因子。主导因子是林业生产中应该寻求解决的主要矛盾，任何层次都存在主导因子，但有时不易看出和抓准。主导因子常是随着时间、地点、条件而改变的。

3）生态因子的多变性

各生态因子时刻都在变动，也在变动中重新组合，从而造成环境的多样性和复杂性。如气候因子中的光、温、湿、风、雨等，不仅因年不同，还有四季的不同，昼夜的不同，早、午、晚的不同，以及瞬间天气变化的不同。在山地，因坡向、海拔变化形成了复杂的山地立地条件。在同样林分，会因某一天然或人为因素的干预产生巨大变化。环境的节律变化，塑造了植物对环境的适应性。

4）生态因子的同等重要性

树木生活不可缺少的因子，尽管有量的不同，但在生态的生理作用中的表现同等重要、不可代替。如微量元素铁，虽比其他矿物元素少，但它关系到叶绿素的形成，是不可缺少的，也不能由其他元素代替。

5）生态因子之间的补偿作用

生态因子在不同的组合中，虽然有量的差别，但却可以产生同等效果。肥料不足，可以由水分补偿，取得同样的产量。二氧化碳不足，可由光照补偿，取得相等的光合作用产物。森林中，因林下光照不足，限制了阳性树种更新，但下层二氧化碳浓度大，一定程度上补偿了光照不足，使林下植物和某些树种的幼苗幼树正常生长。但是这种补偿只在适度范围内奏效。在林业中，可以通过对某一因子的改善，弥补其他因子不足的缺陷。

（二）森林与环境相互作用的形式

森林与环境之间相互作用的形式主要有生态作用、生态适应和生态反作用 3 种。森林与环境因子的关系在各个等级层次上均存在，并且在方式上是相似的。

1. 生态作用

由于环境因子对森林发生作用，使森林的结构和功能发生相应的变化，环境因子对森林的作用形式主要体现在因子的质、量和持续时间 3 个方面。

1）环境因子质的影响

环境因子的质指的是因子的状态是否对森林有意义。例如，森林植物的生长发育是在日光的全光谱照射下进行的，但是不同光质对植物的光合作用、色素形成、向光性等影响是不同的。光合作用的光谱范围只有在可见光区（380～760 nm）内才有意义，其中红、橙光对叶绿素的形成有促进作用；蓝、紫光也能被叶绿素和类胡萝卜素吸收，我们将这部分辐射称为生理有效辐射；而绿光则很少被吸收利用，称为生理无效辐射。可以说，环境因子的"质"相当于"开关变量"，对森林植物的生长发育来说是"有"和"无"的关系。

2）环境因子量的影响

环境因子的量是在因子的"质"对森林有意义的前提下，环境因子对森林的作用程度随其"量"的变化而变化。例如，水因子是森林存在的重要条件，水量对森林植物的生长发育有一个最高、最适和最低 3 个基点。低于最低点，植物萎蔫、生长停止；高于最高点，植物根系缺氧、窒息和烂根；只有处于最适范围内，才能维持植物的水分平衡。由此可见，环境因子的量对森林来说是"多"与"少"的关系。

3）环境因子持续时间的影响

在质和量的基础上，环境因子对森林的作用必须有一定的持续时间才能起作用，使森林做出响应。例如，植物在不同季节、不同生境条件下，做出相应的节律性变化只有一定时间的温度积累，才能呈现出不同的物候期。

2. 生态适应

生态适应是森林处于特定环境条件（特别是极端环境）下发生的结构和功能的改变，这种改变有利于森林的生存和发展。生态适应有短期适应和长期适应两类。短期适应一般都发生在植物的生长发育当年或近年，特别是幼年时期，其结果表现为森林结构的改变，而在过程和功能上偏离了原来的状态。森林植物如果长期适应特定的环境压力，就可能引起基因的改变并保留下来。例如，长期生长在极端干旱条件下的植物形成了各种节水或贮水结构，比如仙人掌和瓶子树等，这是植物长期适应干旱环境的结果。

3. 生态反作用

森林在生长发育过程中对环境也起改造作用，森林对环境的反作用是人类利用和改造森林，特别是植物群落改善环境的基础。例如，森林可以调节气候、净化大气、蓄水固水、改良土壤等。

第二节　森林能量环境因子

太阳辐射为地球上所有生命的生存和繁衍创造了必要条件。太阳辐射使地球表面获得热量，温度也就提高了。热量是植物生命活动不可缺少的条件，它不仅影响植物的各种生理活动和生长发育，而且制约树种的分布和外部表现形态。太阳辐射和温度因子的变化构成了森林的能量环境。

一、太阳辐射

光是太阳辐射以电磁波的形式投射到地球表面上的辐射线的综合。光是植物生长发育过程中重要的环境因素，也是植物生长的主要能量来源之一。光对植物的生长发育、形态建成、光合作用、物质代谢、光周期响应和地理分布等均有调控作用。

（一）光对林木生活的作用

1. 光对林木生长发育的作用

光的种类与性质不同，会对植物的生长发育产生不同的作用。植物的光合作用对波长为 $0.6 \sim 0.7\ \mu m$ 的红光与橙光利用率最高，其次是蓝光与紫光。这是由于红光、橙光能促进 CO_2 的分解与叶绿素的形成。蓝光、紫光则促进植物生长和嫩芽的形成，并决定植物的向光性。绿光被植物吸收得最少。紫外线抑制林木生长，促进花青素形成。由于高山地区的太阳辐射中富含紫外线，所以高山植物常有生长矮小、节间短的特点。红外线具有增热效应，其波长越长，增热效应越大。

按阳光到达地面的光照性质，可分为直射光与散射光。森林植物不仅可利用直射光，而且可利用来自天空、云层的散射光和透过林冠的透射光以及来自地面与水面的反射光。不同性质的光所含生理辐射不同，所谓生理辐射是指那些对光合作用起作用的光。一般来说，直射光中含生理辐射较少，散射光中含生理辐射较多。林木的生长发育是依靠从空气和土壤中吸收水分与养分，通过光合作用制成有机物质来实现的。如果没有光，就无法进行光合作用，树木与一切绿色植物就无法生长。据测，林木生成 $1\ m^3$ 的木材，需太阳能 1959 亿 J（468 亿 cal）。

光照条件对植物的作用不仅取决于光的种类、性质，还与光的强度有关。光照强度直接影响植物的生长发育和物质积累。光照强度太弱时，林木光合作用所生成的有机物质比呼吸作用消耗的物质还少，林木就会停止生长。林冠下的植物与林木下部的枝条，主要就是由于这个原因而死亡的。所以只有当光照强度在补偿点以上时，植物才能正常生长（所谓补偿点，是指植物进行光合作用吸收的二氧化碳量与进行呼吸作用放出的二氧化碳量达到平衡时的光照强度）。植物的光合作用在一定的光强范围内与光强有密切关系。随着光照强度的提高，植物光合作用的强度也随之增高，但如果光照过强则会破坏原生质与叶绿素，或因失水过多而关闭气孔，这样都会使林木光合作用的强度降低甚至停止。所以，只有在适宜的光照强度下，林木才有最佳的生长发育效果。

光照强度对林木的开花结实和芽的发育也有很大影响。增强光照，可使树木提前开花与结实，并能提高树木的结实量，加速种子的成熟。因此，常见孤立木、林缘木比林内的树木结实早、结实量多，种子成熟得也早些。在培育母树林时，常常对林木进行强度疏伐，目的就是增加林内光照。

除了光照强度外，每日光照时间的长短对植物的开花也有重要影响。由于长期适应不同光照周期的结果，有些植物需在长日照条件下开花，另一些植物则在短日照条件下才能开花。植物开花对昼夜周期的这种适应，称为植物的光周期反应。光周期不仅影响植物的开花，而且对植物的营养生长与芽的休眠有显著影响。一般在延长光照条件下，木本植物的节间生长速度和生长期增加，而在缩短光照条件下，则生长减慢，促进芽的休眠。比如刺槐、白桦、槭树在长日照条件下能继续生长，而在 2 ~ 4 周的短日照情况下生长就停止。春天的长日照，往往可以使某些树种提前萌发。

2. 光对树木形态的影响

光对树木形态特征的影响也是显著的。在全光照下的孤立木有庞大的树冠，低矮的树干，尖削度大；在密林中的树木由于光照微弱而树冠狭小，树干细长而较圆满。单方向的光照常常使树木偏冠，并导致树干偏斜，髓心不正。

在不同光照条件下生长的叶子具有不同的特征。光照充分条件下生长的阳性叶，叶小而厚，质地稍硬，叶脉发达而稠密，表面常有一层较阴生叶厚的蜡质层或角质层；光照不足条件下形成的阴生叶则叶大而薄，质地柔软、叶脉稀少。同一树冠由于受光部位的不同，也有阳生叶与阴生叶的区别。树冠顶部和向阳面的叶子为阳生叶，树冠荫蔽处或内部、下部的叶子常为阴生叶。根系生长也需要较强的光照，随着光照增强，根系重量也增加。

光照条件的突然变化，有时会使树叶枯黄脱落，生长减弱，甚至整株树木死亡。这是由于林木的同化作用，器官不能立刻适应改变了的强光条件及与其相联系的其他条件而引起的。这是在进行抚育采伐与主伐时需要注意的一个问题。

（二）树种的耐荫性

由于不同的树种长期处于不同的光照条件下，于是对光照产生了各不相同的适应性。树种的耐荫性主要是指树种忍耐庇荫的能力，它是衡量植物对低光环境耐受能力的指标。

有的树种要求较强的光照，忍耐庇荫的能力差，而有的树种耐庇荫的能力强，在较弱的光强下也能正常生长发育。

根据树种耐荫程度的差异，一般把树种分为三大类。

（1）阳性树种：或称喜光树种，是指能在全光照或强光照条件下正常生长发育而不耐庇荫的树种。如落叶松、樟子松、马尾松、白桦、杨属、柳属、桉属、刺槐、侧柏、臭椿等。

（2）阴性树种：或称耐荫树种，是指耐庇荫、能在弱光下良好生长的树种。如云杉、冷杉、紫杉、杜英、甜槠、白楠、竹柏、红豆杉等。

（3）中性树种：对光照的要求介于阳性树种和阴性树种之间，对光的适应幅度较大。如红松、椴树、华山松、杉木、毛竹、香樟、榕树等。中性树种中有的中性偏阳，有的中性偏阴，同一株植物的不同部位耐荫能力也会存在一定程度的差别。

喜光树种与耐荫树种在树木的外形、内部结构、个体生长发育以及成林特性各方面都有较大区别。

（1）喜光树种的树冠比较稀疏，自然整枝能力强，林分较稀疏，树冠的透光度较大，林内较明亮；耐荫树种由于补偿点低，在较弱的光照下叶子仍能生长，因此树冠的枝叶比较稠密，自然整枝弱，枝下高较低，林分密度大，树冠透光度较小，林内阴暗。

（2）喜光树种在林下往往更新不良，在空旷地却更新良好；而耐荫树种在林冠下更新较好。这是鉴别树种耐荫性的主要依据。

（3）从整个生长发育看，喜光树种生长快（尤其在幼龄期），成熟早，结实量较大，寿命短；而耐荫树种生长慢，成熟晚，结实量小，寿命长。

（4）喜光树种的叶子往往具有耐强光及耐旱的特征，比如叶厚而硬，有蜡质或茸毛，叶子的栅栏组织发达；耐荫树种的叶子，由于适应光强度的范围较广，叶子的形态结构往往有阴生叶与阳生叶的分化，海绵组织发达，叶绿素含量高，因而叶色较浓。

（5）喜光树种的光合作用随光照强度增加而提高，光补偿点高；耐荫树种的光补偿点低。

（6）喜光树种对不良环境条件（如霜害、日灼）的适应力强，较耐干旱贫瘠的土壤；而耐荫树种则需要比较湿润、肥沃的土壤，畏怕霜害和日灼。

需要指出的是树种对光的要求不是固定不变的，将树种分成喜光与耐荫是相对的。任何树种都需要一定的光照，一般树木在幼苗期都较耐荫，随着年龄的增长，需光量逐渐提高，开花时需光最多，因而同一树种在不同的生长发育阶段具有不同的耐荫能力。在不同的环境条件下，同一树种对光的需求也有差异。在湿润温暖的气候条件下或在肥沃湿润的土壤上，树木比较耐荫，而生长在干燥寒冷的气候条件下，或在干燥瘠薄的土壤上则树木的耐荫性较差。随着纬度、海拔高度的变化，树种的耐荫性也不一样。纬度越高、海拔愈高时，树种的喜光性增加。

树种的耐荫性在林业生产上有重要意义。比如，育苗、林粮间作、混交树种的搭配、幼林与成林抚育以及采伐方式的确定等，都要考虑树种的耐荫性。

（三） 林内光照条件的变化

太阳光投射到林冠层时，有35%～75%被林冠吸收，20%～25%被反射，5%～40%的光透过林冠照射到林内。透过林冠的光照与空旷地的光相比，无论在光照强度与光质上都有显著改变。林内光照的基本特点是光强减弱，光质改变，分布不均以及日照时间缩短。

林内光照强度与林分的树种组成及林相有密切关系。喜光树种组成的林分常为单层林，林内光照状况好；耐荫树种组成的林分则层次多、结构复杂，林内光线弱。

在不同季节，林内光照状况有较大变化。落叶林内的光照随季节的变化最显著。落叶后与放叶前，林内光照多，放叶期光照逐渐减小，到盛叶期，林内光照最少。针阔混交林内光照变化较小，而常绿的针叶林与阔叶林则变化最小。

林分郁闭度大小对林内光照有很大影响。郁闭度大的林分，林冠的透光度小，林内光照的变化也较小。林内的光线主要是散射光，也有透过林冠的直射光。散射光在林内分布较均匀，林内的直射光照射的时间比林外短得多。林内的散射光经林冠多次反射、吸收，在质上发生了很大变化。据研究，空旷地上散射光中的生理辐射平均为40%～49%，而在松林下一般不超过30%，密松林中下降到17%，林下则在13%以下，到达林地最下层的生理辐射就很少了。

林冠下的光照状况影响林下植物的种类及其生长与发育，许多喜荫的植物就是在这种条件下形成与发展的。林木更新状况与林内光照有密切关系。林下幼树生长不良或死亡，常常是由于林内光照不足造成的。

林火的光生态机理：林内光照情况通常可根据林分密度特别是林分郁闭度来判断，密林内的光照条件差，林下植物光照不足，生长不良，种类少，高度低，盖度小，可燃物水平连续性和垂直连续性差，如果该林分是近熟林和成熟林，那么这样的林分将是生态避险的安全地带。

（四） 调节与提高光能利用率的途径

光是森林制造有机物质的重要因子。光能利用率的高低直接关系到森林生产力的高低。对一般的森林植物群落来说，对光能的利用率仅有0.5%～1.5%（以净产量计算），所以提高森林群落光能利用率的潜力是很大的。由于光照状况的变化还影响林内的气温、地温、湿度、土壤的理化性质和微生物的活动，从而影响林木的生长与林内其他植物的生长发育；同时，光是较之其他生态因子更易被人改变的因子。所以，调节光照条件和提高光能利用率，不但是必要的也是可能的。

在育苗方面，搭荫棚和有色塑料薄膜覆盖是调节苗床光照的有效措施。在高温干旱或灌溉水源困难的地区，适当遮阴更为有利。但在气候温暖、雨量充沛的地区，对一些树种尤其是喜光树种进行全光育苗，则会使苗木生长得快而健壮。利用人工光照延长光照时间，也可以促进苗木生长。

在造林工作中做到适地适树，根据树种的生态学特性与立地条件的特点，合理选择树种，有助于提高林木的光合效率。荒山造林应以喜光树种作为先锋树种。在营造混交林时，喜光树种与耐荫树种合理搭配，形成多层次结构，就能有效地利用光能，得到较高的生物产量。

在森林经营过程中，通过人工整枝、抚育采伐来调整林分的郁闭度和密度，能很好地调节林内的光照状况，提高林木的生长量。在培育母树林时，重要措施之一是将林分疏开到适当密度，才可以提高林木的结实量与种子品质。在设计森林主伐方式与更新方法时，都要考虑树种的喜光程度。喜光树种一般采用皆伐与人工更新，耐荫树种则多采用择伐并主要应用伐前林冠下的幼苗幼树进行天然更新或人工促进更新。森林在采伐后，由于迹地上有了较多的光照，则原有天然更新的幼树能获得良好的光照而大大提高生长量。但在间伐迹地上，由于光照强烈，有时使耐荫树种的幼树因一时难以适应而衰亡。

在育种工作中，选择与培育高光效的优良树种，对提高森林生产力有重要的实践意义，是今后提高林木光能利用率的方向。

二、温度

热量是植物不可缺少的重要生活条件。它不仅关系植物的各种生理活动与生长发育，而且影响每种植物的地理分布。

（一）温度与森林分布

温度是影响森林分布的一个重要因素。地球上的温度是呈带状分布的。就北半球来说，从南往北热量递减，可以划分为不同的温度带，各个带内的森林类型大不相同，组成森林的树种也从南往北由繁杂而变得单调。我们国家地域辽阔，从南往北就可以划分六个温度带，每个带有不同的森林、植被类型。

赤道带：稀树草原、红树林、椰林等；

热带：热带雨林、人工种植橡胶林；

亚热带：季雨林、常绿阔叶林；

暖温带：落叶阔叶林、松栎混交林、森林草原；

温带：红松阔叶林、云冷杉林、草原、荒漠；

寒温带：落叶针叶林（兴安落叶松林）。

每个树种分布在一定的温度范围内。比如杉木不过淮水（绝对最低气温不低于-9 ℃）。马尾松不过秦岭。榕树在 1 月份平均气温低于 8 ℃的地方不能生长，主要是受低温的控制。这对于引种来说，是必须认真考虑的。

温度不但随纬度的增高（由南往北）而降低，而且随海拔的上升而下降。一般来说，海拔每升高 100 m，温度下降 0.6 ℃，因此在山地垂直带上，由于温度的不同而出现了不同的森林类型。例如，在长江流域和福建省，马尾松分布在海拔 1000～1200 m 以下，在这个界限以上，马尾松为黄山松所代替。海拔 1000～1200 m 是马尾松的低温界限，又是黄山松的高温界限。又如山西省中部往北可见华北落叶松林未能分布到海拔 1200 m 以下，而油松林却难以在 1800 m 以上落脚。这说明，在造林时不能将中山树种放到亚高山去，也不能把亚高山树种放到低海拔处，否则林木生长不良甚至死亡。

（二）温度与树木的生理活动

树木的各种生理活动是在一定的温度范围内进行的。只有达到所需要的最低温度，某一生理活动才开始进行，并随着温度的升高而提高，当该生理过程达到最旺盛时的温度就叫最适温度；当超过最适温度后，生理活动随温度的增高反而降低，直到停止，此时的温度即为最高温度。因此，各种生理过程具有最低、最适与最高温度三个指标，称为温度的"三基点"。

光合作用的最低温度随树种不同而不同。多数树种在 5～8 ℃ 时就能开始进行，但针叶树种如松、云杉等在 −7～−5 ℃ 还能进行光合作用，而喜温植物低于 5 ℃ 时生理活动就停止。多数树种的光合作用最适温度在 25～35 ℃ 之间，如白桦约为 25 ℃，椴树为 30 ℃，刺槐为 35 ℃，而最高温度多在 40～45 ℃。

呼吸作用的温度范围比光合作用的幅度大，最适温度也比光合作用的高，而呼吸作用的低温界限低于光合作用。比如针叶树在 −12 ℃ 时还进行呼吸作用，落叶松的芽在 −25～−20 ℃ 时还有微弱的呼吸。乔木树种超过 50 ℃ 高温时，呼吸作用迅速下降。这时，大多数植物的原生质开始凝固，细胞濒于死亡。冬季温度回升，过早地打破树木的休眠，呼吸作用增强，很有害。窖藏的种子如果通风不良，温度升高，呼吸作用增强，就会造成种子变质发霉。

蒸腾作用受温度、湿度和风速等因子的影响。在其他因子不变的情况下，蒸腾速度随温度的升高而加快，当蒸腾增加到一定程度时，由于植物体吸水跟不上蒸腾的消耗，就会产生萎蔫甚至死亡。

（三）温度与林木的生长发育

林木种子只有当温度上升到一定程度时才能发芽。因为酶只有达到一定的起点温度才开始表现活性，才能加速种子内的生理生化活动，使种子发芽生长。一般温带树种的种子发芽的最低温度通常为 0～5 ℃，最适温度在 25～30 ℃ 之间，最高温度是 35～40 ℃。树种不同，发芽的最适温度也不同。

多数树种萌芽放叶所要求的温度最低。从萌芽、抽枝、展叶、开花结实到种子成熟，其最适温度依次增加；但也有不少例外，如杨、柳、榆等树种，开花在先，放叶在后。许多寒冷地区的树种，在系统发育过程中，由于长期对冬季低温适应的结果，一定的低温则成了这些树种发育所必要的条件，如果在生活过程中得不到低温，尽管到了花期，仍然不能开花结实。

不同地带的树木对温度的要求不同。在其他条件适宜的情况下，生长在高山和极地的树木，最适生长温度约在 10 ℃ 以内，而大多数温带树种在 5 ℃ 以上就开始生长，最适温度为 25～30 ℃，最高温度为 35～40 ℃；热带树种的最适温度在 30～35 ℃，最高温度为 45 ℃。一般在 0～35 ℃ 范围内，温度与生长成正相关。

一年中树木从树液流动开始到落叶为止的天数叫作生长期，不同树种的生长期是不同的。一般南方树种的生长期比北方树种长，生长量大，这显然与热量有关。

温度还影响地下根系的生长和对水分、矿物质元素的吸收。在这方面，地温过低或过高都是不适宜的。土温稍低于气温时对树木的吸水、吸肥最为有利，因为根系生长需要的温度比地上部分低。除了土壤水分过于干燥和冻结外，树木根系几乎全年都能生长。因此，北方在树木休眠前的秋季土壤冻结前，春季土壤化冻后造林，南方冬季造林，都是利用了根系继续生长的特点。

（四）树种对温度的要求与适应

植物所要求的温度条件，一般可以用它们分布区域内的年平均温度或者生长期的平均温度，最热月或最冷月的平均温度来表示。但用上述温度指标说明树种对热量的要求是不够确切的，因为它不能反映一个地区全年温度的变化特点。两地区年平均温度相同或相差很小，但温度的变化特点却可能差异很大。比如昆明与南京，两地的平均温度分别为15.6℃和15.5℃，可是昆明四季如春，年温差小，生长着亚热带常绿阔叶林，冬夏常绿；南京却四季分明，冬季冷夏季酷热，以落叶林为主。

树种对热量的要求，也可用昼夜平均温度或树木机能得以进行的最低点温度（即生物学零度）以上的总天数或日平均温度总和，即有效积温来确定。

有效积温计算方法是从某一段时间内的平均温度，减去生物学零度将其值乘以该时期的天数。例如某一树种，发育的起始温度（生物学零度）为5℃，到开始开花需30天，在此时期内的日平均温度为15℃，则该树种完成开花阶段所需要的有效积温

$$有效积温 = (15℃ - 5℃) \times 30 = 300℃$$

树种不同，在整个生长发育期内要求不同的积温总量。

在有春夏秋冬季节性变化的地区，植物适应于气候条件的节律性变化而得到一定的积温以后，各发育阶段相继出现。植物的这种发育节律叫作物候。植物随当地气候的变化，各发育阶段在形态上所表现出来的各种变化现象称为物候相。植物的物候相直接与温度高低有关。

在一天中温度有昼夜的变化，植物对这一变化也产生节律性反应，称为温周期现象。昼夜温差较大，对植物的生长和产品质量均有良好的影响。比如察隅地区的云南松每公顷蓄积量达1000 m³，波密林场的丽江云杉林蓄积量最高达2900 m³，而且病腐率低。其原因除光照强、雨量适宜外，生长期中白天积累的有机物质多，而晚上温度较低，呼吸作用较弱，消耗有机物质少，因而积累的营养物质多。

（五）极限温度对林木的危害

温度超过树木所能适应的范围时称为极限温度。温度过低或过高对树木都会产生危害。

1. 极限低温的危害与防止

（1）冷害：这是指气温在0℃以上时森林植物受到的伤害。例如轻木的致死最低温

度为 5 ℃。再如橡胶树是常绿植物，华南的冬季温度虽不太低，但幼树落叶的也很多，这是因为低温天气的突然发生造成的。

（2）冻害：冬季寒冷的地方，多年生植物的地上部分常受冻害。植物组织内结冰时，细胞间隙首先结冰，冰晶不断扩大，一方面使细胞失水，引起细胞原生质浓缩，造成胶体物质的沉淀；另一方面压力增加，使细胞膜变性和细胞壁破裂，最后引起植物死亡。

树木受冻害的程度与降温的速度、持续时间有关。逐渐降温，树木不易受害；突然降温则会使植物受严重冻害。

防止冻害的办法是合理选择造林树种，良种壮苗，进行抗寒育种。幼林抚育不能过早。施肥也不能太晚，以免徒长，最后一次应多施钾肥。苗圃地可在霜前灌水，也可在苗圃地熏烟、盖草、盖塑料薄膜或使用土面增温剂。

（3）霜害：霜对植物的伤害在原理上与冻害一样，都是低温危害，但是成因不同。平流霜危害以挡风地段比较严重，辐射霜以低洼地段受害严重。因此选择有利的小地形环境可以减轻霜害。霜对植物的影响因发生时间不同也不尽相同。早霜危害树木往往在其生长尚未结束、进入休眠时发生，所以从南方引种时应注意这一点；晚霜则往往危害春天过早萌芽的树种，所以从北方引进树种应种在较阴凉的地方，以抑制早期萌动。

（4）冻举：又称冻拔，多发生在含水量过大、质地较黏的土壤上。土壤在结冰时，通常在距地面一定深度开始，渐渐向上加厚，其后在连续寒冷的夜间冰层下面再结冰。冰的体积比水大十分之一，于是就把土壤连同苗木一起举起来，解冻时土壤下陷，日夜温差大时反复举落，逐渐把苗木裸露于地面，倒伏死亡。

小苗比大苗易于发生冻拔，因此应该用大苗造林。在水湿地造林时应筑高台，并注意选择树种和造林季节。

（5）冻裂：多发生在昼夜温差较大的西南坡上。下午太阳直射树干，入夜气温迅速下降，由于干材导热慢，造成树干西南侧内热胀、外冷缩，使树干外部产生纵向开裂。冻裂不会使树木死亡，但降低了木材质量，影响树木生长以及引起病虫害发生。

如森林保持一定的郁闭度，或对珍贵树种、行道树进行树干涂白等措施，可以防止树干冻裂。

（6）生理干旱：多在春、冬季，土壤结冻或地面转暖化冻，地下尚未化透，白天树木地上部分风吹日晒，蒸腾强度大，而根系不能从地下吸水，造成树木失水干枯死亡。可采取打风障、苗木覆草、覆土等措施来防止生理干旱的发生。

2. 极限高温的危害与防止

高温主要是破坏树木的光合与呼吸作用的平衡，造成呼吸作用过于旺盛，消耗大量有机物质，使植物生长停滞以至死亡。高温还可破坏植物的水分平衡，促使蛋白质凝固和导致有害代谢产物在体内积累。林业上常见的高温危害有两种。

（1）根茎灼伤（日灼或干切）：在夏季，地表温度达到一定程度时，幼苗的根茎被灼伤呈环状坏死而使苗木倒伏。松、落叶松、云杉等针叶树幼苗在地表温度达 45 ℃以上时就易遭此害。防止根茎灼伤的办法是降温，例如给苗木喷水、搭荫棚等。

（2）皮灼：树木受强烈日照后，引起树皮与形成层的局部死亡。皮灼多发生在树皮光滑的树种的成年树木上。树皮被烧伤后呈现斑点或片状剥落，给病菌侵入提供了条件。

（六）森林对温度的影响

森林对温度的影响很显著，这可以从林内、外的气温和地温差异上看出来。森林对气温的影响，随季节不同而不同。夏天林内的温度比林外低，冬天林内的温度比林外高。这是由于林冠具有阻止受热和削弱林内散热的作用。

林内各高度上的最高温度均比林外低，最低温度又比林外高，即林内温度日变幅小于林外。2007 年有学者在中国科学院长白山森林生态系统定位站一号标准地阔叶红松林内观测到：林内外气温最低值分别为 1.5 ℃ 和 0.8 ℃，最高值分别为 11.3 ℃ 和 11.6 ℃，从这一结果可以看出，林内的气温日振幅比林外的要小，林内外分别为 9.8 ℃ 和 10.8 ℃，林内比林外低 1.0 ℃。

白天，无林地由于地面受到强烈的太阳辐射，气温的变化呈现出由地面向高空递减的分布规律；夜间则相反，出现由地面向高空递增的规律（在一定高度范围内）。可是在林内则不同，白天由于林冠对太阳辐射的阻留，林冠表面强烈受热，所以最高温度出现在林冠表面，自林冠表面向上或向下，温度均呈递减变化；到了夜间，林冠又强烈地向大气释放热量，林冠表面温度又急剧降低，出现一天中的最低温度，由此向下或向上温度的分布变为逐渐增高状态。

白天，森林中较冷的空气流向增热较快的旷野、农田，而夜间冷却得较快的旷野空气下沉流向森林，这种林内外气流的交换调节了周围的温度，也调节了空气湿度。这是森林调节气候的一个方面。

森林对土壤温度也有显著影响。由于林冠与枯枝落叶的存在，夏季与白天阻拦了土壤对热量的吸收，冬季与夜间又阻拦着土壤热量的散失，因而夏季和白天林内的土壤温度低于林外，冬季与夜晚高于林外。林内土温变幅比林外小，年平均土温也比林外低。林内的土壤温度变化随深度的增加而减小，林外土温有显著变化的土层深度比林内深。由于林内土壤解冻较早，积雪融化时间拖长，有利于春天雪水渗入土壤。

所以，在灭火紧急避险中，要考虑温度的时空变化及林内温度的日变化特点。即白天在林内火具有火尾性质，由林内一点突破向林外两面包抄灭火和避险效果好，夜间则相反。

第三节　森林物质环境因子

自然界中的水、土壤和大气因子是一切生物生长、发育和生存的必需条件。同时，生物体的组成成分，常量元素与微量元素来源于水、土壤、大气。这三个生态因子组成了地球上生物的物质环境。

一、水分

树木的整个生命过程都离不开水。水是构成树木体的主要成分之一。正在生长的组织（如芽、叶、形成层等）中含有 90% 以上的水分，树干含水量约 50%，风干的种子也有 10% 的含水量。

（一）树种对水分的需要

树种对水分的需要是指树种为了维持正常生活所吸收和消耗的水分数量。树木需要大量的水分用于蒸腾；用于制造碳水化合物的水分，一般不超过 1%。不同植物的需水量是不同的。通常木本植物的需水量大于草本植物，这是因为木本植物的体积大、蒸腾量大。据测定，一株玉米一天从土壤中约吸收 2 kg 的水，而一棵橡树一天消耗的水分可达 570 kg。

树种对水分的需要一般用蒸腾强度或蒸腾系数来表示。蒸腾强度是一定时间内 100 g 叶（或每平方米叶面）所蒸腾水分的千克数。阔叶树的蒸腾强度大于针叶树。树木的蒸腾强度与树木的发育期、生长状况及环境条件有关。处于休眠状态的树木，其蒸腾强度小于生长期中的树木；幼、壮林木生长旺盛，其蒸腾强度大于成、过熟林。白天植物进行光合作用，温度较高，故蒸腾强度大、需水多，而夜晚则较小；土壤水分充足，蒸腾作用较强，土壤水分过剩或不足，都会使蒸腾强度减弱。

用蒸腾强度来表示树木对水分的需要量，只能反映树木的耗水程度，但是对于不同树种来说，对同样数量水的有效利用程度却并不一样。有的树种制造的干物质较多，有的则较少，这说明有的树种比较节水，有的则比较费水。因此，又常用蒸腾系数来表示植物的需水量，所谓需水量是指植物每生产 1 g 干物质所需的水量。

（二）树种对水分的适应

树种对水分的要求即是对水分的生态适应性。我们说这个树种抗旱，那个树种喜欢水湿或耐水湿，这就是所说的树种对水分的适应性。树种长期在不同的水分条件下生活，形成了不同的生态习性。

树种对水分适应性的含义与对水分的需要是不同的。因为需水量大、耗水多的树种不一定要求在湿度大的土壤上生长，它可以借助发达的根系和较高的细胞渗透压，从水分较少的广大面积和较深的土层中吸收较多的水分来保证正常的生理活动。所以，生长在干旱条件下的树种，它的需水量不一定小，这是因为在气候干燥和温度很高的情况下，它需要通过大量蒸腾来降低体温以适应热的环境。

根据树种对水分适应的不同，我们可以将树种分为旱生树种、湿生树种和中生树种三类。

1. 旱生树种

旱生树种是指能正常生长在长期土壤水分少、空气干旱条件下的树种，有显著的耐旱能力，多分布在干热草原和荒漠区。它们对干旱的适应方式是多样的，比如具有发达的根系。旱生树种用降低蒸腾强度和减缩蒸腾面积来适应干旱的条件，具有抑制蒸腾的构造。如地上部分变得特别矮小、叶面积缩小或退化、旱季落叶或落枝、叶面卷曲等；有些树种在叶子的构造上有发达的角质层、蜡质、茸毛，气孔少且下陷，枝干上有发达的木栓质；有的具有发达的贮水组织和输导组织，以保障供水。旱生树种往往具有高的细胞渗透压。

旱生树种常见的有侧柏、白皮松、云南松、樟子松、臭椿、栓皮栎、山杏、胡颓子、沙棘、酸枣、荆条、柠条、梭梭树等。

2. 湿生树种

湿生树种是能够生长在土壤含水量很高，甚至沼泽土壤上的树种。这一类树种一般根系不发达，根毛少，细胞质浓度低，渗透压小（一般为 8 ~ 10 个大气压），控制蒸腾的作用较弱。叶片大而光滑无毛，角质层薄、无蜡质，气孔多而且经常处于开放状态，有些植物还产生泌水组织（水孔）以促进水分代谢。常见的湿生树种有水杉、水松、落羽杉、红树、垂柳、水冬瓜、枫杨等。

3. 中生树种

中生树种是介于旱生与湿生树种之间的类型，是自然界数量最多、分布最广的类型，它们在干旱条件下易枯萎，在水分过多的地方又易被淹死。其渗透压一般为 11 ~ 25 个大气压，缺乏适应长期干旱或过湿的形态构造和功能。该类型的常见树种有云杉、冷杉、红松、胡桃、板栗、华山松、杉木、椴、白蜡、山杨、槭、枫香、梧桐、胡枝子、榛子等。

以上类型的划分不是绝对的，它们之间并没有明显的界限，而且许多树种适应水分变化的范围很广，比如柽柳、紫穗槐在干旱条件下能正常生长，但水分过多时也不至于死亡。即使同一株树木，有时幼年阶段表现出中生类型特征，到成年阶段却表现出旱生特征。同时树种对水分的适应性还同其他生态因素有联系，如树种对水分的要求与对光的要求有密切联系。同一树种生长在潮湿环境下的植株，常具有耐阴的特性；而生长在干燥条件下的植株，多具有喜光特性。

要指出的是在研究树种与水分的关系时，不能只看树种的生存能力，还要注意是否有较高的生产力。

（三）森林对水分的影响

森林对水分有很大影响，了解这些影响对森林的培育和合理利用有重要意义。

1. 林内的水分状况

森林的存在大大改变了降水的分配状况，主要表现在林冠截留降水，形成特有的森林内部的水分状况与土壤水分状况。

1）林冠对降水的截留

大气降水首先到达林冠，一部分透过林冠落入林下，而另一部分为林冠截持并蒸发到空气中。林冠截留的多少与林冠层树种、林分结构特点有关。耐荫树种比喜光树种截留量大，如云杉林的林冠截留占总雨量的 30%，松林为 18%，山杨林为 20%。

林冠截留量与降水状况有关。一般截留降雨比降雪量多 50% ~ 80%。降雨强度也影响林冠截留量的大小，降雨强度越小或时间越短则林冠截留降雨的百分比越大。林分结构的不同以郁闭度的变化而影响截留量。有人观测当郁闭度为1时，能截留降水总量的27%，而当郁闭度为0.4～0.5时，截留量只有11%。

2）林内的蒸发与林木的蒸腾

由于林冠遮蔽，林内光照弱、气温低、风力弱、空气湿度高于林外，加之林地透水性强与枯落物的保水作用，大大减少了林内蒸发。

迎风面、尚未郁闭的幼林，地表蒸发量大，降低了可燃物含水量，造成可燃物易燃、火蔓延快，故地表蒸发量大的地段是避险危险地段。而成熟林、密林、光照弱的地段，其地表蒸发小，是紧急避险的安全地段。

林木具有强大的蒸腾作用。一亩云杉林，一个夏季可蒸腾142 t水，全年蒸腾280 t水。所以森林上空的相对湿度也就比无林地大。

3）林内枯枝落叶与腐殖质层的吸水及阻截作用

落入林冠下的降水受到枯落物与腐殖质的阻截与吸收而进入土壤中。枯落物的吸水量很大，一般可达自身重量的40%～260%。但枯落物的吸水量随树种组成等林分特征而异；腐殖质层的吸水量更高一些，可达自重的2～4倍。林下苔藓植物吸水也相当强。所以林下的地表径流比林外小得多。这对森林涵养水源有很大作用。黄河水利委员会西峰水土保持试验站1956—1962年在子午岭的测定表明，森林一般可减少全年径流的30%～60%，降雨量在60 mm以下时一般不发生地表径流。

4）森林对土壤水分的影响

由于林冠截留降水、林冠层覆盖降低了地表蒸发，林下枯落物层与腐殖质层吸收大量降水并且减少了地表径流与地表的物理蒸发，而树木的蒸腾又消耗了大量的土壤水分。因此，森林一方面减少了水分消耗，另一方面又增加了蒸腾，这是一种复杂的关系。但总的趋势是林内表层土壤较林外土壤湿润，但下层土壤较林外干燥。据黑龙江省带岭落叶松人工林（14年生）中观测，表层0～5 cm上层内土壤湿度较林外高12%～15.8%，从6～15 cm土层开始到36～50 cm均低于林外，而且林木密度越大，土壤湿度较林外越低。

水分含水量高、湿度大，则降低可燃物的燃烧性及火蔓延速度，连续干旱、大风、高温既容易发生火灾，又增加避险难度。通常，由于林内光照弱、温度低、风速小，林内空气、地被物和土壤的水分含量高、湿度大，密林中这种效果更明显。所以，高海拔、阴坡、平缓坡、密林等含水量高的地段是紧急避险的生态安全场所。

2. 森林在水分循环中的作用及对降水的影响

水分在自然界的运动有大循环与小循环。大循环是指海洋以水汽形式被运送到大陆上空，凝结成降水又沿地表或地下流入海洋的过程。小循环是指水分在陆地上蒸发成水汽，进入大气中又凝结成降水回到地面的过程。水分小循环是对水分大循环的补充。当海洋上蒸发的水汽向陆地上空运行时，随着向内陆的继续深入，大气中的水汽含量将越来越少，降水量也随之越来越少，小循环在一定程度上弥补了这一不足。

海洋表面蒸发的水分在上空部分被气流携带到陆地上。据科学家推算，每年由海洋供给陆地的水量约等于 4×10^{13} t，而相等数量的水每年又通过河流流回海洋。从全球规模看，来自海洋的水分约占陆地降水量的 40%，剩下的部分由陆地表面特别是植被的蒸散作用所提供，土壤表面的蒸发作用平均占蒸散总量的 5%～20%。植被特别是森林在水分小循环过程中起重要作用。在水分循环过程中，从大气降落的水分和蒸散、流失的水分总是保持一定的平衡关系。

降落到空旷地上的水分，绝大部分从地表流失，一小部分渗入土壤中，另一部分又蒸发到空中。但是降落到林地的水分，由于森林的影响，则要复杂得多。

降水通常划分为垂直降水（如雨、雪）和水平降水（如露、霜）。一般情况下，水平降水所占比重很小，如雾凇相当于总降水量的 3%～5%，但在个别地区云雾较多的情况下，林木使云雾凝结成水滴的作用很强，这种情况在山地森林中更为明显。

森林能增加垂直降水，但增加多少看法不一致：一种观点认为森林能明显增加降水量，也有许多学者认为森林增加降水的作用不大，或者没有什么作用。

降水是一个复杂的过程，影响降水的因素也很多。大气环流、地理位置和海拔高度是主要因素，当然，森林也是影响降水的一个因素。随着科学技术的发展，森林影响降水的作用将会得到更深入的研究。

3. 森林涵养水源、保持水土的作用

森林涵养水源有利于河流灌溉、航运、发电事业。森林涵养水源功能是森林生态系统功能的重要组成部分，主要体现在森林土壤层、枯枝落叶层、灌木层、乔木层对降水进行再分配的过程。森林之所以能涵养水源、保持水土，主要是由于：

（1）林冠的截留作用，减免了暴雨对地面的直接打击，削弱了雨滴对土壤的溅蚀和径流对土壤的冲刷。

（2）林木与林下植物对地表径流的阻拦。

（3）枯枝落叶层的吸水与阻水作用。由于枯枝落叶层截留了大量水分，提高了土壤的抗冲性，减缓了水在土壤坡面上的流速，减少了径流泥沙量，从而增加了水向土壤中入渗的机会。

（4）林下土壤疏松、多孔，多团粒结构，透水性能好，平均初渗量为草坡的 2～4 倍，为农田的 3～5 倍。并且林下土壤的蓄水量也高，大量雨水渗入并蓄存于土内变为地下水，大大减少了地表径流及其对土壤的冲刷。

（5）林木根系发达，强大的根系能似钢筋一样固持土壤，不被侵蚀。所以保护森林、植树造林是水土保持中的有力措施之一。这种生物措施是不能用工程措施代替的。

4. 森林对水体污染的净化作用

20 世纪 60 年代以来，工业迅速发展，工厂排放大量含污染物质的气体与液体，化学农药的大量施用，都越来越严重地污染着水体。在这些污染物质中有些含有重毒的汞、氟、镉、铅等，严重影响水生生物和农作物的生长，造成很大的经济损失。水体被污染后，往往通过食物的富集作用危害人类。

治理水体污染的方法除采取工业措施、回收利用和消灭污染源外，生物净化也是一个重要途径。森林在净化水质方面具有重要作用。如有森林覆盖的山涧流水中，每平方千米含有溶解的物质为 6.4 t，而无森林的山涧流水，每平方千米含有溶解的物质为 16.9 t。又如水流通过 30~40 m 宽的林带，1 L 水中所含细菌数量比不经过林带的减少 50%；流经 50 m 宽 30 年生杨桦混交林带，1 L 水中所含细菌减少 90% 以上。

二、大气

地球表层覆盖着一层大气，叫作大气圈，即从地球表面到 1100~1400 km 高的范围内的空气层。人类和一切生物均生活在这里。大气层具有独特的功能。它可以阻止短波辐射对地面生物的伤害，也可以缓和巨大气温的昼夜变化；更为重要的是，大气与生物有机体进行交换，是地球上生物赖以生存的重要条件。

（一）二氧化碳对森林植物的影响

二氧化碳是植物光合作用的主要原料，植物通过光合作用把二氧化碳和水合成为糖类，构成各种复杂的有机物。因此，二氧化碳对森林植物的生长有着极其重要的意义。

对于植物来说，其光合强度与二氧化碳浓度密切相关，随着空气中二氧化碳浓度的加大，光合强度也随之加大。在实验室条件下，当二氧化碳浓度加大到空气中二氧化碳正常浓度的 5~8 倍时，光合强度达到最高。在强光照下，植物生长旺盛期，二氧化碳不足是光合作用效率的主要限制因素，增加二氧化碳浓度能直接增加植物产量。

森林中二氧化碳浓度变化较大，最大浓度出现在夜间地表层，最小浓度出现在午后林冠层。郁闭的森林群落中，二氧化碳浓度的日变幅平均达 25%。白天，树冠内部及其周围空气中二氧化碳含量急剧减少，只有近地面空气，因为得到土壤微生物分解有机质所释放的二氧化碳的补充，在静风状态下保持正常偏高的浓度。故林冠下的阴生植物，就靠二氧化碳浓度的增高来补偿光照的不足而生存。

所以，夜间地表层二氧化碳浓度最高，灭火容易、安全。二氧化碳最小的浓度出现于午后的林冠层中，所以午后林内火势旺盛，加上温度高和可燃物垂直连续，极易形成树冠火，要注意避险。

（二）氧气对森林植物的影响

大气层是地球上氧气的储存库，按体积计算，空气中的氧气浓度比二氧化碳高得多。一般光合释放量比呼吸量大 2.0 倍。因此，氧气是依靠生物不断积累的。

氧气是植物呼吸的必须物质，没有氧气植物就不能生存。对于陆生植物来说，地上部分总是生存在氧气充足的环境中，少数情况例外。

大气层以外的氧气，在紫外线作用下形成臭氧，具有特殊臭味。臭氧的存在，挡住了大量紫外线，保护地球上生物免受伤害。

（三）氮气对森林植物的影响

氮是组成蛋白质的主要元素，也是构成生物有机体的重要元素之一。氮在大气中的含量最丰富，约占大气的79%。但大多数生物不能直接从空气中提取游离的氮。空气中的氮除一小部分在雷电时被雨水注入土壤中形成的硝态氮能为植物利用外，大部分仅被有固氮能力的某些生物种类所利用。

地球的氮循环是这样完成的：固氮细菌首先把空气中的游离氮转变为有机物氨和铵盐，再经硝化细菌的硝化作用转化为亚硝酸和硝酸盐；硝态氮可被植物吸收利用，并合成蛋白质；蛋白质在生态系统中通过各级食物链进行运转。在人和动物的新陈代谢中，一部分蛋白质转化为含氮废物，排入土壤；植物、动物和人类死亡后体内的蛋白质被微生物所分解，形成含氮的简单化合物（如氨、铵盐和氮气），其中铵盐进入土壤，氮气则逸散返回大气，重新进入循环。

氮通过固氮、氨化、硝化、反硝化过程对森林产生影响。

（四）林木对大气污染的净化效应及监测作用

1. 林木对大气污染的净化效应

1) 森林是天然的吸尘器

森林对大气中的烟灰和粉尘具有明显的吸附和阻滞作用。一方面森林以它高大的树干和稠密的林冠减弱风速，从而降低了空气携带灰尘的能力，使空气中混杂物沉降下来。另一方面林木叶片具有较大的蒸腾面，尤其在晴天能够蒸腾大量水分，使树冠周围和森林表面保持较大湿度，同时由于叶面粗糙、多绒毛、分泌黏液的特性，滞留空中的飘尘，这样就大大减低了空气中灰尘含量。前者称为被动保护作用，后者称为主动滤尘作用。

森林蒙尘后，经雨水冲洗可恢复滞尘作用。森林的除尘作用有力地证明，森林在防止物理性空气污染方面是一个理想的天然吸尘器。

2) 森林是有害气体的过滤器

林木一方面受毒气所害，另一方面对有毒气体存在抗性和除毒潜力。不少林木可把浓度不大的有毒气体吸收掉，从而避免在大气中积累达到有害浓度。

林木对毒气吸收的过程是微妙的、有趣的。就拿林木对二氧化硫的吸收来说，硫是林木所需要的营养元素，当二氧化硫被林木吸收后，形成硫酸盐，储存在林木体内，只要二氧化硫的浓度不超过临界浓度，林木叶片就可以不断吸收二氧化硫。在我国，氟化物对人类生产活动的影响仅次于二氧化硫，但是它所具有的毒性是二氧化硫的10～1000倍。对于一定浓度范围的氟化物，植物不仅对其具有抵抗能力，还具有相当程度的吸收能力。当空气中含有氟化氢气体时，植物叶片能吸收氟化氢，使叶片含氟量大大增加。国内分析资料表明，植物茎叶积累的氟化物比周围空气中的含量高1000倍左右是比较普遍的。

林木对各种有毒气体的抗性是有差别的。一般根据树种抗烟能力强弱将北方树种分为3级：

抗烟力强树种：如桧柏、国槐、加拿大杨；

抗烟力中等树种：如臭椿、刺槐、落叶松；

抗烟力弱树种：如云杉、冷杉、油松、红松、白桦。

3）森林是氧气、二氧化碳浓度的调节器

在绿色植物中，森林有"地球之肺"之称。大量研究表明，森林生产干物质的能力就是生产氧气的能力。大气中的氧是亿万年来植物生命活动所积累的。地球上60%的氧气来自于陆地上植物，尤其是森林。有林地面积占大陆面积的1/3，而放氧量相当于大陆生态系统放氧量的2/3。据计算，1 hm² 阔叶林每天可以吸收1 t 二氧化碳，放出0.73 t 氧气。如果以成年人每天呼吸需要0.75 kg 氧气，排出0.9 kg 二氧化碳计算，平均10 m² 森林就可以吸收一个人一昼夜呼出的二氧化碳。如果有50 m² 草坪，就可保持大气中含氧量平衡。所以说，森林调节着氧气和二氧化碳的平衡。

4）森林可防止放射性污染

放射性物质对人体危害极大，它的毒害作用比普通化学毒物（如砷等）毒性大10亿倍。森林作为一种地物，可阻挡空气中放射性物质的辐射和传播。灰尘中常含有一些放射性物质，故森林也可对放射性物质起净化作用。据研究，常绿针叶林净化放射性物质的速度比阔叶林慢得多。

5）森林可减弱噪声

噪声是一种特殊的空气污染。尤其近十几年来，噪声已成为城市主要污染之一。林木减少噪声的能力，取决于树种和林带配置方式。一般认为，林木成疏松无规则分布比行状分布的效果好；阔叶树比针叶树防噪效果好；分枝低、树冠低的乔木比分枝高、树冠高的乔木效果好；乔木和灌木混交的林分比单纯林效果好；系列状排列的狭窄多林带比一个宽的林带效果好；叶子大而密，质地厚而硬的树种防噪效果也好。

6）森林有杀菌作用

一些植物能分泌挥发性物质，主要成分是萜烯类。它能杀死很多病原菌。据计算，1 hm² 柏树林，一昼夜可分泌50 kg 植物杀菌素。因此，林内细菌比林外少得多。据统计，1 m³ 空气中，林外有3 万~4 万个细菌，而林内只有300~400 个。

7）森林为人类提供美好生活环境

绿地、森林能给予人们以舒适感。森林是巨大的绿色调温箱，当我们从密集的建筑区进入毗邻的公园或林荫道时，可以充分感到林木和植物的冷却作用。

在一个拥有大量密集建筑和街道的城市，白天建筑物上积累了很多热量，而傍晚、夜间又散发出来，形成城市"热岛"（图4-1）。有研究表明：当城镇绿化覆盖率达到50%时，地表温度下降约13 ℃，城市"热岛"效应可基本消除。

在无树和无绿地的城市，风将持续不断地携带污染颗粒由郊外吹向市中心。如果有林木阻碍，则可使空气净化、冷却，林木蒸腾作用大，比土地的蒸发量高20 倍，可提高空气相对湿度10% ~20% 。所以，临近城市的森林绿地，能给城市居民提供良好的生活环境。

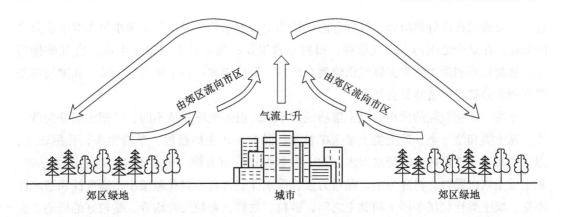

图 4-1 城市与郊区绿地气流循环图

2. 林木对大气污染的监测

有些植物对大气污染的反应比人敏感得多。这是因为植物能以庞大的叶面积与空气接触，进行活跃的气体交换；植物缺乏动物的循环系统来缓冲外界的影响；植物固定生长的特点使其无法避开污染物的伤害。可以利用大麦、黄瓜、地瓜、马尾松、苜蓿、棉花、菠菜、月季、玫瑰等，对大气环境中的污染物二氧化硫进行监测。如苜蓿在大气环境中二氧化硫浓度超过 3.4 mg/m³、超过 1 h，便会出现症状。所以我们可以利用林木叶片对有毒气体的特殊敏感反应，作为预报毒气的信号，来监测大气受污染程度，从而采取防治措施。

三、土壤

土壤是岩石圈表面能够生长动物、植物的疏松表层，是陆生生物生活的基层，它提供生物生活所必需的矿物质元素和水分。土壤是陆地植物赖以生存的重要基质，是植物生长最重要的水分来源，并为其提供必需的营养物质。

（一）土壤物理性状对林木的影响

土壤是有结构的，而结构使水分、空气、热量兼顾协调，呈良好状态。也就是说，在土壤中，固体的矿物质和有机质与液态的水以及空气同时存在，构成一个有机的能够发挥良好生态功能的系统。矿物质、有机质、水分和空气，这四种基本成分的比例决定着土壤性状和肥力。一般来说，适于植物生长的土壤各组成成分的容积比例为：固体的矿物质仅占容积的 38%，有机质占 12%，而土壤水分和空气所占的空间占容积的 50%，其中水分和空气各占 15%~35%。水分和空气的比例互相消长、经常变动。

土壤中矿物质成分以重量计达 95%，但以容积计只有 38%。这些矿物质与有机质结合在一起，颗粒排列的状况不同即结构不同。土壤结构形成与有机质关系密切，森林土壤有丰富的有机质，所以有良好的结构和较高的肥力。土壤结构的形成和破坏与耕种方法、冻结融化、水分多少、可溶盐类等因素都有关系。一个结构不良的土壤，物理性状也就不良，主要表现在水分供应和通气性方面。植物生长期水分的多少在凋萎水分和湿土水分之间变化。在这个范围内，水气兼存，植物正常生长；当水分充满整个空间，空气被排挤了，植物根系和微生物失去氧气供给就会窒息，形成涝灾；在干旱无雨季节，孔隙间都是空气而水分缺乏，植物又会旱死。

土壤中矿物颗粒的大小造成土壤质地的不同。根据土壤质地不同，可把土壤分为砂土类、黏土类和壤土类。砂土类土壤含矿粒多，黏粒少，土壤松散，黏滞力小，孔隙较大，通气性和透水性良好，但持水保水力差，因养料水分流失快，肥力不高，容易遭受旱灾。黏土类土壤以黏粒、粉砂为主，黏滞力强，保水保肥力高，但孔隙微小，通气性和透水性不良。壤土类性状居于砂土和黏土之间，砂粒、黏粒、粉粒大致均等，是较好的质地，宜于林木生长。不同树种对土壤质地有不同的适应性，但对多数树种来说壤土类性状较好。

土壤的质地制约着土壤综合物理性状，制约着林木根系的空间环境，因而林木根系的发育特点与土壤质地有明显关系，一般砂土类土壤由于水分下渗，表层土壤水分不足，浅根植物、一年生草本植物均不适应，而多年生木本植物则可在粗质砂土的干旱地区生长。黏质土壤上的林木则往往为浅根系。

土层厚度和土壤质地及结构相配合，对森林生产力有重大影响。在土壤其他结构特点和水分状况相近的条件下，林地生产力主要取决于土层厚度。土层厚度不仅影响土壤水分、养分的贮量和植物根系分布的空间范围，还影响林木的生长和森林组成结构。所以在我国华北地区，划分立地条件类型时，一般分别在海拔和坡向之后，依其土层厚度划分营养级，因为厚度决定营养空间。特别是在人类活动频繁的石质山区，水土流失严重，土层很薄，厚土就是林木丰产的重要保障。确定土层厚度一般以母质层以上的厚度计算，但有时生态学中是根据林木根系分布所及的深度计算。

（二）土壤化学性质对林木的影响

土壤化学性质主要包括土壤酸碱度、土壤中的无机元素和土壤有机质。

1. 土壤酸碱度

土壤酸碱度是土壤最重要的化学性质，它对一系列土壤肥力性质均有影响。土壤微生物的活动，有机质的分解，氮、磷等营养元素的转化和释放都受土壤酸度的影响。土壤的保肥性和微量元素的有效性，也与土壤酸度有关。

土壤酸碱度是指土壤溶液中氢离子的浓度，土壤学中用 pH 值表示。我国土壤酸碱度一般分为五级：强酸性，pH 值小于 5.0；酸性，pH 值为 5.0 ~ 6.5；中性，pH 值为 6.5 ~ 7.5；碱性，pH 值为 7.5 ~ 8.5；强碱性，pH 值大于 8.5。一般林木能够适应的土壤酸碱度的 pH 值为 3.5 ~ 9.0。南方林木多生长在土壤 pH 值为 6.5 ~ 4.5 之间，北方林木多生长在土壤 pH 值为 6.5 ~ 8.7 之间。适应强酸性或强碱性土壤的乔木树种极少。

土壤酸碱度对土壤养分的有效性有重要影响。在 pH 值为 6.0 ~ 6.5 的酸性条件下，土壤养分的有效性最好，最有利于植物吸收。在酸性土壤中容易使钾、磷、钙、镁缺乏，而在强碱性土壤中容易引起铁、硼、铜、锰和锌的短缺。

　　不同树种对土壤酸碱度长期适应的结果，使林木形成固有的要求。据此将树种分为喜酸性树种、喜钙性树种和耐盐碱树种。当然，还有些树种不易划分。木本指示植物是很少的，乔木树种更少。油茶、茶树、柃木、越橘和一些杜鹃种类，是木本植物中酸性土壤上的指示树种。盐碱土上树种也极少，多数树种适应中性土壤条件。下列3类树种，可供造林选择树种时参考：

　　喜酸性树种：油茶、茶、马尾松、三叶橡胶、咖啡、白栎、山矾、桃金娘、赤杨；

　　喜钙性树种：柏木、侧柏、硬叶高山栎、金丝李、南天竺、竹叶椒、圆叶乌桕；

　　耐盐碱树种：柽柳、红海榄、木榄、白骨壤、海榄雌、角果木。

　　2. 土壤中的无机元素

　　植物所需的各种无机元素主要来自土壤中的矿物质和有机质的分解。这些无机元素大部分保存在腐殖质、有机碎屑物和不溶性无机化合物中，少许保存在土壤胶体中，只有大约0.2%的养分元素在土壤溶液中供植物吸收利用。腐殖质不断地被分解矿化释放出有效的养分再被利用。水溶液中的养分在雨季容易被损失，所以水土流失的山地和砂土类土壤保肥力差，比较瘠薄。

　　不同树种对养分元素的实际需要量称为树种对养分的需要；不同树种对养分即对土壤肥力的适应状况，称为树种对养分的要求。树种对养分的需要和适应性往往并不一致，如同树种对水分的需要和适应性并不一致一样，橡树、榆树对养分的实际需要量并不高，但它们对土壤肥力的要求高，所以只适应生长在立地条件良好的土壤上；刺槐、桦木对养分的实际需要量并不少，但它们对土壤肥力的要求不高，所以经常生长在立地条件瘠薄的土壤上；松树、山杨等一些树种，表现了需要和要求的一致性。

　　按照树种对养分元素的要求（适应），由多到少顺序为：白蜡、槭、榆、水青冈、千金榆、橡、黑赤杨、椴、山杨、云杉、落叶松、桦、刺槐。一般根据树种对养分元素的要求，将树种分为3类：

　　瘠养树种：如松、侧柏、刺槐；

　　中养树种：如云杉、山杨、落叶松；

　　富养树种：如白蜡、橡、槭、椴、水青冈。

　　研究树种对土壤肥力的适应，对造林更新规划有重要意义。违背树种对土壤肥力的适应，也即违背了造林适地适树的原则，它将导致造林失败。

　　3. 土壤有机质

　　土壤有机质包括腐殖质和非腐殖质两大类。腐殖质是土壤微生物分解有机质时重新合成的多聚体化合物，占土壤有机质的85%～90%。同时腐殖质也是植物所需各种矿物营养的重要来源，并能与各种微量元素形成络合物，增加微量元素的有效性。非腐殖质是指土壤中的植物、动物、微生物的遗体、分泌物、排泄物等。

　　土壤有机质能改善土壤的物理结构和化学性质，有利于土壤团粒结构的形成，增加土壤持水能力，从而促进植物的生长和养分的吸收。

森林中的植物凋落物、地下根系和死亡的土壤微生物是土壤有机质的主要来源。当森林凋落物的分解速率慢于其凋落速率时，就会形成死地被物层。森林死地被物类型有两种。

（1）硬死地被物。多分布在气候寒冷或干燥的地区；且大多在针叶林内，因为针叶林枯落物含灰分元素少；土壤和死地被物层界限明显，结构紧密，通气不良，微生物以真菌为主；C/N 比高；土壤呈酸性反应。

（2）软死地被物。多分布在气候温暖的阔叶林内，分解良好，微生物以细菌为主，C/N 比低；土壤呈中性反应。

（三）土壤微生物对林木的影响

土壤微生物是指生活在土壤中的细菌、放线菌、真菌和藻类，其中细菌数量最多。微生物的种类和数量在土壤有机质丰富的土壤中较多，而在缺乏有机质的土壤中较少。

土壤中的微生物将植物、动物残体分解，释放出矿物质元素和二氧化碳，供给活着的土壤生物和森林植物使用，维持物质的循环不息。含氮的有机物质如蛋白质类，在微生物的蛋白水解酶作用下，逐级降解成为氨基酸；氨基酸在氨化细菌等微生物作用下，分解成氨（NH_3）等（氨化作用），氨化作用进行得愈旺盛，愈能保证植物的氮素供应；氨（NH_3）溶于水成为铵离子（NH_4^+），才能被植物吸收利用。氨（NH_3）和铵盐在通气良好的条件下，被亚硝化细菌和硝化细菌氧化为亚硝酸盐和硝酸盐类（硝化作用），供给植物以氮素营养。如果通气不良，反硝化细菌作用使氮素不便利用。

林木所需要的土壤中的氮素，其形式分为氨态氮和硝态氮。由于长期适应的结果，不同树种利用不同形态的氮已有明显区别：针叶树多利用氨态氮，阔叶树多利用硝态氮。因为针叶林下多为硬死地被物，结构紧实，通气不良，酸性反应，硝化作用不能进行，而阔叶林下为软死地被物，中性反应，硝化作用为主。林地肥力主要决定于死地被物的种类、数量和分解条件。腐殖质是有机物分解的中间产物，它是养分的贮存库，微生物不断地从腐烂物中将养分释放出来，供植物长期利用。

我们通常采取的抚育间伐、林地排水、施入石灰（酸性土中）等措施，都是给微生物活动创造适宜的环境，尤其给细菌活动创造条件。通过增加土壤温度、中和土壤酸度等，促进有机物分解，使硬死地被物转化成软死地被物，提高土壤肥力。

菌根在林木的根上着生，它是真菌和植物根系共生形成的。真菌菌丝着生在根皮外部称为外生菌根，真菌丝伸入根细胞间隙称为内生菌根，也有混生类型。绿色植物中很多植物都有菌根。乔木树种有菌根的有松、杨、落叶松、槭、椴、桦、冷杉、栎类等。研究证明，有菌根的苗木在干旱条件下能抗干旱，成活率高，生长快，所以有些林木移栽时带根际土容易成活，造林、育苗时用有菌根的土壤在植苗穴内接种也是这个道理。

当然，土壤微生物对林木的影响不尽是益处。细菌活动和细胞分裂时消耗氮素，在针叶林中常使氮素更加缺乏。

森林内的死地被物是林内火的主要可燃物，林内生态条件不同，可燃物类型和特征不同，这就是生态对可燃物的影响，进一步影响林火特征。阔叶树种混交林或阴阳性树种混交林，有利于柔软死地被物的形成，易形成急进地表火，燃烧快，火焰高，但强度小、火线窄，可开展穿越火线火烧迹地避险。所以，要根据可燃物的生态学特性开展灭火指挥和紧急避险。

第四节　森林环境干扰因子

森林环境中的干扰因素是指不规则的或多变的或不经常出现的一些因素。这些因素对森林生物的影响往往是巨大的，可以直接或间接作用于森林生物，或通过大范围运动传输能量和物质对森林产生影响，或偶然出现的不同程度的干扰使生态系统产生较大的波动或演替。

一、地形

地形因子对植物尤其是森林的影响是通过土壤、气候、生物因子在空间上的不同组合而间接地产生作用。

（一）海拔高度

在一定经纬度范围内的山地地形，海拔高度是变化最明显的因子之一。在山区，随着海拔增高，空气温度下降，植物生长期缩短。由于气候、土壤条件的差异，每一树种仅适宜在一定海拔高度范围内生长。到达一定高度范围，由于温度低，风力大，不适宜树木生长，成为树木分布的上限，即高山树木线。如北京的百花山，海拔 1900 m 以上，由于气候冷湿、风大，植物生长期仅 120 天，山顶为"五化草甸"；山坡腹部气候湿润，凉爽，植物生长期延长，分布着山杨、桦木、椋树等阔叶林。

（二）坡向

在山地环境中，光照、温度和水分条件随坡向不同而发生变化。南坡无论在晴天和阴天都比北坡温度高，东坡和西坡居中。所以在自然状态下，同一树种垂直分布的海拔高度，往往是南坡高于北坡。这是南北坡综合环境条件的差异所造成的。在我国，一般南坡较北坡温度高、湿度小、蒸发量大，土壤的物理风化和化学风化较强，因而土壤有机质积累少，也较干燥贫瘠。所以，南坡多是喜温、喜光、耐旱的种类，北坡则多是耐寒、耐阴、喜湿的种类。但在低纬度地区，南北坡生境的差异随纬度的降低而减少，甚至消失。

在树种分布区内，南坡是南方树种的北界，北坡是北方树种的南界。这就是阿略兴提出的植物先期适应法则。在生产实践中，我们称北坡为阴坡，南坡为阳坡。

阴坡林内空气湿度大，造成可燃物含水量高，对林内地表火的蔓延有一定的减弱作用，是紧急避险的安全地带，而空气湿度相对较小的干旱阳坡是紧急避险的危险地段。

（三）坡度

通常将坡度分为六个等级，即平坡（5°以下）、缓坡（6°~15°）、斜坡（16°~25°）、陡坡（26°~35°）、急坡（36°~45°）、险坡（>45°）。以坡度大小来说，同为阳坡，坡度过大和过小，接受的热量都较少，只有当坡度大小与太阳辐射的方向垂直时接受热量最多。在阴坡，坡度越大，接受热量越少。更重要的是，坡度影响地表径流和排水状况，直接改变土壤厚度和土壤含水量。一般平坡土壤深厚肥沃，适宜种植农作物和一些喜湿好肥的树种；斜坡上，土壤肥沃，排水良好，对森林植物生长有利；而在陡峭的山坡，土层薄，砾石含量高，林木生长差，林分生产力低。

（四）坡位

坡位是指山坡的不同部位，可分为上坡（包括山脊）、中坡、下坡（包括山麓）三部分。坡位的变化，实际上也是阳光、水分、养分和土壤条件的变化。在山区经常可以看到温度逆增现象，夜间由于地面辐射的结果，冷空气积聚，谷地的温度比坡上低。这样，温度随高度增加不降低反而增加，出现逆温现象。在这些谷地，春霜结束得晚，秋霜发生早，常形成霜穴，使幼苗、幼树易遭受霜冻危害。

温度逆增现象影响森林分布，出现森林垂直分布的倒置，如在谷地有时可见一些分布在高海拔的耐寒树种，而山坡上反而生长着喜温树种，就是这个原因造成的。当然这不仅与温度有关，也与土壤排水状况有关。

紧急避险的安全地带受海拔高度、坡度、坡向、坡位、谷宽等地形的影响。必须指出，海拔高度、坡度、坡向、坡位、谷宽等地形因素，既有其特定的生态作用，但它们又受一定地形复合体的影响，在避险指挥中要综合分析地形各要素的组合。

二、风

空气的流动就形成风。风是一个很重要的生态因子，特别在平原、沿海、高山及荒漠地区，风的影响比较明显。风对树木的影响是多方面的，作用大小决定于风的性质和风的速度。

（一）风对林木的影响

风虽然不是树木所必需的生活因子，但它可以引起其他生态条件如温度、水分等因子的改变，进而影响树木的蒸腾作用、光合作用等生理过程。

风对树木的作用是多方面的，既有益，也有害。弱风对林木生长是有利的，可促进蒸腾作用，有利于枝叶放热和降温；还可以促进植物与环境气体交换，有利于有益气体和有害气体的流动。不少陆生植物，如松柏类、颖花类、柔荑花序类植物，必须借助风力传播花粉。风也是种子传播的重要动力，一些具有翅和茸毛的种子均是靠风力传播的。所以风对森林的天然更新有较大作用。当风大到一定程度时，则会影响一些植物的生长和发育。在近海岸、极地、高山树木线以及与辽阔草原相邻的森林边缘，风使树木高度降低。风速过大、单向强风和干旱风，对林木生长有害，使林木畸形，并影响木材结构。

（二）林木对风的影响

森林对气流是个强大的障碍物，可以改变风向和风速。森林不同于其他地面的障碍物，它具有复杂的层次结构，不仅树冠高度、宽度和密度有差异，而且乔木层、下木层和地被物层交错重叠，当风进入林冠层后就急剧削弱。当空旷地风速为 4.5 m/s 时，林冠内风速仅为 0.6 m/s。林内不同高度上风速也不相同。根据在 25 m 高的阔叶林内调查，风速在地表最小，随高度增加而加大（树冠层有不同规律）。

采伐森林时，在采伐迹地上，由于森林密度减低，森林环境改变，风速增加，将影响留存林木的生长。我们在经营工作中，必须根据不同立地条件选择适宜的采伐方式，避免风害发生。

可见，风因空间和时间的不同，风向和风速变化很大。从风生态因子来看，林内风速小于林外，林内火势则低于林外，在一定时空条件满足的情况下，林内也是安全灭火和紧急避险的有利地段。

据研究，一般林带的防风作用，在迎风面距树高 5 倍处风速开始减弱，在背风面距树高 3~5 倍处风速最小，然后渐渐增加，在树高 10 倍处风速仍比空旷地低 60%，在树高 20 倍处低 30%~40%，一直到树高 50 倍时才恢复原来的速度。

防风林的防护效果决定于结构。一般认为，紧密结构的林带，在迎背风面，特别在背风面较短距离内降低风速，故防护范围小。透风结构的林带，防护范围大，但降低风速不明显，且在林带前后沿由于风速较大易发生风蚀。稀疏（半透风）结构的林带，背风面可形成一个较大弱风区，防护效果最好。

此外，为提高林带防风效果，可以设置林带网。新疆吐鲁番地区林网化后，防风治沙效果较好，当进入第三林网时，风速只有空旷地风速的 58.1%。中国林业科学研究院的试验证明，林带网比林带防风效果提高 10%。因此在易遭受风沙、干旱、霜冻等自然灾害的地区，营造防护林带能防风固沙，改善小气候状况，保证农作物稳产、高产。

三、林火

火的发生既有自然因素的作用，又受人类活动的影响。火作为一个生态因子，影响森林群落的演替与发展。火可以破坏森林的生态平衡，也可以为土壤提供新的养分，促进林木生长。

（一）林火的内涵及种类

1. 林火的内涵

森林可燃物在一定外界温度作用下快速与空气中的氧结合，产生的放热发光的化学物理反应，称为森林燃烧，在森林防火中又可称为林火。

林火根据发生原因和后果，分为森林火灾和计划火烧。森林火灾是指失去人为控制，在森林中自由蔓延和扩展，达到一定的面积，对森林生态系统造成一定危害和损失的林地起火。计划火烧是在人为控制下为达到预期经营目的而在林地或草地上进行的安全用火技术。

2. 林火的种类

根据火在森林垂直空间上发生的部位可将其划分为地表火、树冠火和地下火。林火以地表火最多，南方林区约占 70% 以上，东北林区约占 94%；树冠火次之，南方林区约占 30%，东北林区约占 5%；最少的为地下火，东北林区约占 1%，南方林区则几乎没有。

这三类林火可以单独发生，也可以并发，特别是特大森林火灾，往往是三类林火交织在一起。所有的林火一般都是由地表火开始，烧至树冠则引起树冠火，烧至地下则引起地下火。树冠火也能下降到地面形成地表火，地下火也可以从地表的缝隙中窜出烧向地表。通常针叶林能够发生树冠火，阔叶林一般只可能发生地表火。在长期干旱年份，森林容易发生树冠火或地下火。

（二）林火的特性及生态意义

火灾对森林生态系统的影响是剧烈和深远的。火作用于生物个体、群落的剧烈程度取决于火的特性，即火强度、火的大小、火频度和火周期。我们从下列几方面探讨火的特性及其生态意义。

1. 火强度

火强度（fire intensity）是衡量火释放能量大小的一个指标，一般表示为火线强度（fire line intensity），即单位火线长度单位时间内释放的热量，单位是 kW/m。森林中的火强度在 20 ~ 60000 kW/m，一般分为三级：低强度（< 750 kW/m）、中强度（750 ~ 3500 kW/m）和高强度（> 3500 kW/m）。一般来说，火强度在 4000 kW/m 以上时，林火可烧毁森林中的所有生物和有机质。因此，只有小于这个强度的火才有生态意义。

不同的火强度对生物的影响是不一样的。在林内，低强度的火只能烧掉地表的枯落物和枯草，而对林木的危害较小。火烧后裸露的地表有利于种子的发芽生根，对森林更新有促进作用。高强度火则烧毁林木，破坏林分结构，甚至烧毁整个森林。

2. 火的大小

火的大小（fire size）是衡量一次火灾火烧面积大小的一个指标，一般表示为总过火面积和森林过火面积，单位是 hm^2。火烧面积的大小影响火烧后火烧迹地上植被的恢复和重建。小面积的火烧对森林环境影响较小，树木和植物的种子在较短的距离上散布和传播，可使森林快速恢复；而大面积的火烧（尤其是高强度火）烧毁大面积的森林，使森林环境严重破坏，大片树木死亡，林木种子的传播途径由于距离远被中断，使森林更新极其困难。大面积火烧可使森林变为低价值林地或草地。

3. 火灾频度与火灾周期

火灾频度（fire frequency）是指一个地段上在一段时间内（如 10 年、50 年或 100 年）火灾发生的次数；火灾周期（fire cycle）是指一个地区的火灾呈周期性发生时平均两次火灾之间所间隔的年限，又称火灾间隔期（fire interval）。

一般来讲，火灾频度高则火灾周期短，大火灾的发生频率和周期与可燃物量积累的多少有关。由森林植被所构成的森林，可燃物在火烧以后，可燃物负荷量有一个从少到多的积累过程。可燃物积累越多，发生大火灾的可能性也越大。当一个地区的火灾周期小于群落优势树种的结实年龄时，森林群落因缺乏种源无法自我更新，树种被一些低价值的先锋速生种类所替代。由于森林环境发生变化，原林分中的一些林下植物和动物种类消失。火周期长则火烧后森林植被的恢复较快，大多数生物种类得以保存。

（三）林火对森林的影响

许多生态系统经常有规律地发生火灾，如寒温带针叶林、温带落叶阔叶林和温带草原等。对古树和大树火烧痕迹的详细研究表明，在人类采取防火措施前，北欧的泰加林每个世纪约发生两起火灾；加拿大和阿拉斯加北部森林发生火灾的次数也大致如此。我国大兴安岭北部火灾轮回期为110~120年，南部为30~40年；分布在这些地区的松属、栎属树种和杜鹃花科植物，称为典型的"适应火的树种"或"依赖火的植物"，这些植物对火的适应性很强。火的加热作用使松属和石南属植物的种子更易萌发，许多种松树种子要经过70~80℃的高温才能从球果中脱落出来，以后便在无其他植物竞争的立地上萌发。薄皮树种，如云杉、冷杉、山毛榉和椴等，对火特别敏感。火灾频繁地区，动物对火也有适应性，一些鞘翅目昆虫把卵产在被火烧过较热的木头上，甚至吉丁虫科昆虫的虫体上生有红外感受器，借以找到火灾发生过的栖息地。火烧后生长出的植物，营养物质含量比老的、刈割后长出的植物高，这对草食动物来说更为适口和更有营养价值。火烧后长出的植物中，氮、钙、镁的含量比采伐后长出的含量高，尤其是最初几周，这对动物的取食和迁移是很重要的。

火影响植物群落的组成，我国大兴安岭，兴安落叶松林与白桦的更替与火灾有关，火灾后火烧迹地上首先侵入白桦，如有落叶松种源，又逐渐在白桦林下更新起落叶松。因落叶松生命周期长、抗火，白桦生命周期短，一旦落叶松占据上层林冠就逐渐取代白桦。所以在自然条件下，森林演替规律是在火的作用下，白桦与落叶松之间更替与反更替不断发生，最后仍是落叶松占优势。

火对生态系统的能量流和养分循环也有重要影响，火可在短期内烧失地上部生物量，输出大量碳化物和氮化物。由于植被和枯落物的烧失，会显著影响水分平衡和养分循环。

人类历史和社会生产力的发展与火密切有关。近代，人们对火的认识更为深刻，对林业工作者来说，已从预防森林火灾走向既预防又合理用火的阶段，但在世界和我国重要林区难以控制的森林火灾常常发生，林火的发生发展规律对生态系统的影响等都是林业的重要课题。

（四）林火与森林经营

森林火灾极为有害，它能在短期内烧毁大面积森林，破坏生态系统结构和功能，降低木材产品等级，使森林环境急剧改变，甚至危及林区设施和人民生命财产安全。森林经营工作应充分注意可燃物特点、火灾发生发展规律，建立预测预报系统，准备和组织扑火力量，尽量防止火灾发生。一旦发生火灾，也能及早发现并彻底扑灭，防止酿成大面积森林火灾。1987年大兴安岭"5·6"特大火灾，整个漠河县城被森林火灾吞噬，成为我国森林防火工作的转折点。之后的三十多年，年均森林火灾次数、受害森林面积和伤亡人数均有下降。但由于我国森林防火建设起步晚、底子薄，还存在基础设施薄弱、应急能力不足、科技水平滞后、工作机制不够完善等问题。森林防火工作的科学化、现代化仍是一个摆在林业工作者面前的重要任务。森林经营工作应针对火烧迹地特点及时恢复森林，火对环境的影响和动植物对火的适应都是森林经营工作必须加以重视的问题。

火在林业上也是有用的，如控制死地被物层厚度、化学成分、分解作用和矿物质土层温度；消除病虫侵害；清理采伐剩余物等。火能减少可燃物的积累，有利于森林更新，减少灌木，可定期计划火烧以促进某些林分的更新。一般来说，低强度的火和一定周期的林火能促进森林生态系统的物质流和能量流，有利于维持生态系统稳定，有益于森林的天然更新和林地生产力的提高。计划火烧是在预定地区内，利用有控制的低强度火来烧除森林可燃物或其他活植被，以满足经营要求。规定火烧可消除竞争植物，减少野火发生或降低其强度，释放养分、提高其可利用性和土壤肥力，改善野生动物栖息地和放牧条件，控制病虫害等。

计划火烧或用火，要事先做好准备，选择好用火的天气条件（天气形势、风、相对湿度、气温、降水量等），掌握点火技术和方法，控制火强度，才能既达到预期的经营目的，又不至跑火或产生其他不利影响。

由于火的类型、强度、持续时间、频率和自然环境（气候和土壤）以及物种对火适应性的差异，概括说明火的生态学效应相当困难。火对植被的影响既有益又十分有害，对动物的影响则视火所引起的环境变化对动物是否适合而定。火对植物和动物有直接的不利影响，但其影响是短期的。火灾引起土壤变化的效应可能是长期的。由于火的影响，土壤结构、有机质含量和养分状况会发生完全改变，从而减低植物的生产力。有些立地类型的森林生产力会长期减少下去，其严重性要比烧毁现有植被大得多。因此，有充分理由说明林火极其有害，应花费大量资金加以防范，但火对生态系统又起重要而有益的作用，不少生物的演化与火密切相关，在林火周期性发生的地方，一些有机体反而生长得更好。过分严格控制火的发生，有些植物群落会发生不良变化和易于遭受严重损害。因此，我们应该更加深入了解多种类型火对生态系统的影响，防止破坏性的火，同时保持有益的林火，或采用有控制的火。

📖 习题

1. 什么是生态因子？如何进行分类？
2. 生态因子的作用规律有哪些？
3. 什么是树种的耐阴性？都有哪些类型？如何区分阳性树种和耐阴树种？
4. 如何提高森林的光能利用率？
5. 极端温度对植物有哪些影响？
6. 简述森林对降水的影响。

7. 森林对大气污染的净化作用主要表现在哪些方面?

8. 什么是土壤酸碱度? 对植物生长会产生哪些影响?

9. 简述地形因子对森林植物的影响。

10. 试述林火对森林的影响，并谈谈如何对林火进行利用。

第五章 森 林 生 态

学习目标

☞ 通过本章的学习，了解森林演替的相关内容，了解森林生态系统的概念、作用及其功能，掌握森林种群、森林群落的概念及相关内容，重点掌握林分、林型的概念。

第一节 森林的植物成分

森林是以乔木树种为主的生物群落，除乔木树种外其他植物种类组成还有很多。各种植物种类组成反映了森林植被的特点，起不同的作用。森林中的植物根据其所处的地位可以分为林木、下木、幼苗幼树、活地被物和层外植物（层间植物）。森林的植物种类组成结构影响林分结构和林火行为。

一、林木

林木或称立木，指森林植物中的全部乔木，构成上层和中层林冠。立木层中的树种因其经济价值、作用和特点不同，分为以下几类。

（1）优势树种，又称建群树种。在森林中，株数材积最大和次大的乔木树种分别称为优势树种和亚优势树种，优势树种对群落的形态、外貌、结构及对环境影响最大，它决定着群落的特点以及其他植物的种类、数量、动物区系、更新演替方向。

（2）主要树种，又称目的树种。它是符合人们经营目的的树种，一般具有最大的经济价值，如果主要树种同时又是优势树种，是比较理想的。但有些天然林中，主要树种不一定数量最多，在天然次生林中往往缺少主要树种。

（3）次要树种，又称非目的树种。它是群落中不符合经营目的要求的树种，经济价值低，经济价值以木材价值为准，在次生林中大多由次要树种组成，这类树种生长快、易更新。如华北山区的桦木林、山杨林保水改良土壤作用强，次生林具有一定的经济效益及重要的生态效益，对树种价值的认识不应该是一成不变的。

（4）伴生树种，又称辅佐树种。它是陪伴主要树种生长的树种，一般比主要树种耐荫，其作用是促使主要树种干材通直、抑制其萌条和侧枝发育。在防护林带中，增加树冠层的厚度和紧密度可提高防护效益。

（5）先锋树种。稳定的森林被破坏后迹地裸露，小气候剧变，特别是光强、温度变幅大，此时稳定群落中的原主要树种难以更新，而不怕日灼、霜害，不畏杂草的喜光树种，依靠其结实和传播种子的能力，适者生存抢先占据了地盘，这些树种被人们誉为先锋树种。

二、下木

下木即林内的灌木和小乔木，其高度一般终生不超过成熟林分平均高的1/2。下木数量多少和种类因地区的建群种而异，以喜光树种为优势树种的林下一般下木数量多。森林中下木种类与荒山上的灌木种类不同，森林形成后，原有的灌木种类减少甚至消失。森林采伐后，原林下的下木种类又会减少或消失。下木能保护幼苗幼树，减少地表径流和地表蒸发，有些下木种类还能为其他动物提供食物，改良土壤或具有一定的经济价值。但下木过度繁茂对幼苗幼树生长发育不利，应及时加以调节。

三、幼苗幼树

林内1年生幼龄树木（慢生树种2~3年生者）总称为幼苗，超此年龄以上但其高度尚未达到乔木林冠层一半则称为幼树。这是老一代林木的接替者，应受到经常的抚育和保护。

四、活地被物

这是林内的草本植物和半灌木、小灌木、苔藓、地衣、真菌等组成的植物层次，居林内最下层，往往又可分草本层和苔藓地衣层2个层次。这些草本、苔藓植物受群落中立木和下木的制约，上层不均匀性造成该地被种类、数量的分布差异，上层愈是郁闭，活地被中喜光的种类愈少，其数量也随之减少；上层若是喜光郁闭度差，活地被种类数量多，该地被物明显影响森林的更新过程。活地被物中有极丰富的药用植物和经济植物，如人参、天麻、三七、何首乌、半夏、党参均生长在林下。同时活地被物对立地、林型有指示作用，即可根据林下植物的种类、数量判断森林的环境条件。

五、层外植物（层间植物）

层外植物是林内没有固定层次的植物成分，如藤本植物、附生植物、寄生和半寄生植物。层外植物往往是湿热气候的标志，亚热带、热带林内比在高纬度或高山寒冷气候条件下的林内发达得多，层外植物具有双重性，有的具有很高的经济价值，有的缠绕在树干上可使林木致死，被称为"绞杀植物"。

第二节 林分特征

林分是指内部特征指标相同且与四周相邻部分有明显区别的某一森林地段。一片森林是由若干个林分组成（图5-1）。

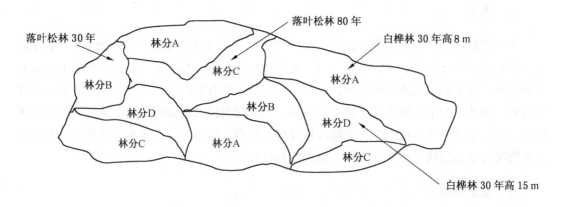

图5-1 某一森林防区内的A、B、C、D四种林分分布

森林形成之后，林内的温度、水分、光照、风、湿度、植物种类和动物区系，以至林地土壤的性质，将会有明显变化。为了揭示森林演替规律及科学经营、管理利用森林，有必要将大片森林按其本身的特征和经营管理的需要，区划成若干个内部特征相同且与四周相邻部分有明显区别的森林地段，也称为林分。任何一个林区，乃至整个森林植被，都是由一个个林分构成的，要认识森林先要划分林分。

能客观反映林分特征的因子称为林分调查因子，只有通过林分调查，才能掌握其调查因子的质量和数量特征。林分调查和森林经营中最常用的林分调查因子主要有林分起源、立地质量、树种组成、林相、林龄、林型、平均直径、平均高、林分密度、林分蓄积量等，这些因子的类别达到一定程度时就视为不同的林分。

一、生长特征

（一）林分起源

林分起源是指森林发生形成的特点，一般分为天然林和人工林。由于自然媒介的作用，树木种子落在林地上发芽生根长成树木，而由此发生形成的森林称作天然林；用人工直播造林、植苗或插条造林方式而形成的森林称作人工林。

无论天然林或人工林，凡是由种子起源的林分称为实生林。当原有林木被采伐或被自然灾害（火烧、病虫害、风害等）破坏后，有些树种可以用根上萌生或由根蘖萌芽形成林分，称作萌生林或萌芽林。萌生林大多数为阔叶树种，如山杨、白桦、栎类等；少数针叶树种, 如杉木也能形成萌生林。

区分森林的起源, 在经营上有重要意义。天然林和人工林在生长速度、林分结构诸多方面均有不同, 经营上应区别对待。实生林与萌生林区别更大, 实生林早期生长慢, 寿命长, 能培育大径材, 不易感染病虫害; 萌生林早期生长快, 后期衰老早, 不宜培育大径材, 易心腐和感染病虫害。经营中不能抽象地谈哪种起源好, 哪种不好, 要由树种和经营目的而定。

确立林分起源可靠的方法主要有考察已有的资料、现地调查或访问等。

林分起源不同, 森林的结构和重要性不同, 从而影响林火行为和灭火战斗意志。

(二) 立地质量

立地质量又称地位质量, 它是对影响森林生产能力所有生境因子 (包括气候、土壤和生物等) 的综合评价的量化指标。林木生产力的高低, 除与林地的立地质量有关外, 还与林木本身的生物学特性有密切关系。所以, 反映林分生产力高低的立地质量, 与林地上的树种有关。在实际工作中, 不能离开生长着的树种评定林分的立地质量。

评定立地质量 (或林分生产力等级) 是开展营林活动的重要工作, 评定立地质量的方法和指标很多, 通常有土壤因子、指示植物、林木材积或树高等指标。一般以一定年龄时林分的平均高作为评定立地质量高低的指标为各国普遍使用。在我国, 评定立地质量的指标有以下两种。

1. 地位级

地位级是反映一定树种立地条件的优劣或林分生产能力高低的一种指标。依据林分平均高 (H_D) 与林分年龄 (A) 的关系编制成的表, 称作地位级表 (表5-1)。表中将同一树种的林地生产力按林分平均高的变动幅度划分为 5 ~ 7 级, 由高到低以罗马数字 I, II, III…表示, I 地位级生产力最高。使用地位级表评定林地的地位质量时, 先测定林分平均高 (H_D) 和林分年龄 (A), 然后由地位级表即可查出该林地的地位级。如果是复层混交林, 则应根据主林层的优势树种确定地位级。地位级表分为实生和萌生两种不同林分起源。

表5-1 华北落叶松地位级表

林分年龄 A/ a	地 位 级				
	I	II	III	VI	V
5 ~ 10	7.0 ~ 5.1	5.0 ~ 4.1	4.0 ~ 3.1	3.0 ~ 2.1	2.0 ~ 0.6
10 ~ 15	9.5 ~ 7.6	7.5 ~ 6.1	6.0 ~ 5.1	5.0 ~ 4.1	4.0 ~ 2.6
15 ~ 20	14.5 ~ 10.1	10.0 ~ 8.6	8.5 ~ 7.6	7.5 ~ 6.1	6.0 ~ 5.1
20 ~ 25	16.0 ~ 12.6	12.5 ~ 10.6	10.5 ~ 9.6	9.5 ~ 8.1	8.0 ~ 6.6
25 ~ 30	18.0 ~ 15.1	15.0 ~ 12.6	12.5 ~ 11.6	11.5 ~ 10.1	10.0 ~ 8.1
30 ~ 35	20.5 ~ 17.6	17.5 ~ 15.1	15.0 ~ 13.6	13.5 ~ 12.1	12.0 ~ 10.1

表5-1（续）

林分年龄 A/ a	地 位 级				
	I	II	III	VI	V
35～40	22.5～20.1	20.0～16.6	16.5～15.6	15.5～14.1	14.0～12.1
40～45	24.0～22.6	22.5～19.1	19.0～17.1	17.0～15.6	15.5～13.6

注：引自王玉芝. 桦木沟林场华北落叶松人工林立地质量评价研究［J］. 内蒙古农业大学学报（自然科学版），2019，40（4）：31。

地位级表指示了林分的生产潜力，即高地位级林地可以培育大径级材，低地位级林地培育中小径级材或薪材。

2. 立地指数

立地指数也叫地位指数。依据林分优势木的平均高（H_T）与林分年龄（A）的相关关系，用基准年龄时林分优势木平均高的绝对值划分林地生产力等级的数表，称为立地指数表。立地指数表是以上层优势木平均高为依据编制的。上层优势木平均高不受抚育间伐影响，很少受起始密度和实际密度影响，因此用它评定立地质量更可靠。而地位级表中林分平均高易受抚育间伐影响发生变化，地位级容易改变。同时立地指数以具体数值表示立地质量，比地位级更具体，因而应用广泛。

立地指数表通常应用于同龄林或相对同龄林林分评定立地质量，一般分别地区、分别树种及起源编制立地指数表。使用立地指数表时，先测定林分优势木平均高和年龄，在现实林分中选择3～5株最高林木求其优势木平均高和年龄。例如，平泉油松人工林立地指数表（表5-2）基准年龄为20年，某现实油松林分，优势木平均高7 m，优势木年龄为16年，由表5-2查得立地指数为"9"，这意味着该林分在基准年龄（20年）时优势木平均高可达9 m，表明该杉木林地的生产力较高。

表5-2 平泉油松人工林立地指数表（标准年龄20年）

林分年龄 A/ a	立 地 指 数						
	4	5	6	7	8	9	10
15～20	2.4～3.2	3.3～4.0	4.1～4.7	4.8～5.5	5.6～6.3	6.4～7.1	7.2～7.9
21～25	3.0～4.0	4.1～5.0	5.1～6.0	6.1～7.0	7.1～8.0	8.1～9.0	9.1～10.0
26～30	3.6～4.8	4.9～6.0	6.1～7.2	7.3～8.4	85～9.6	9.7～10.8	10.9～12.0
31～35	4.2～5.6	5.7～7.0	7.1～8.3	84～9.7	9.8～11.1	11.2～12.5	12.6～13.9
36～40	4.7～6.3	6.4～7.9	8.0～9.5	9.6～11	11.1～12.6	12.7～14.2	14.3～15.8
41～45	5.3～7.0	7.1～8.8	8.9～10.6	10.7～12.3	12.4～14.1	14.2～15.8	15.9～17.6
56～60	6.8～9.1	92～11.4	11.5～13.7	13.8～16.0	16.1～18.2	18.3～20.5	20.6～22.8
51～55	6.3～8.4	8.5～10.6	10.7～12.7	12.8～14.8	14.9～16.9	17.0～19.0	19.1～21.1

表5-2（续）

林分年龄 A/a	立 地 指 数						
	4	5	6	7	8	9	10
56~60	6.8~9.1	92~11.4	11.5~13.7	13.8~16.0	16.1~18.2	18.3~20.5	20.6~22.8

注：引自张晓文．平泉油松建筑材林立地类型划分及立地质量评价［J］．林业科学，2021，57（9）：198.

二、结构特征

（一）树种组成

林分的树种组成指乔木树种所占的比例，以十分法表示。由一个树种组成的林分称作纯林，而由两个或两个以上的树种组成的林分称为混交林。为表达各树种在林分中的组成，而分别以各树种的蓄积量（胸高断面积）占林分总蓄积量（总胸高断面积）的比重来表示，这个比重叫作树种组成系数（用整数表示）。树种组成式由树种名称及相应的组成系数表示组成。例如杉木纯林的树种组成为"10杉"。

在混交林中，蓄积比重最大的树种为优势树种，在树种组成式中，优势树种应写在前面，例如一个由云南松和栎类组成的混交林，林分总蓄积为245 m^3，其中云南松的蓄积为190 m^3，栎类蓄积为55 m^3，则该林分的树种组成式为"8松2栎"。

如果某一树种的蓄积量不足林分总蓄积的5%，但大于2%时，则在组成式中用"+"号表示；若某一树种的蓄积少于林分总蓄积的2%时，则在组成式中用"－"号表示。例如10油+栎－椴，说明该林分是油松纯林，但混有2%~5%的栎类和不足2%的椴树。一个林分中，不论树种多少，组成式中各树种组成系数之和都只能是"10"，大于或小于10都是错误的。

一般林分内80%或80%以上的林木属于同一树种，此外还有其他的伴生树种时，这样的林分仍视为纯林。

天然林的树种组成与立地条件，尤其与气候条件密切相关，我国南方气候温热多为混交林，西南高山林区多为云杉纯林、冷杉纯林。

树种组成不同，其植物燃烧性不同，从而影响林火行为。

（二）林相（林层）

林分中乔木树种的树冠所形成的树冠层次称作林相或林层。明显地只有一个林冠层的林分称作单层林；林冠形成两个或两个以上层次的林分称作复层林；林冠层次不清，上下连接构成垂直郁闭者，称为连层林。在复层林中，蓄积量最大，经济价值最高的林层称为主林层，其余为次林层。将林分划分林层不仅有利于经营管理，而且有利于林分调查，研究林分特征及其变化规律。我国确定划分林层的标准是：①次林层平均高与主林层平均高相差20%以上（以主林层为100%）；②各林层林分蓄积量不少于30 m^3/hm^2；③各林层林木平均胸径在8 cm以上；④主林层林木疏密度不少于0.3，次林层疏密度不小于0.2。

必须满足以上4个条件才能划分林层，林层序号以罗马数字Ⅰ，Ⅱ，Ⅲ，…表示，最上层为第Ⅰ层，其次为第Ⅱ、第Ⅲ层。

林相或层次生态因子主要影响可燃物的垂直连续性。层次多且完整的林分极易形成树冠火，是紧急避险的危险地段。相反，只有死地被物层或少量草本层的中龄林、近熟林和成熟林，则是紧急避险的安全地带。层间植物也能引发立体火和飞火。灌草层和死地被物层的组成结构和分布连续性决定地表火类型及其火行为特征。主林层郁闭度大，则树冠火和飞火延续时间长。

（三）林龄

林龄指林分的平均年龄，对于组成林层的各树种分别求其平均年龄，但常以优势树种的平均年龄代表林分年龄。根据年龄，可把林分划分为同龄林和异龄林。严格地说，林分中所有林木的年龄都相同，或在同时期营造及更新生长形成的林分称为同龄林。与此相反，林分中大部分林木年龄均不相同则为异龄林。按照这个标准，一般人工营造的林分可为同龄林。在火烧迹地或小面积皆伐迹地上更新起来的林分有可能成为同龄林。而多数天然林分一般为异龄林。

由于树木生长及经营周期较长，确定树木准确年龄又很困难，因此林分年龄不是以年为单位，而是以龄级为单位表示。龄级是按树种的生长速度和寿命确定的，我国树种繁多，常分为以下几种龄级组：20年为一个龄级，适用于生长慢、寿命长的树种，如云杉、冷杉、红松、樟树、楠木等；10年为一个龄级，适用于生长和寿命中等的树种，如油松、马尾松、桦树、槭树等；5年为一个龄级，适用于速生树种和无性更新的软阔叶树种，如杨、柳、杉木等；2～3年为一个龄级，适用于生长很快的树种，如桉树、泡桐等。

根据龄级，林分内树木年龄差别在一个龄级以内可视为同龄林；而超过一个龄级的称为异龄林。按照这个划分标准，在同龄林中，林分内所有林木的年龄相差不足一个龄级的林分又称为相对同龄林。在异龄林中，又将由所有龄级林木所构成的林分称作全龄林。全龄林的林木年龄分布范围既有幼龄林木、中龄林木，又有成熟龄林及过熟龄林木。龄级由林木幼龄起，用罗马数字Ⅰ，Ⅱ，Ⅲ，…表示。为便于开展不同经营措施和规划设计的需要，把各个龄级再归纳为更大范围的阶段。根据林木生长发育阶段将龄级归并为龄组，通常从幼到老分为幼龄林、中龄林、近熟林、成熟林和过熟林5个龄组。凡等于主伐年龄的龄级及其相邻较大1个龄级的林分，叫成熟林。凡超过主伐年龄2个龄级以上的林分叫过熟林。低于主伐年龄1个龄级的划分为近熟林。其余龄级的林分一半为中龄林，一半为幼龄林。对不同龄级的林分，应采取不同的经营管理措施。

对于绝对同龄林林分，林分中任何一株林木的年龄就是该林分年龄。而对于相对同龄林或异龄林，通常以林木的平均年龄表示林分年龄。计算林分平均年龄的方法有2种。

（1）算术平均年龄：在林分内，查定年龄的林木株数较少时，求其算术平均数，作为林分的年龄。

（2）断面积加权平均年龄：在林分内，当查定年龄的林木株数较多时，采用断面积加权的方法计算林分的平均年龄，即

$$\overline{A} = \frac{\sum\limits_{i=1}^{n} G_i A_i}{\sum\limits_{i=1}^{n} G_i} \tag{5-1}$$

式中　$\overline{A}$——林分平均年龄；

　　　n——查定年龄的林木株数（$i=1$，2，…，n）；

　　　A_i——第 i 株林木的年龄；

　　　G_i——第 i 株林木的胸高断面积，m^2。

式（5-1）对于异龄林更为适用，因为此式中考虑到各年龄树木蓄积占全林分蓄积的比例（当林分平均形数与平均高为常数时，林分蓄积与断面积呈正线性关系），这与确定异龄林经营措施有关。但应指出，对于异龄林计算林分平均年龄，在一般情况下意义不大，因为对异龄林仍应以主要树种（目的树种）的年龄为主制定其经营措施。

对于复层林，通常按林层分别树种记载年龄，而以各层优势树种的年龄作为林层年龄。

树木年龄的测定，一般采用实测，即将树木伐倒在基部截取圆盘，查数圆盘上的年轮数。对于轮生枝明显的树种，如油松、马尾松等针叶树种，可用查数轮生枝轮数的方法确定树木年龄。在伐树比较困难时，也可以利用生长锥钻取胸高部位的木芯，查数年轮数，此为胸高年龄，再加上树木生长到胸高处的年数，即为该树木的年龄。对于人工林，可查育苗造林的原始记录，确定林分年龄，这是最准确的一种方法。

成熟同龄林一般为单层林，可燃物垂直连续性小，不易形成树冠火，灭火和避险较为安全；异龄林为复层林，可燃物垂直连续性大，易形成树冠火，灭火和避险的危险性高。同龄林比复层林安全；近熟林和成熟林较幼龄林和中龄林安全。所以应避开异龄危险地段，选择成熟或近熟的同龄林开展紧急避险。

（四）林型

林型概念起源于森林分类的生态学派和生物地理群落学派（注：森林分类的其他学派还有英美学派、法瑞学派）。

1. 生态学派的林型概念

观点：森林是生态条件的指示者，林型是立地条件和气候条件都相似的森林地段的总称。

2. 生物地理群落学派的林型概念

观点：森林是一种地理现象，林型是在树种组成、地被层、森林生长的综合条件、植物和环境之间的相互关系、森林更新过程和演替方向等方面都相似的森林地段的总称。

3. 我国的林型概念

观点：基本上与生物地理群落学派相同，同时结合生态学派的观点。林型是指树种组成和立地条件都相似的林分地段的总称。

林型是在树种组成，其他植物层、动物区系、综合的森林生长条件（气候、土壤和水分条件等），植物和环境之间的相互关系，森林更新过程和演替方向上都类似，因而在相同的经济条件下需要采取相同的经营措施的森林地段的综合。林型是对林分的分类，它是依据一系列综合特征确定的。

林型是林分的组合单位，同一林区不同调查者划分的林型数量不一定相同，尤其在热带、亚热带林区和人为干预频繁的次生林区，划分林型数量多，不能一一分别制定经营措施时，可以把林型特点近似的林型归并在一起，称为一个林型组。显然，林型组归并受经营强度、经营措施和经济条件的影响。林型组以上的分类层次为群系。

林型命名采用双名法。优势树种是命名中的必有成分，置于最后。前面采用林型特征最突出的因素作为形容词，它可以是优势树种之外任何一种成分（下木、活地被物、地形、土壤等），不同划分者可命名出不同林型名称。下面列举我国各地区的一些林型名称，如溪旁－落叶松林（大兴安岭）、石塘－落叶松林（大兴安岭）、细叶苔草－红松林（小兴安岭）、灌木－红松林（小兴安岭）、藓类－云杉林（川西高山林区）、箭竹－云杉林（川西、滇西玉龙山等）、乔草－云南松林（滇中川南）、山脊－油松林（秦岭）、金背杜鹃－太白红杉林（秦岭）。

我国森林分类体系五级制：

森林植被型－林型组－林型－林分型－林分。

  ⋮   ⋮   ⋮

（最高级别）————→（中间级别）———→（最低级别）

林型属于中尺度的分类单位，处于承上启下的地位。

划分林型的目的是为森林调查、造林、经营和规划设计提供依据，对不同的林型制定不同的森林经营、利用和保护措施。

林型理论在森林防火灭火领域的应用研究展望：一是针对森林防火灭火的林型划分体系研究，如全国森林防火灭火林型区划图；二是针对林型的森林防火灭火战略战术研究，如全国森林防火灭火的林型战略战术图。

三、数量特征

（一）平均直径

1. 林分算术平均胸径

林分算术平均胸径以 $\bar{d}$ 表示，即

$$\bar{d} = \frac{1}{N} \sum_{i=1}^{N} d_i \qquad (5-2)$$

式中 d_i——第 i 株林木胸径，cm；

    N——林分内林木总株数。

林分算术平均胸径是为了研究林木粗度的变化、胸径生长比较，以及用数理统计方法研究林分结构时，采用林木胸径算术平均数作为林分平均直径。

2. 林分平均胸径

林分平均胸高断面积（$\bar{g}$）是反映林分粗度的指标，常以林分平均胸高断面积（$\bar{g}$）所对应的直径（D_g）代替。该直径（D_g）则反映林分粗度的平均胸径。在实际工作中，D_g 也简称林分平均直径，但是 D_g 实际上是林木胸径的平方平均数再开平方，而不是林木胸径的算术平均数，即

$$D_g = \sqrt{\frac{4}{\pi}\bar{g}} = \sqrt{\frac{4}{\pi}\frac{1}{N}G} = \sqrt{\frac{4}{\pi}\frac{1}{N}\sum_{i=1}^{N}g_i} = \sqrt{\frac{4}{\pi}\frac{1}{N}\sum_{i=1}^{N}\frac{\pi}{4}d_i^2} = \sqrt{\frac{1}{N}\sum_{i=1}^{N}d_i^2} \qquad (5-3)$$

式中 D_g——林分平均胸径，cm；

    G——林分总胸高断面积，m^2；

    $\bar{g}$——林分平均胸高断面积，m^2；

    g_i——第 i 株林木的胸高断面积，m^2；

    d_i——第 i 株林木的胸径，cm；

    N——林分内林木总株数。

由式（5-2）、式（5-3）可以看出，计算林分平均胸径的方法是依据林分每木检尺的结果，计算出林分或标准地内全部林木断面积总和 $\left(G = \sum_{i=1}^{N}g_i\right)$ 及平均断面积 $\left(\bar{g} = \frac{1}{N}G\right)$，然后求出与 $\bar{g}$ 相应的 D_g，即林分平均胸径。

在林分标准地调查中，每木检尺时林木胸径是按整化径阶记录的，因此林分断面积总和可按下式计算：

$$G = \sum_{i=1}^{k}n_ig_i \qquad (5-4)$$

式中 G——林分胸高断面积总和，m^2；

    g_i——第 i 径阶段中值的断面积，m^2；

    n_i——第 i 径阶段内林木株数；

    k——林分径阶个数$(i=1,2,\cdots,k)$。

平均直径是表示某一林分生长状况下的一个重要指标。如果作为估测林分蓄积的计算因子，则以第二种方法计算的平均直径的可靠性大。

为了估测林分平均直径，也可以目测选出大体接近中等大小的林木 3~5 株，实测其胸径，以其平均值作为林分平均直径。这种估算方法也用于混交林中伴生树种的平均胸径计算。

对于复层混交林，按林层分树种计算平均直径，而各林层并不计算平均直径。

根据林分结构规律，对于单纯同龄林分，其中最粗大树木的直径一般是平均直径的 1.7～1.8 倍，最细小树木的直径是平均直径的 0.4～0.5 倍。因此，可以实测 5～6 株最粗大树木的直径推算平均直径，也可实测 5～6 株最小树木的直径推算平均直径。

（二）平均高

林木高度是反映林木生长状况的数量指标，同时也是反映林分立地质量高低的重要依据。平均高则是反映林木高度平均水平的测度指标。根据不同的目的通常平均高又分为林分平均高和优势木平均高。

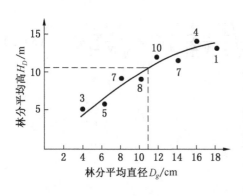

图 5 - 2　树高曲线

1. 林分平均高

1）条件平均高

树木的高生长与胸径生长之间存在密切关系。一般的规律为，树高随胸径的增大而增加，两者之间的关系常用树高 - 胸径曲线表示，把反映树高随胸径变化的曲线称为树高曲线（图 5 - 2）。在树高曲线上，与林分平均直径（D_g）相对应的树高称为林分条件平均高，简称平均高，以 H_D 表示（树高计量单位为 m）。

另外，根据各径阶中值由树高曲线上查得的相应树高值，称为径阶平均高。

在林分调查中为了估算林分平均高，可在林分中选测 3～5 株与林分平均直径相近的"平均木"的树高，以其算术平均数作为林分平均高。

2）加权平均高

利用林分各径阶林木的算术平均高及其径阶林木胸高断面积加权平均数作为林分的加权平均高，或称为林分的平均高。这种计算方法一般适用于较精确地计算林分平均高，其计算公式为

$$\overline{H} = \frac{\sum_{i=1}^{k} \overline{h}_i G_i}{\sum_{i=1}^{k} G_i} \tag{5-5}$$

式中　$\overline{H}$——林分加权平均高，m；

$\overline{h}_i$——林分中第 i 径阶林木的算术平均高，m；

G_i——林分中第 i 径阶林木胸高断面积和，m^2；

k——林分中径阶个数$(i = 1, 2, \cdots, k)$。

在单纯同龄林中，一般最大树高是林分平均高的 1.15 倍，最小树高是林分平均高的 0.7 倍，利用这种关系，测量林分最大树高或最小树高也可近似地求出林分平均高。这种

方法可作为目测林分平均高的一个辅助手段。

对于复层混交林分，林分平均高应该分林层、树种计算。

2. 优势木平均高

除了上述反映林分总体平均水平的平均高以外，实践中还采用林分中少数"优势木或亚优势木"的算术平均高代表林分优势木平均高。因此，优势木平均高可定义为林分中所有优势木或亚优势木高度的算术平均高，常以 H_T 表示。

优势木平均高常用于鉴定立地质量和不同立地质量下的林分生长的对比。因为林分平均高受抚育措施（下层抚育）影响较大，不能正确反映林分的生长和立地质量，比如，林分在抚育采伐的前后立地质量没有任何变化，但林分平均高却会有明显的增加（表5-3），这种"增长"现象称为"非生长性增长"。若采用优势木平均高就可以避免这种现象发生。

表5-3　抚育采伐前后主要调查因子的变化

调查因子	样　地　Ⅰ			样　地　Ⅱ		
	伐前	伐后	伐后/伐前	伐前	伐后	伐后/伐前
平均胸径/cm	7.5	8.6	1.15	6.6	7.3	1.11
平均高/m	5.5	5.7	1.04	4.1	4.5	1.10
优势平均高/m	5.9	5.9	1.00	4.8	4.8	1.00
采伐强度/%		50			23	
疏伐去上层木株数		4			0	

注：根据北京林业大学试验标准地材料。

（三）林分密度

林分密度说明了林木对其所占有空间的利用程度，它是影响林分生长和木材数量、质量的重要因子。林分密度对林木生长、林木干形都有很大影响。对于整个林分来说，林分密度过稀时，不仅影响木材数量，同时也影响木材质量。另外，林分密度并非越大越好。林分密度过大，林木之间的竞争会产生相互抑制林木生长的现象。只有使林分合理地、最大限度地利用了所占有的空间时，才能使林分提供量多质高的木材及充分发挥森林的防护效益。因此，林分密度在森林经营管理中具有重要意义。当前，用来反映林分密度的指标很多，我国现行常用的林分密度指标有以下几种。

1. 株数密度

单位面积上的林木株数称为株数密度（简称密度）。单位面积上林木株数多少，直接反映出每株林木平均占有的营养面积和空间的大小。它是造林、营林、林分调查及编制林分生长过程表或收获表中经常采用的林分密度指标。由于林分株数密度测定方法简单易行，所以在实践中被广泛采用。但还需指出，株数密度与林龄、立地等因子的关系紧密，作为密度指标这一点是个不足之处。

2. 疏密度

林分每公顷胸高断面积（或蓄积）与相同立地条件下标准林分每公顷胸高断面积（或蓄积）之比，称为疏密度（以户表示）。在森林调查和森林经营中，它是最常用的林分密度指标。所谓标准林分，可理解为"某一树种在一定年龄、一定立地条件下最完善和最大限度地利用了所占有空间的林分"。这样的林分在单位面积上具有最大的胸高断面积（或蓄积），标准林分的疏密度定为"1.0"。以这样的林分为标准衡量现实林分，所以现实林分的疏密度一般小于1.0。列出标准林分每公顷胸高总断面积和蓄积依林分平均高而变化的数表，简称标准表。标准表（表5-4）的具体使用方法如下：

（1）确定调查林分的平均高。

（2）根据林分优势树种选用标准表，并由表查出对应调查林分平均高的每公顷胸高断面积（或蓄积）。

（3）以下式计算林分的疏密度（P）：

$$P = \frac{现实林分每公顷断面积（或蓄积）}{标准林分每公顷断面积（或蓄积）} \qquad (5-6)$$

例如，某杉木林分，林分平均高 $H_D = 7$ m，每公顷断面积为 15.5 m²，根据林分平均高由表5-4查出标准林分相应的每公顷断面积为 20.2 m²，则该林分的疏密度为

$$P = \frac{15.5}{20.2} = 0.76 \approx 0.8$$

在实际工作中，疏密度计算保留一位小数。

表5-4 福建杉木边缘产区人工实生林标准表

林分平均高/m	每公顷断面积/m²	每公顷蓄积量/m³	林分平均高/m	每公顷断面积/m²	每公顷蓄积量/m³	林分平均高/m	每公顷断面积/m²	每公顷蓄积量/m³
5.6	15.0	53.9	7.9	23.6	107.8	9.9	31.9	173.8
6.1	16.7	63.5	8.3	25.3	120.1	10.3	33.6	188.4
6.6	18.5	73.8	8.7	26.9	132.7	10.7	35.2	203.4
7.0	20.2	84.6	9.1	28.6	146.0	11.1	36.9	218.8
7.5	21.9	96.0	9.5	30.3	159.8	11.4	38.5	234.4

注：节选自陈昌雄. 福建杉木边缘产区实生林标准收获表的编制 [J]. 福建林学院学报, 2004, 24 (3)：243。

3. 郁闭度

林分中林冠投影面积与林地面积之比称为郁闭度。它可以反映林木利用生长空间的程度。根据郁闭度定义，测定林分郁闭度既费时又困难，一般情况下常采用一种简单

易行的样点测定法，即在林分调查中机械设置100个样点，在各样点位置上采用抬头垂直仰视的方法判断该样点是否被树冠覆盖，统计被覆盖的样点数，利用下式计算林分郁闭度：

$$郁闭度 = \frac{被树冠覆盖的样点数}{样点总数}$$

以上介绍了当前我国森林调查和森林经营中最常用的3个不同的林分密度指标，其间互有区别，又互有联系。林分株数密度是用单位面积上的林木株数表示的，但是单位面积上的株数相同、林分疏密度并不一定相同。这是因为，尽管单位面积上的林木株数相同，如果林分平均直径不同时，则两个林分的单位面积上的林木总断面积也必然不同。因此，两个林分的疏密度也就不同，这种情况可用两块杉木标准地材料加以说明（表5-5）。

表5-5 杉木标准地资料

标准地号	年龄/a	平均高/m	平均胸径/cm	断面积/（m²·hm⁻²）	株数/（株·hm⁻²）	疏密度	地位级
1	15	14.4	18.6	57.7	2125	0.97	Ⅲ
2	12	11.0	14.6	35.9	2150	0.64	Ⅲ

注：引自张博，福建省三明市将乐国有林场杉木人工林标准地资料，2019。

林分疏密度与林分郁闭度的概念不同，但两者之间也有某种程度的相关关系。一般情况下，两者之间的关系为：幼龄林郁闭度大于疏密度，中龄林郁闭度与疏密度两者相近，而成熟林郁闭度小于疏密度。

对于复层异龄混交林分的疏密度（或郁闭度）计算，可采用以下方法：在测定复层林时，疏密度分别按林层计算，并依据优势树种及年龄、林层平均高（或地位级），选定标准表或林分生长过程表（或林分标准收获表），计算各林层疏密度，各林层疏密度之和即为该复层异龄混交林分的疏密度。因此，复层异龄混交林分的疏密度有时会大于1.0。

测定混交林疏密度（或郁闭度）时，一般借用与各林层优势树种相同的单层纯林生长过程表（或收获表）或标准表，依据优势树种的年龄、林层平均高（或地位级），查定、计算各林层疏密度及混交林疏密度。

（四）林分蓄积量

林分中一定面积现存的各种活立木的材积总量称作林分蓄积量，简称蓄积（以 M 表示，单位 m³/hm²）。蓄积量一词只能用于尚未采伐的森林，有继续生长和不断积蓄材积的含义。可按树种、径级、材种等分别统计不同活立木的材积总量，根据平均胸径、平均树高查相应树种二元立木材积表得样地单株立木蓄积，单株立木蓄积乘样木株数得该样地蓄积。

第三节 森林种群及群落

在自然界，不是某个种的种群孤立存在，而是很多种的种群共同生活在一起，即使是人工纯林，除了乔木成分外，还有多种灌木、草本、苔藓、地衣、各种土壤微生物、各种动物和鸟类。群居在一起的物种并非杂乱无章的堆积，而是一个有规律的物种的集合。生物群落是生活在一个环境中并且彼此产生相互作用的植物、动物、细菌、真菌的群聚，具有一定的物种组成、垂直结构、动态变化以及生物量、能流和养分循环的格局。为了研究和描述的目的，可将生物群落分为植物群落、动物群落和微生物群落。在以植物为研究目标时，通常认为森林是以木本植物为主体的植物群落，即在一定的地段上所有乔木树种和其他植物种类的组合。

一、森林种群

（一）种群的基本特征

占据一定空间的同种个体的总和叫作种群。生长在不同地段的同种的各个集合体可以理解为同一个种群，也可以理解为彼此独立的种群，例如它可以指森林中的全部落叶松林，也可以指森林中的一小块落叶松林。

每一种群都由一定数量的个体组成，但种群内的各个个体彼此不是孤立的，而是彼此之间发生着错综复杂的相互关系，因此种群是一个具有自己独立的特征、结构和机能的整体，每一个种群都有其数量及其动态、年龄结构、空间分布形式、种群内个体间及种群间的相互关系。

1. 种群密度

种群密度通常以单位面积上的个体数目或种群生物量表示。种群密度是研究种群时首先要注意的指标。不论对人类有益的人们培育的种群，还是对人类有害的需要预防的种群，种群密度都是非常重要的指标。例如，危害落叶松的落叶松毛虫，若在一株中龄落叶松上有一条毛虫，不会对落叶松造成危害，如果每株树上毛虫种群密度为5000条，则成为毁灭性虫害。

2. 种群中个体的空间分布格局

种群中的个体在水平空间的分布方式称为分布格局。分为三种类型，即随机分布、均匀分布、集群分布。在随机分布中，种群个体分布是偶然的，分布机会相等，个体间彼此独立，任一个体的出现与其他个体是否已经存在无关。通常在生境条件比较一致或某一主导因素呈随机分布时导致个体的随机分布。在均匀分布中，种群的个体分布是等距离的，或个体间保持一定的均匀间距。均匀分布在自然条件下极为罕见，人工栽培的株行距一定的种群属典型的均匀分布。引起均匀分布的原因有种内竞争、地形或土壤物理性状的均匀分布、自毒现象等。在集群分布中，种群个体的分布极不均匀，常成群、成簇、成块、斑点状密集分布，各群的大小、群间距离、群内个体的密度等都不相同。集群分布是最广泛的一种分布格局，往往由种的繁殖特点、环境中局部条件的差异以及种间相互作用所导致。

（二）种群的增长及其数量调节

任何一个植物种群，在适宜的环境条件下，都会尽可能地增加其个体数量。研究种群数量变化规律的途径之一就是建立数学模型，用来简化说明种群增长过程及其影响因素。

1. 指数增长模型

假设种群生活在一个稳定的不受资源和空间限制的环境中，没有迁入和迁出的个体，种群瞬时增长率不随时间变化，也不受密度影响，那么种群数量增长表现为指数增长，常用微分方程加以拟合，即

$$dN/dt = rN \tag{5-7}$$

式中　N——个体数目；

　　　t——时间；

　　　r——瞬时增长率（出生率与死亡率之差）。

2. 逻辑斯蒂增长模型

种群可利用的资源总有一个最大值，它是种群增长的一个限制因素。种群的增长越接近这个上限，其增长速度越慢，直至停止增长，这个最大值称为负荷量或容纳量。在有限环境下种群增长的数学模型为

$$dN/dt = rN(1 - N/K) \tag{5-8}$$

式中，K 为环境容纳量；其他符号意义同上式。模型中的 $(1 - N/K)$ 项所代表的生物学意义是未被个体占领的剩余空间。若种群数量 (N) 趋于零，则 $(1 - N/K)$ 逼近于 1，即全部 K 空间几乎未被占据和利用，这时种群接近指数增长；若种群数量 (N) 趋向于 K，则 $(1 - N/K)$ 逼近于零，全部空间几乎被占满，种群增长极缓慢直到停止增长。

根据种群增长模型理论，单位面积上林木株数不可能无限增多，林分密度增大，可以获得高的生物产量，但林木个体生长不良。用材林寻求的是在林分具有高蓄积量的同时每株林木也有高的树干材积，这就要求优质高产的林分必须控制适当的密度。

由于空间和资源限制，一个种的数量不可能无限制地增长，只能达到环境容纳量。此时种群数量还是变化的，就是在稳定条件下也有变化。变化的主要形式有基本稳定在容纳量上、在容纳量上下波动、减幅振荡或增幅振荡灭绝等。种群数量趋于保持在环境容纳量水平上的现象称为种群调节。

（三）种群的 K 对策和 r 对策

在不断变化的环境下，生物的生存和发展要不断地适应多变的环境，物种的进化方向是最大限度地适应环境，得以生存和繁殖。在漫长的历史进化过程中，自然选择在物种进化策略上产生不同的抉择，这就是生态对策。

麦克阿瑟（MacArthur，1962）首先提出把自然界所有生物按其生态对策划分成 K 对

策和 r 对策。种群 K 对策的特征是个体大、寿命长，低的出生率和低的死亡率，高的竞争能力以及对每个后代的巨大"投资"。要求生活在稳定的生境条件下。进化方向是在稳定条件下增强种间竞争能力，但种的扩散能力低。红松、鲸、虎等都是 K 对策的典型例子。r 对策个体小、寿命短，具有高的出生率和高的死亡率，在裸地生境有很强的占有能力，对后代投资不注重其质量，更多的是考虑其数量。在植物界表现为种子小，结实量大，种子有适于远距离传播的构造和重量。如昆虫、鼠类、山杨、白桦等都是 r 对策的典型代表。当然这种划分是相对的，在典型的 K 对策和 r 对策之间存在无数的过渡类型。

根据物种的生态对策可以对森林进行科学的培育经营。r 对策种子能迅速占领皆伐迹地（裸地），并且在幼龄林阶段生长迅速，能较好地利用皆伐后形成的暂时肥沃的生境条件，但生长速度很快下降，因此应以培育中小径材为主。K 对策幼龄林阶段生长缓慢，适于在比较稳定的条件下生长，在自然条件下种子在林冠下发芽，并只有长时间在林冠下生长才能满足对稳定生境的要求。由于 K 对策（如红松）个体大、寿命长，生命中后期仍有较高的生长量，因此最适宜培育长轮伐期的大径材。在森林害虫防治中，r 类害虫数量在短期内急剧增加，具有强大的扩散能力和极大的危害性；而 K 类害虫造成的损失一般较小。但不论何种害虫，有效的防治对策是提高森林的物种多样性，依靠生态系统食物网中的种间关系控制害虫发生。目前的濒危物种基本上是 K 对策。由于 K 对策物种增长率较低，数量少，一旦原有的稳定环境被干扰破坏就容易灭绝，因此在森林经营中要注意保护这类物种。

二、森林群落

（一）森林群落的概念

森林群落是指在一定地段上，以乔木和其他木本植物为主，并包括该地段上所有植物、动物、微生物等生物成分所形成的一个有规律的组合。森林群落具有一定的物种组成（又称为种类组成）；具有一定的结构和外貌；具有一定的动态特征；与环境具有不可分割的联系；具有一定的分布范围。森林群落是其各种生物及其所在生长环境长时间相互作用的产物，同时在空间和时间上不断发生着变化。

（二）森林群落演替

自然界森林的多样性是由条件的复杂性决定的，不同的气候带产生了不同的森林带；土壤、地形、母岩、水文状况不同，会使林分特征不同，这属地域性变化（横向变化）。同一地区或地段上，森林还有发育阶段和类型的变化，一片稀疏灌丛变成密集的灌木林；原为灌木林变为乔木为主的森林；一片阳性先锋树种组成的森林（如山杨林）变为耐荫树种组成的森林（云杉林、冷杉林）；一片单纯林变成混交林等。这是森林的历史演变（纵向变化）。森林地带性的区别和历史的演变，是自然界天然林的客观反映。我们见到的各类森林，都是处于各自变化中的某个阶段。

一定地域内，群落随时间变化，由一种类型转变为另一种类型的生态过程就叫作群落演替。森林群落演替指的就是一个森林群落被另一个具有不同特征的森林群落所更替的现象。

1. 原生演替

在没有任何植被，甚至没有土壤的基面上发生的演替，称为原生演替。没有土壤的原生基面很多，如裸岩、新生河滩、火山灰等，这类基面上发生的原生演替为旱生演替；还有从湖泊水底开始的原生演替，称为水生演替。旱生演替与水生演替起自于完全不同的基面生境，沿着各自严格的演替规律，向一个中生稳定的森林群落方向发展。

1）旱生演替

旱生演替以岩石基面为代表，概略分为以下 2 个演替阶段。

（1）地衣阶段：裸岩上干燥、光强、温度变幅大，条件极端恶劣。由于岩面与降水和大气接触，细菌和单细胞藻类最先定居，以后适应干旱的壳状地衣出现，本身利用极微量水分季节性地生长，干季休眠。机体的假根分泌酸性物质腐蚀岩面，也用残体聚集沙尘，岁月推进，岩面更适于地衣生长，进而叶状地衣、枝状地衣出现。高度可达几厘米的枝状地衣，生物量更大，聚集沙尘更多，已有遮阴形成微小的空间环境，温度条件改善，微生物数量增加，为更高级的植物侵入创造了条件。

（2）苔藓阶段：苔藓单株侵入，发展到密集簇生，光合作用能力更强，积累残体量更大，湿度条件更好，裸岩生境明显改变。

（3）草本阶段：长期的地衣、苔藓阶段过去，一年生、二年生、多年生的草本植物先后生长，条件愈来愈好。草类由旱生型到中生型，由几十厘米至 1～2 m 高。郁闭环境产生了贴地层小气候特点，温度变幅小了，对环境的改良作用强了，微生物区系增多，土壤动物活动增加，有了一定的保土保水能力。灌木树种的侵入有了可能。

（4）灌木阶段：灌木耗水量比草本植物更大，根系更深；当草本群落发展到杂草、高草类型时灌木开始出现，初期形成"高草灌木群落"，阳性旱生灌木为主，逐渐形成中生灌木群落。

（5）森林阶段：发达的灌木阶段，将生境进一步改善，一些阳性乔木树种可以进入，其规律仍是由少到多，由阳性旱生型到中生型。和地衣、苔藓阶段一样，灌木和乔木的演变速度甚慢。阳性树种向着耐荫性树种演替，当形成稳定的森林群落时，即长期稳定下来，立木可以林下更新，下木种类、数量减少或种类改变，各植物层次和动物区系呈现固有特征。美国植物生态学家称这种森林类型为顶极群落。

2）水生演替

水生演替指在淡水湖泊、池塘中进行的演替，分以下几个演替阶段。

（1）沉水植物阶段：在几米深的深水湖泊中，有浮游生物的残体积累在湖底，有从陆地冲刷来的土壤矿物质和有机质积累。这个环境中也有少量的光和氧气，所以轮藻类可以生活，它是水底的先锋植物群落。植物体阻拦流沙、土壤，积累有机体，基面抬高，水变浅，当水深 2～4 m 时，金鱼藻、眼子菜、黑藻、茨藻等更高等的水生植物增加，它们残体多，湖底抬高更快。

（2）浮叶根生植物阶段：水变浅，基面土壤增厚，供氧贮氧能力提高，浮叶根生植物出现，如莲、菱、荇菜等。浮叶类植物光合能力强，有机体积累更快，它们的遮阴又使水中光照和氧气不足，所以藻类逐渐死亡。

（3）直立水生植物阶段：水进一步变浅，基面更高，直立水生植物侵入，常见有芦苇、茭白、香蒲、泽泻等。这类植物根茎发达，盘结，容易抬高。高大的直立茎密集生长，浮叶类植物生活已被排挤。进而基面露出水面，具有了陆生环境。

（4）草本植物阶段：此时土壤湿度过大，初期只有湿生草本植物生长，如苔草草甸。但土壤蒸发很快，土壤变干，中生、旱生型草本植物顺序出现。以后演替进入类似旱生演替的后期阶段。

（5）木本植物阶段：草本群落中，最先侵入湿生灌木。木本植物根系深、耗水量大，水位更快降低，湿生灌木变成中生型，进而乔木树种生长形成森林。

由旱生演替和水生演替系列的规律可以看出，它们起自性质不同的基面而向着中生群落方向发展，都是由简单到复杂，由低级向高级阶段发展。

阶段是人为划分的，是指出它们演变中的一些质变后的特征；其实它们时刻在演变中，如同人有儿童、少年、青年、壮年、老年一样，各阶段没有严格的界线。有人就把旱生演替系列分为壳状地衣、叶状地衣、枝状地衣、苔类、藓类、一年生草本、多年生草本等12个阶段。

演替到中生森林阶段只是温暖、湿润宜林条件下的一种演替系列。具体到某地区演替到某一顶极，决定于那里的植被生境条件。例如，极地及高山雪线附近，只能到达地衣阶段；干旱荒漠区只能到达草本或稀疏灌丛阶段；草原地区只能到达多年生草本群落阶段。

2. 次生演替

原始状态的植被受到破坏以后，会形成某种顶极阶段以下的任一阶段的植被类型或迹地类型，但至少还留有原来的土壤，这样的地段称为次生裸地。在次生裸地上进行的新的演替称为次生演替。前面列举的云冷杉林和杨桦林之间的演替就是次生演替。如果杨桦林又被采伐形成灌丛，或灌丛又被砍伐形成草地，或草地又被破坏沦为荒山，只要土壤尚存，它们每一阶段均属次生性质。由此发生的演替与原生演替的起点是不同的。

植被在人类活动的干预下，经常出现形形色色的次生裸地，也就是说自然界时刻进行着各个阶段的演替，形成植被类型的多样性。其中次生演替最为普遍。演替阶段、演替方向，反映着植被的稳定、效益和价值，关系到自然界生态平衡和人类经营的利益。所以研究森林及其他植被演替有重大的生产意义。次生演替是外因力引起的，主要是人类干预下发生的，我们必须认识它的特点和规律。次生演替有以下特点：

（1）演替在外因作用下发生：主要外因力是人类经营活动，林火和病虫害是常见的自然外因力。

（2）演替在次生裸地上开始，演替速度较快：演替速度主要决定于原生群落被破坏的方式和程度，也与侵入体（植物）种类特性和种源有关。

（3）演替方向不定：不再砍伐破坏，群落进展演替向顶极群落发展；继续干扰破坏，群落逆行演替，群落质量、立地条件消退。消退速度与干预破坏程度和持续时间相关。人类活动不止，造成演替方向往复不定。

（4）人为干预下容易产生多顶极：自然条件下的多顶极或单顶极被人类经营活动扰乱，森林自然分布规律被打破。这种演变不能都视为人类不合理的经营，如符合国家经济利益的亚热带人工杉木林、毛竹林、垦殖栽培的热带橡胶林等。

（5）往往导致森林生态系统的崩溃——形成荒山：强力或持续破坏森林，逆行演替不止，森林生态系统的特点和功能丧失。华北以及其他地区的宜林荒山就是这样形成的。

为进一步认识次生演替的规律和性质，将进展演替与逆行演替简单作一比较（表5-6）。

表5-6　进展演替与逆行演替比较

进 展 演 替	逆 行 演 替
1. 内因力为主要动力	1. 外因力为主要动力
2. 群落结构趋向复杂	2. 群落结构趋向简单
3. 生物量增加，功能加强	3. 生物量减少，功能衰退
4. 木本植物增多，中生和耐荫性树种增多	4. 由木本退化为草本，阳性植物增多
5. 生境中生化，肥力提高	5. 生境旱生化或湿生化，肥力降低
6. 趋同，顶极单一化（减少）	6. 分异，多顶极；再趋同，生态系统崩溃

3. 森林演替实例

1）云冷杉林和杨桦林的相互更替

在有云冷杉林的林区，经过采伐活动数年之后，人们会同时见到以下一些森林类型（图5-3）：①整齐的未触动的云冷杉林；②刚刚更新起来的山杨或桦木林；③林下有云冷杉幼树的山杨林或桦木林；④云冷杉杨桦单层混交林（或云杉或冷杉，或杨或桦，或其混交，下同）；⑤云冷杉居上层的云冷杉杨桦复层混交林；⑥林下有杨桦枯立木的云冷杉林。

这是森林演替的6个阶段，是6个相对静止的时期，反映了其量变中形成的质的差异。

（1）未经触动的云冷杉林，由于是耐荫树种，郁闭度大，林内阴暗，除云冷杉幼树更新外，阳性树种无法侵入。

（2）森林采伐或火烧以后，迹地裸露，杂草丛生，日照强烈，日灼、霜害都可能发生，耐荫的云冷杉不能在这里更新。山杨或桦木是阳性先锋树种，适应迹地裸露条件而抢先更新起来。

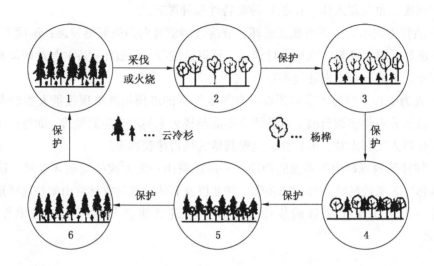

图 5-3 云冷杉林和杨桦林演替过程示意图

（3）杨桦林兴起，林下条件改变，杂草消退，环境变阴湿，此时又适合云冷杉幼苗幼树生长。所以原生树种云冷杉的后代又在杨桦林下复生（只要有种源，必然有这一过程），此时"和平共处"。

（4）杨桦寿命短，后期生长慢，终生高度不及云冷杉，所以几十年后云冷杉生长到杨桦的高度，形成"竞争共处"的单层混交林。

（5）云冷杉发挥后期生长较快、终生高度高的优势，继续生长超过了杨桦，形成短暂的云冷杉居上的复层混交林。此时，杨桦被压，濒临死亡。

（6）杨桦是阳性树种，树下不成林，不能忍受云冷杉的遮阴，而云冷杉随着年龄的增加要求增加光照，能正常居上层生长，随时间的延续杨桦被淘汰，云冷杉林复原。这就是云冷杉林和杨桦林之间的相互演替过程。

要详细知道它们演替的原因，除了解林下、迹地的生态条件外，应分析树种的结实、种子传播、更新特性、种间关系等诸方面情况。除上面已谈到的一些特点外，云冷杉结实有间隔期，一般4~5年丰富结实一次，种子传播几十米至一百米；杨桦类结实量大，无间隔期，种子小而轻，借风力可传播1~2 km；加之喜光性特点就具备了优先在迹地上更新的可能。由于杨桦不耐荫、寿命短、高度不及云冷杉高，所以当云冷杉居于上层时，就必然被淘汰。

应该指出，以上是简单化了的云冷杉和杨桦相互更替的情况之一。其实生态习性近似的树种很多，种子来源的机会不同，人类和自然因素对不同森林类型作用的复杂性等，会使以上演替的途径、情况十分复杂。例如，对云冷杉林的择伐破坏强度不同，对杨桦林继续破坏次数不同，其演替过程和林相特点就更加复杂了。

2）亚热带常绿阔叶林的演替

亚热带及热带森林多由耐荫常绿阔叶树种组成，这些树种逐代更新，群落稳定。当这类森林被采伐或破坏以后，则由阳性阔叶树种更新起来。木荷、南岭栲树、青冈栎，在长江以南经常在采伐迹地和空旷地更新；马尾松常在比较开阔的山地和大面积采伐、火烧迹地上更新；云南松林是西南林区常绿阔叶林破坏后形成的次生森林。它们都有复杂的类型和典型的演替阶段。

亚热带森林中常绿阔叶树种复杂，林木干形往往弯曲，木材蓄积量并不高，天然林被破坏后，人们往往长期经营那些阳性树种组成的森林类型。云南松、马尾松就是干旱、瘠薄条件下经常经营的森林；杉木、毛竹是肥沃土壤条件下经营的类型。这是人为控制了森林的自然演替过程。

第四节　森林生态系统

生态系统是在一定时间和空间范围内的生物群落和环境的统一体，地球上有多种多样的生态系统，其中人类所生存的地球空间——生物圈也是一个生态系统，而且是一个复杂的、具有负反馈机制的自我调节系统，研究其生态规律对于人类持续生存有重大意义。

一、分类与概念

生物在自然界不是孤立、静止生活的。自然界中的生物群落与非生物环境之间相互制约、相互依存，表现为物质循环与能量的转换。简单说，我们把这种生物群落和非生物环境相互作用的功能单位叫作生态系统。生态系统（ecosystem）是指在一定时间和空间范围内，由生物群落与其环境组成的一个整体，该整体具有一定的大小和结构，各成员借助能量流动、物质循环和信息传递而相互联系、相互影响、相互依存，并形成具有自我组织和自我调节功能的复合体。

学术界在应用生态系统概念时，对其范围和大小并没有严格的限制，生态系统的范围通常可以根据研究目的和对象而定，可大可小。小至动物有机体内消化道中的微生态系统，大至各大洲的森林、荒漠等生物群落型，甚至整个生物圈或生态圈，其范围和边界是随研究问题的特征而定。例如，池塘的能流、核尘降、沙尘暴、杀虫剂残留、酸雨、全球气候变化对生态系统的影响等，其空间尺度的变化很大，相差若干数量级。同样研究的时间尺度也很不一致。

生态系统是适用于任何范围或任一等级的一个很广泛的概念。自然界实际存在的生态系统都是由微、小、中、大多级分层的系统综合而成的。小的生态系统联合成大的生态系统，简单的生态系统组合成复杂的生态系统，地球上所有生态系统的联合构成了最庞大最复杂的生态系统——生物圈。

所谓生物圈就是指地球上所有生物及其生存环境的总和。这一环境的总和是由地球表面的岩石圈、土壤圈、水圈、大气圈和太阳辐射共同构成的。由于地球上的生物通常定居于陆地上或海面下各约 100 m 厚的范围内，所以生物圈一般是指这个为生物定居的空间而言。但是有些鸟类能飞到 2000 m 的高空，地面上高至 10000 m，海洋深达 11000 m 的沟底范围内也有细菌存在，因此严格地说这么大的空间范围都在生物圈之内。

一个森林火场就是由地形、气象要素、森林植被、火烧迹地、依托地物、火和人等众多生态因子所组成的一个生态系统，可称为森林火场生态系统。

（一）生态系统的分类

生物圈是一个生态系统整体，但它有很多层次，可把生物圈划分为较小的单位。一般根据生境不同，把地球上的各种生态系统划分为两大类。

1. 水体生态系统

水体生态系统占地球表面的 2/3，包括海洋和陆地上的江、河、湖沼等水域，这些水域里都有生物存在。根据水环境的物理、化学性质又可将其划分为海洋生态系统和淡水生态系统。海洋生态系统又可分为滩涂、浅海、深海生态系统，而淡水生态系统可分为流水（江、河、溪）生态系统和静水（湖、泊）生态系统。

2. 陆地生态系统

根据地球纬度与水、热等环境因素，按植被的优势类型，可分为森林、草原、荒漠、高山、冻原等生态系统。森林生态系统又可再划分为热带林、亚热带林、温带林、寒温带林等生态系统。它们又可以根据建群种划分出级别更低的森林生态系统。

（二）森林生态系统的概念

森林生态系统是地球上差异迥然的众多生态系统中最重要的生态系统之一，森林是由其组成部分——生物（包括乔木、灌木、草本植物、地被植物及多种多样的动物和微生物等）与它周围环境（包括土壤、大气、气候、水分、岩石、阳光、温度等各种非生物环境条件）相互作用形成的统一体。因此，森林是一个占据一定地域的、生物与环境相互作用的、具有能量交换、物质循环代谢和信息传递功能的生态系统，也就是森林生态系统。

森林生态系统是生态系统的一个重要类型。它是森林生物群落与其环境在物质循环和能量转换过程中形成的功能系统。简单来说，就是以乔木树种为主体的生态系统。森林生态系统是生物圈中面积较大、结构复杂、对其他生态系统产生巨大影响的一个系统。按照它在地域上的分布，我们又将它分为热带林、亚热带林、温带林、寒温带林等生态系统，还可按林型分为更低级别的森林生态系统。它们有着不同的结构特征与能流、物流过程，因而有不同的生产力。森林生态系统是典型的完全生态系统，生产者主要是乔木树种，通常还有灌木、草本、蕨类、苔藓、地衣等；消费者主要是昆虫、鸟类及各种动物，尤其有一些大型森林动物，种类相当丰富，还原者不但种类多而且量大，它们把森林凋落物分解释放出的矿物质元素归还于土壤，使土壤越来越肥沃，不但提高了森林生态系统的生产力，还推动着森林生态系统的发展。

森林生态系统与其他生态系统比较，具有几方面的特点：

（1）森林生态系统占有巨大的生态空间，其地上部分林冠可高达数十米至上百米，地下根系可深入土壤数米甚至数十米。这样大的生态空间不仅为多种生物提供了广阔的生长、栖息环境，而且也扩大了对其他生态系统的影响。

（2）森林中植物种类繁多，枝叶繁茂。光合面积大，根系发达，能充分利用营养空间，生产力高并能生产巨大的生物量（在全球的植物生物量1855亿t中，陆地生态系统约为1852亿t，森林生态系统约占1680亿t），为系统中的动物、微生物系统提供了极为丰富的食物资源。

（3）森林生态系统具有层次结构。地下、地上各层形成不同的环境，支持不同的生物区系。某一种或几种生物成群分布并占优势空间，形成小型的生态系统。层与群纵横交织相互影响，构成森林生态系统整体，并表明物质循环和能量流动的渠道和环节。

（4）在森林的发展和演替过程中，随着生境条件的改善，动植物种类的增加与更替，由植物、动物以及微生物成分所构成的营养级也不断增加，相应地森林生态系统的成分和结构也随之日趋复杂，修复干扰造成的影响与自我调控能力也越大，到了成熟时期，达到相对稳定的状态（生态平衡）。此时，该系统具有最高的生物量，对附近的其他生态系统具有良好的影响。

二、组成与结构

（一）森林生态系统的组成

所有的生态系统都由生物成分（生命成分）和非生物成分（无生命成分）所组成。生物成分包括植物、动物、微生物；非生物成分包括光、温度、水分、空气、土壤、岩石等无机物质及死有机物质。

生物成分在生态系统中的功能是不同的。依据其功能可以划分为生产者、消费者和分解者三类。

（1）生产者（自养生物）主要指绿色植物，也包括某些能进行光合作用和化能合成的细菌。绿色植物通过叶绿素吸收太阳光进行光合作用，把从环境中摄取的无机物质合成为碳水化合物，也就是将太阳能变为化学能贮存起来，这是所有生物的最根本的能量来源，地球上其他生命都依靠植物生产的有机物质而得以生存。

（2）消费者（异养生物）指的是各种动物，它们直接或者间接地以植物为食料。根据其食性区分为草食动物（又称为一级消费者）和肉食动物两类。以草食动物为食的动物称为二级消费者（或叫作一级肉食动物）。以一级肉食动物为食的动物称为三级消费者（或称为二级肉食动物）。寄生者是特殊的消费者，根据食性可看成是草食动物或肉食动物。但寄生植物属初级生产者。杂食类消费者则介于草食动物和肉食动物之间。

（3）分解者（又称为还原者）属于异养生物，主要指细菌和真菌，也包括某些原生动物和腐食性动物（比如食枯木的甲虫、白蚁、蚯蚓、某些软体动物），它们把复杂的动植物有机残体分解为简单的化合物，最终分解为无机物质归还到环境中，供生产者再利用。所以，还原者的功能是分解有机物质，它们在物质循环与能量流动中具有重要意义。大约 90% 的陆地初级生产量都需要经过还原者的分解归还大地，再输送给绿色植物进行光合作用之用。

以上各种成分，根据它们所处的地位和作用，又可划分为基本成分和非基本成分。绿色植物与还原者两者是最基本的成分，是每一个自然生态系统必不可少的成分。一切消费者是非基本的成分，它们的多少或有无，不会影响生态系统的根本性质。

在森林生态系统中，生产者主要是乔木树种，通常还有灌木、草本植物、苔藓、地衣等。消费者主要是鸟兽和昆虫，动物种类比其他生态系统要丰富得多。乔木树种起主导作用，它是生态系统中的主要生产者，决定着森林生产力的高低，是划分森林生态系统类型时的主要根据。这些乔木树种在一定程度上吸收太阳能，将简单的无机物质、CO_2 和 H_2O 同化为碳水化合物，其产品的一部分供给自身生长和代谢的能量需要，另一部分用于维持生态系统在内除生产者外的全部生物。

（二）森林生态系统的结构

生态系统是一个有机的集合体，具有物质循环、能量流动和信息传递功能，以及相对应的结构来维持如此复杂的功能。生态系统是占据一定空间的实体和随着时间变化的实体，因此生态系统具有时空结构，同时生态系统中能量流动和营养物质的循环以及信息传递功能的实现，也离不开生态系统中营养结构的支持。生态系统结构的论述主要围绕时空结构和营养结构展开。

1. 时间结构

生态系统的结构和外貌会随时间而变化。一般可以三个时间量度来考察。一是长时间量度，以生态系统进化为主要内容；二是中等时间量度，以群落演替为主要内容；三是昼夜、季节和年份等时间量度的周期性变化。这种短时间周期性变化在生态系统中是较为普遍的现象。绿色植物一般在白天阳光下进行光合作用，在夜晚则进行呼吸作用。海洋潮间带无脊椎动物组成则具有明显昼夜节律。

植物群落具有明显的季节性变化。一年生植物萌发、生长和枯黄，季节性变化十分明显。这些植物的开花决定于随季节而变化的日照长度。各种植物多在最适的光周期下开花，许多植食动物也伴随而生。蓟马每年种群数量最大值就是在玫瑰花盛开的季节，而旅鼠和猞猁种群数量周期波动分别是每隔 3～4 年和每隔 9～10 年出现 1 次高峰。

生态系统短时间结构的变化，反映了植物、动物等为适应环境因素的周期性变化，而引起整个生态系统外貌上的变化。这种生态系统结构的短时间变化往往反映了环境质量高低的变化。所以，对生态系统结构的时间变化的研究具有重要的实践意义。

2. 空间结构

从空间结构来考虑，任何一个自然生态系统都有分层现象。当进入森林，可以看见高大的乔木，低矮的灌木以及地表的草本植物，参差不齐。上层乔木层高大枝叶茂密，而且喜阳光；下层灌木高度要小于乔木层，较耐荫；地表的草本层分布接近于地表空间。从地下部分看，不同植物的根系扎入土层的深浅也是差异迥然。

动物在空间的分布也有明显的分层现象。最上层是能飞行的鸟类和昆虫；下层是兔和老鼠的活动场所；最下层是蜘蛛、蚂蚁等。

各生态系统在结构布局上有一致性。上层阳光充足，集中分布着绿色植物或藻类，有利于光合作用，故上层又称为绿带或光合作用层。绿带以下为异养层或分解层。生态系统中的分层有利于生物充分利用阳光、水分、养料和空间。所有生态系统，包括草地、池塘、海洋和人工生态系统，其共同的特征之一是生产者和消费者、消费者和消费者之间的相互作用和相互联系，彼此交织在一起。

生态系统还有一个特点是其边界的不确定性。草地生态系统和池塘生态系统都是个开放系统，能量和物质不断从系统外的环境中输入，与此同时又不断往外输出。草地和池塘生态系统的边界因外界条件的影响难以明确划分。边界不确定性主要是由于生态系统内部生产者、消费者和分解者在空间位置上的变动所引起，其结构较为疏松，一般认为生态系统范围越大其结构越疏松。

3. 营养结构

生态系统的营养结构，是以营养为纽带，把生物与非生物环境紧密结合起来，构成以生产者、消费者、还原者为中心的三大功能类群，它们与环境之间产生密切的物质循环（图5-4）。

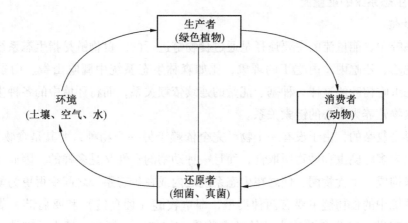

图5-4 生态系统的营养结构

环境中的营养元素不断地被生产者吸收，参加有机物的合成，通过消费者的逐级取食，最后被还原者分解成无机物质，又归还给环境，供生产者再吸收利用，这是物质循环的基本模式。各种类型的生态系统，虽然它们的营养方式各不相同，但总的来说，生态系统中的物质总是处于这种不断的循环过程之中。森林生态系统就具有这样的典型循环模式。

太阳能输入生态系统后，就沿着生产者、草食动物、一级肉食动物、二级肉食动物的次序流动（图 5－5）。能量在生态系统中不会循环，只能单向流动，并且在流动过程中有一部分转变为其他形式而被消耗掉。物质循环与能量流动是生态系统的基本规律。

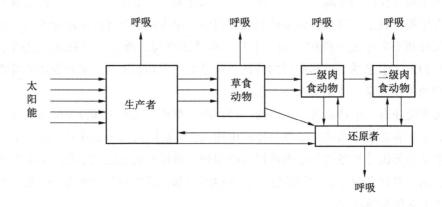

图 5－5　生态系统的营养结构（能量流动）

三、功能

（一）生态系统的能量流

1. 食物链

生态系统中，能量流的主要途径是通过食物链进行的。食物链是指生态系统的食物关系中，甲吃乙、乙吃丙、丙吃丁的现象，比如森林生态系统中鹰吃山雀、山雀吃食叶毛虫、食叶毛虫吃树叶的这样一种基于能量的连续依赖关系，而将环境中的各种生物联系起来形成以食物营养为中心的链索关系。

自然界是复杂的，由于没有一个物种完全依赖于另一个物种，尤其是食物链的开端。如树叶可以为多种昆虫和动物所取食，而且一种动物的食性又是多样的，因而食物链就多条联结起来构成一个食物网，使之在生态系统之内或在生态系统之间变得更为复杂。

生态系统中的食物链主要有两种类型，即草牧链（捕食链）和腐屑链。草牧链是以绿色植物为基础，以草食动物为开始的食物链。如树叶—蚜虫—瓢虫—蜘蛛—鸟类—猛禽。腐屑链是以死有机物质为基础，由土壤中的动物、植物、微生物（主要是细菌和真菌）组成。它们利用死的植物和动物作为食物而繁殖生长，从而分解有机物质释放出营养元素与能量使其返回环境。腐屑链的跳虫、螨类、线虫、蚯蚓与分解有机物质的细菌、真菌密切配合，加速了有机物质的分解。

此外，在森林中还有一些寄生的动植物，可看作另一类的食物链。例如，树叶—尺蠖—寄生蝇—寄生蜂。寄生链虽然起点也是生产者和植食性动物，但链中寄生生物以活生物为寄主，吸取营养和能量。

草牧链、腐屑链和寄生链三者通常交织在一起而构成总食物链。

草牧链和腐屑链在绝大多数的生态系统中同时存在，只是有的以前者为主，有的则以后者为主。森林生态系统则是以腐屑链为优势的生态系统，这是因为构成森林生物量的主体是木材以及落在地上的枝叶，主要被昆虫、蚯蚓、一些节肢动物以及真菌、细菌所腐化，最终将养分还原于土壤，这是增加土壤肥力的重要过程。

森林中的草牧链，由于种群丰富，常常交织成极复杂的草牧网络结构。这种营养结构是森林生态系统的一个显著特点，也是森林生态系统具有稳定性的基本原因。

2. 食物网

在生态系统中，一种生物不可能固定在一条食物链上，往往同时处在数条食物链中，生产者如此，消费者也如此。生态系统中的食物链彼此交错连接，形成一个网状结构，这就是食物网（food web）。如牛、羊、兔和鼠都摄食禾草，这样禾草就可能与4条食物链相连。再如，黄鼠狼可以捕食老鼠、鸟、青蛙等，它本身又可能被狐狸和狼捕食。这样，黄鼠狼就同时处在数条食物链上。实际上，生态系统中的食物链很少是单条、孤立出现的（除非食性都是专一的），它往往是交叉链索，形成复杂的网络结构。食物网从形象上反映了生态系统内各生物有机体之间的营养位置和相互关系。

生态系统中各生物成分间，正是通过食物网发生直接和间接的联系，保持生态系统结构和功能的稳定性。生态系统中的食物链不是固定不变的，它不仅在进化历史上有改变，在短时间内也有改变。动物在个体发育的不同阶段里，食物的改变（如蛙）就会引起食物链的改变。动物食性的季节性特点，多食性动物，或在不同年份中，由于自然界食物条件改变而引起主要食物组成变化等，都能使食物网的结构有所变化。因此，食物链往往具有暂时的性质，只有在生物群落组成中成为核心的、数量上占优势的种类，食物联系才是比较稳定的。

生态系统内部的营养结构不是固定不变的，而是不断发生变化的。一般来说，具有复杂食物网的生态系统，一种生物的消失不致引起整个生态系统的失调。如果食物网中某一条食物链发生了障碍，可以通过其他食物链来进行必要的调整和补偿。例如，草原上的野鼠由于流行病而大量死亡，原来以野鼠为食的猫头鹰并不会因鼠类数量减少而发生食物危机。因为，鼠类减少了，草原上的各种草类会生长繁盛起来。茂密的草类可给野兔的生长繁殖提供良好的环境，野兔数量得到增殖，猫头鹰则把食物目标转移到野兔身上。但是对于食物网简单的系统中，尤其是在生态系统功能上起关键作用的种，一旦消失或受严重破坏，就可能引起这个系统的剧烈波动。例如，如果构成苔原生态系统食物链基础的地衣，因大气中二氧化硫含量超标，会导致生产力毁灭性破坏，整个系统遭灾。有时营养结构的网络上某一环节发生了变化，其影响会波及整个生态系统。又如，澳大利亚草原原来没有兔子，后来从欧洲引入，由于缺少了天敌，欧洲兔得到大量繁殖，数量激增，它们把当地大片的牧草啃食一光。不但使当地的食草动物得不到足够的食物，而且由于没有植被覆盖而变成了荒地。后来为了对付欧洲兔不得不引入一种黏液病毒（myxomatosis）才控制住

"兔害"。

食物链和食物网的概念十分重要。正是通过食物营养，生物与生物、生物与非生物环境才能有机地联结成一个整体。生态系统中能量流动和物质循环正是沿着食物链（网）这条渠道进行的。食物链（网）概念的重要性还在于它揭示了环境中有毒污染物质转移、积累的原理和规律。通过食物链可把有毒物质扩散开来，增大其危害范围。例如从生活在北极的白熊和南极的企鹅体内都能检测出 DDT，说明食物链就是一个重要的传递途径。

生物还可以在食物链上使有毒物质逐级增大。在食物链的开初，有毒物质浓度较低，随着营养级的升高，有毒物质浓度逐渐增大百倍、千倍，甚至达万倍、百万倍，最终毒害处于较高营养阶层的生物。这种现象称为生物放大（biological magnification）。有研究表明，DDT 等杀虫剂通过食物链的逐步浓缩，营养级越高，积累剂量越大。人往往处于食物链顶端，所以应十分注意这个问题，这充分说明了生态系统食物网和物流研究的理论和实践意义。

3. 营养级

食物链和食物网是物种和物种之间的营养关系，这种关系错综复杂，无法用图解方法完全表示，为了便于进行定量的能流和物质循环研究，生态学家提出了营养级（trophic level）的概念。一个营养级是指处于食物链某一环节上的所有生物种的总和。例如，作为生产者的绿色植物和所有自养生物都位于食物链的起点，共同构成第一营养级。所有以生产者（主要是绿色植物）为食的动物都属于第二营养级，即植食动物营养级。第三营养级包括所有以植食动物为食的肉食动物。以此类推，还可以有第四营养级（即二级肉食动物营养级）和第五营养级。由于能流在通过各营养级时会急剧减少，所以食物链就不可能太长，生态系统中的营养级一般只有四、五级，很少有超过六级的。

4. 森林生态系统中能量流的规律

能量是生态系统的基础，一切生命活动都存在能量的流动与转化。没有能量的流动就没有生命，也就没有生态系统。

生态系统的能量流服从于热力学第一定律与第二定律。热力学第一定律说明能的形式是可变的，但总量保持不变，只是从一种形式转变为另一种形式，它既不能创造也不能消灭，能的总量在任何时候总是守恒的。热力学第二定律告诉我们，非生命的自然界发生的变化都不必借助于外力的帮助而能自动实现。这个过程以不可逆为特点。例如热自发地从高温物体传到低温物体，直到二者温度相等为止；气体自发地从压力大的方向往压力小的方向移动，直到压力均衡为止；电由高电位自发地流向低电位，直到两电位相等为止。反之，都是不能自发进行的过程。可见自发过程的共同规律都是不可逆的，自发过程总是单向趋于平衡状态。热力学第二定律同时告诉我们，任何一种能量的转换总有一些能量损失掉，一种形式的能绝不会全部转换成另一种形式的能。

在生态系统中能量的"流动"规律也是这样。太阳能由绿色植物经光合作用转变为化学能贮存于有机物内，而后被消费者取食而进入消费者体内，能量的形式发生了变化。

并且在转移过程中，有一部分能量以热的形式被损失掉。在生态系统中能量的运动也只能是单向流动的性质，决不能逆向进行。

深入分析生态系统的能流过程，可划分为三个能流。

（1）绿色植物将太阳能转化为生物能，再由一级消费者如草食动物取食消化构成二级生产者，再由二级消费者如肉食动物构成三级生产者；还可以再有三级消费者，能量逐级损失，产量逐次下降，最终能量全部消散归还于环境，构成第一个能流。

（2）第二个能流是还原过程或称腐化过程。死的生物有机体，由一级、二级和三级等不同性质的腐生生物进行分解，最后还原为水和二氧化碳等无机物质为止，能量随之消散。陆地生态系统中，腐生生物在分解死组织成为无机物质的过程中比动物起更大更重要的作用。小量的还原者通过一系列反应将比其自身大得多的有机物质转换为热能和无机物质。第二个能流在森林生态系统中占重要地位。因为森林内大量凋落物转换为养分元素，是增加土壤肥力的重要过程。

（3）第三个能流是贮存过程和矿化过程。由初级生产者转化过来的生物物质与能量，在以上两个过程中只能销毁一部分，还保留有一大部分转入贮存过程和矿化过程，为人类的需要蓄积丰富的财富。例如大量的木材、植物纤维和粮食等。但最终还是腐化还原，完成生态系统的流程。矿化过程是在地质年代中，大量植物和动物体被埋藏在地层中，经过矿化过程形成了化石燃料（煤和石油），成为近代工业原料或燃料，经过燃烧或风化散失全部能量，终于完成生态系统全部过程。

5. 百分之十定律与生态金字塔

在生态系统中，绿色植物固定的太阳能，究竟以多少比例沿着食物链转移？据研究，虽然不同类型的生态系统，其草牧链中能量转移的比例会有一定的变动幅度（5% ~ 30%），但通常是按10%传递，生态学家称这一事实为"百分之十定律"或十分之一法则。比如植物营养级可利用的能量平均为1000 kcal，那么大约有100 kcal同化为草食动物的有机组织，继之10 kcal为一级肉食动物的产量，1 kcal为二级肉食动物的产量。以此类推，到2~3级肉食动物，只能支持很少的动物。这样，食物链上营养级的数目就一定受到限制，通常只有3~4个营养级，很少有5个营养级。

由于食物链中上一个营养级到下一个营养级，总有一些物质或能量损失掉，这样每一级的总量要受到前一级总生物量或能量的限制。于是，生物量或能量按照营养级的顺序而梯级般地递减形成一定的规律，如果用长方框表示营养级，方框高度相同，而其长度与生物量或能量成比例，并将方框依次排列起来，其形状则好似金字塔形，叫作生态金字塔。方框表示生物量所构成的金字塔叫生物量金字塔（图5-6）。方框表示能量所构成的金字塔叫能量金字塔即生产力金字塔（图5-7）。

（二）生态系统的物质循环

1. 物质循环的基本概念

在生态系统中，各种营养物质也沿食物链流动，形成生态系统的物流。物流与能流二

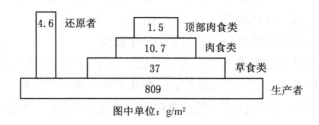

图 5-6　生物量金字塔

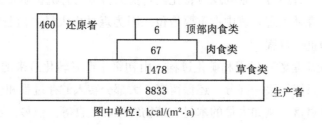

图 5-7　生产力金字塔

者不可分割,紧密结合在一起,共同维持生态系统的功能。但是物流与能流具有性质上的差别。能流是单向的、开放的、伴随物流最终以热能形式消散于外界,不能构成再循环。而物流则是循环的,各种有机物质最终经过还原分解成可被生产者吸收的形式重返环境,进行再循环。

在森林生态系统中,生物与环境之间有数十种元素进行流动。这些养分元素比如 C、H、O、N、P、S、K、Mg、Ca、Fe、Cu、Zn、Al、Mo、B 等是生物的生命过程中不可缺少的物质,无论缺少哪一种,生命就可能停止或发育异常。这些养分元素在生物圈内运转不息,从非生物环境到生物有机体内,再返回非生物环境中去,通常把这种循环称为"生物地球化学循环"。每种元素都有自身的循环,但线路、范围、周期各不相同。在所有这些生物元素的循环中,植物、宿生生物、空气和水起重要作用。开始由植物吸收养分,最终由腐土生物释放养分使之再为植物所吸收,整个循环过程中是依靠空气和水为介质在生物体和非生物之间发生运转。养分元素循环包括生物循环和地球化学的大循环两类,生物循环是物质在生态系统内部通过草牧链与腐屑链而形成的基本封闭式的循环;地球化学循环系开放性的循环,是在生物圈内进行的循环。

开放式的生态系统经常与外界进行物质与能量的交换,因此生态系统内的生物循环要受更大范围的地球化学循环规律的制约。

2. 森林中营养元素的生物循环

陆生植物体内平均矿质盐类占干物的 5% ~ 8% ，盐生植物可高达 40% 。不同植物群落矿质盐类进入循环的数量有很大差异。草原和其他草本植物群落每年每公顷可以高达 500 ~ 700 kg，针叶林为 70 ~ 200 kg。阔叶林比针叶林需要更多的养分元素。

森林生态系统内养分元素存在于四个部分：森林群落（有机物质）、大气、土壤内有效养分（土壤胶体和土壤溶液的离子），以及土壤、岩石部分。非气体养分元素的循环，是有效养分、森林群落、土壤和岩石构成的生态系统内部进行的生物循环。

养分元素在森林植物群落和土壤之间进行周期性的生物循环，一般包括吸收、存留和归还三个过程。吸收指林木和其他植物根系吸收的养分。存留指每年增长的生物量中的养分。归还指脱落下来的凋落物，包括花、果、枝、叶以及被雨水淋洗的养分；归还量也可发生在根部，如外渗和分泌等。

树种及器官不同，所含的营养元素不同。根据沈国舫院士对油松林的研究，油松各器官的养分含量因元素而异，依含量的高低大致可以排成下列次序：（氮、磷、钾、镁）针叶 > 小根 > （或 <）带叶枝 > 层外老叶 > 球果 > 树皮 > 大根 > （或 <）不带叶枝 > 根茎 > 树干。

我国川西高山冷杉林内凋落物总量中含有的养分元素，换算成每公顷的数量为：硅 1200 ~ 7600 kg，铁 120 ~ 140 kg，铝 300 ~ 600 kg，钙 180 ~ 470 kg，镁 170 ~ 360 kg。每年从枯枝落叶淋溶到土壤的元素碳有 115 ~ 150 kg/hm^2。可以看出，森林从土壤中吸收、存留和再归还于土壤的养分元素的数量是很惊人的。说明它们在生物地球化学循环中起巨大作用。

养分元素在森林里周转的快慢直接影响林木的生长。养分元素在森林中的循环期一般随纬度增高而延长，纬度越高，养分元素循环周期越长，生产量也相应降低。

3. 生物地球化学循环

地质方面，借助于水的移动或山坡碎石崩塌作用将溶解物质或矿质微粒输入系统，如磷从磷酸盐岩石中淋溶出来，形成可溶性的磷酸盐而被植物吸收。再经过一系列消费者的利用，将其含磷的死物、废料等有机化合物归还到土壤。通过还原者的分解作用，转变为可溶性磷酸盐，又供植物吸收利用。生态系统养分的损失（输出）也有气象作用，如风对于气体的扩散或吹走矿质微粒，地质作用如地表径流或崩塌，以及生物作用如动物或人的活动（森林采伐等）。

过去多集中于研究生态系统的生物循环，很少注意与外界的联系，但是为了确定一个生态系统的养分收支平衡，必须研究生物地球化学循环。通常在一个稳定的森林植物群落内，生物循环可以维持绝大部分元素不受损失，而且由于外界养分的输入和径流的损失差不多接近于平衡。但是，养分循环的通道被破坏以后，例如森林植被遭受皆伐或火灾，养分元素和矿物粒就会大量损失，从而造成河水下游某些元素的富氧化物和泥沙淤积。因此，维持森林生态系统的稳定性有重要意义。

（三）食物链与生态系统中物质循环原理在生产中的应用

由于生态系统中的各营养级存在食物链与物质循环的关系，因此要使一个生态系统有较高的生产力、较大的生物量和稳定性，就需要生态系统中食物链上各营养级的量有较好的比例，物质循环的通道要畅通。人们经常运用食物链与物质循环的原理指导生产，据报道，农民运用桑基鱼塘的原理大大提高了经济效益。比如有一农户将水土流失严重的山坡用大石块筑成水平梯田，将挖石块形成的大坑修成鱼池用来养鱼；在上部与四周梯田栽松树，中间的梯田种粮食；安排有一部分梯田种桑树，树下种花生，种瓜；用收获的瓜喂猪；用猪粪养蚯蚓，用蚯蚓喂鸡；用桑叶喂蚕，蚕粪喂鱼；再用鱼塘的水和淤泥来肥田，如此形成一种良性物质循环，形成了以商品生产为主的农业生产。该农户除了粮菜能自给，还可卖粮食与农产品、木材增加收入。随着科技的发展，生态户、生态农村、生态工程将得到更广泛的应用。

四、生产力

（一）生产力与生物量

绿色植物的光合作用合成的总量是最初和最基础的能量储存，称为总初级生产量（简称总生产量），又称为总第一性生产量，通常是指在一定面积上任何时间阶段内绿色植物固定光能或生产有机物质的总量。总生产量可以用于形成植物体各种组织和器官与用于呼吸的消耗。总生产量减去植物的呼吸消耗后剩下部分即为净初级生产量（简称净生产量）。

植物在单位面积和单位时间（通常一年）内积累的总生产量称为总初级生产力（简称总生产力）。这一数量减去单位面积和单位时间内植物的呼吸量即称净初级生产力（简称净生产力）。生产力包括总生产力和净生产力，是表示光合作用制造有机物质和固定能量的速率，通常用有机物质干重 $g/(m^2 \cdot a)$ 或用能量 $cal/(cm^2 \cdot a)$ 表示。因此生产力或称生物生产力是一个严密的科学概念，而生物生产量或生产量通常是指任何某时间阶段内的生产量。有机物质干重产生的能量是用弹式热量计测定求得的。

生物量是泛指单位面积所有生物体（植物、动物）的干重。前面谈及的净生产量和净生产力所积累的干物质，实际上就是生物量和一年的生物量。生物量一般用 kg/hm^2 或 g/m^2 表示，也可以用能量 $kcal/m^2$ 表示。

现存量是指单位面积上当时所测得生物体的总重量。通常把现存量看成生物量的同义词。

生物量与生产力的区别关键在于，前者表示测定的为多年积累的生物量，后者表示单位时间（通常一年）内所生产的生物量，后者仅为前者的一部分，即一年的生物量增量，表示积累的速率。例如，每公顷 200 多年生的红松林现存生物量可以很大，但每年生产的生物量（净生产力）却很少。一块速生的 15 年生的杨树林，虽然现存生物量比红松林小得多，但每年生产的生物量（净生产力）却比红松林大许多倍。

（二）森林生态系统的生产力与生物量

地球上现在积存的总生物量中，陆地部分占 90% 以上，海洋中的生物总量相对来说是很少的。海洋平均净生产力虽有明显增加，但也仅为陆地净生产力的1/4，而且仅限于大陆或岛屿附近的浅水海域，深海中的生产力是很低的，相当于陆地生态系统中的冻原和荒漠的水平。

森林在制造有机物，维持生物圈的动态平衡中具有重要地位。森林中以热带雨林净生产力最高，平均为2000 g/($m^2 \cdot a$)，温带常绿林平均为1300 g/($m^2 \cdot a$)，北方针叶林平均为800 g/($m^2 \cdot a$)，其他疏林灌丛平均为600 g/($m^2 \cdot a$)，而荒漠灌丛平均只有71 g/($m^2 \cdot a$)。森林生物量有类似的情况，也是越接近赤道数量越多。各种森林类型的生物量虽有很大差异，但植物生物量在地上与地下的分配方式却比较相似。热带雨林、橡林、泰加云杉林等主要森林类型的根部生物量都不足25%，树干和树枝的生物量接近75%；而荒漠群落和冻原群落则是根部生物量大，有的远超过地上部分。

奥德姆（Odum，1959）根据地球上各种生态系统总生产力的高低划分为下列四个等级：

（1）最低：荒漠和深海，生产力最低，通常为0.1 g/($m^2 \cdot d$)或少于0.5 g。

（2）较低：山地森林，热带稀树草原、某些农耕地、半干旱草原、深湖和大陆架，平均生产力为0.5~3.0 g/($m^2 \cdot d$)。

（3）较高：热带雨林，农耕地和浅湖，平均生产力为3~10 g/($m^2 \cdot d$)。

（4）最高：少数特殊的生态系统（农业高产田、河漫滩、三角洲、红树林），生产力为10~20 g/($m^2 \cdot d$)，最高可达25 g。

森林生态系统具有很大的生产潜力，个别森林群落还有很高的生产力。比如有的热带森林最高可达3000 g/($m^2 \cdot a$)。速生丰产人工林年生长量可以达到30~40 m^3/hm^2，推算生产力（1 m^3 干重按400 kg计算）为12000~16000 kg/($hm^2 \cdot a$)或1200~1600 g/($m^2 \cdot a$)，还可挖掘出很大的潜力。

森林生产力的提高，有赖于提高林木的光能利用率。在天然条件下，增加能量的原因来自温度的升高、雨量的增加、树种与立地条件的适应。人工林的丰产则决定于经营管理的水平，如选育、利用高光合效率的速生丰产树种；混交林要合理配置；实施整地、排水、灌溉以及适当施肥；要及时而适度地进行幼林与成林抚育以及积极防治森林病虫害；采用适宜的主伐方式使森林越采越好，对森林生态系统中的消费者、还原者要适度保护，使之形成完整的食物网，这样才能提高林木的光合速率，从而提高林木的生长量。而这些技术措施的应用，又有赖于我们对树种生物学特性与生态学特性的认识以及对环境的了解。目前来说，管理水平较高的速生丰产林比如杨树和杉木林，光能利用效率可达3%~4%，若较好地应用现代科学技术于森林经营中，将林木的光能利用效能提高到5%是可能的。

（三）测定森林生产力的方法

测定森林生产力的方法很多，但目前广泛采用的传统测树学与群落学方法已不能满足需要，按生态系统的要求来说，这些方法比较粗放。理想的方法是测定通过生态系统的能流，可是仪器设备与实际操作都有较大困难，对于形体高大的森林来说，能量流的测定更是困难。常见的森林生产力测定方法可以分为两类，一类是测定森林的净生产力，另一类是测定森林的总生产力。

1. 净生产力的测定

森林净生产力的测定主要采用收获法，这是最古老而又用得最普遍的方法。

(1) 平均木法：采伐并测定具有林分平均断面积的数株林木的生物量，以其平均值乘以总株数，即可算出单位面积的干物质重。

为提高测定精度，并将研究地段的林木按生长级或按径级选取平均木（标准木），首先求算各个级别的干物质重，再将各级别的重量总和，就得到单位面积的总重量。

(2) 随机抽样法：在研究地段上随机选取多株样木，伐倒并测定其生物量。由于样木生物量的和 $\left(\sum w \right)$ 与样木胸高断面积和 $\left(\sum g \right)$ 的比值等于全林的生物量 (W) 与全林的胸高断面积 (G) 之比，全林的林木胸高断面积只要进行每木检尺就可得知，因而很容易算出全林的生物量：

因为
$$\frac{W}{G} = \frac{\sum w}{\sum g}$$

所以
$$W = \sum w \frac{G}{\sum g} \tag{5-9}$$

(3) 相关曲线法：在研究地段随机选取各种大小的林木，测定其生物量，再根据树木的生物量与某一测树指标（如胸径、树高等）间存在的相关关系，配制回归方程。据研究，生物量与胸径之间存在幂函数的相关关系，即 $W = aD^b$（式中 a、b 为参数，D 为胸径），可应用最小二乘法求得。在取得林分胸径资料后，根据各胸径所对应的生物量即可求出研究地段的生物量。鉴于利用胸径时参数 a、b 在不同林分中变动较大，近年来常利用树高作为第二变量，运用 $W = a(D^2H)^b$ 来计算生物量。

(4) 皆伐实测法：为精确测定森林生物量，或用来作为检查上述各方法精确度的标准，将样地所有林木砍倒，测定各部分的材积，然后用比重或烘干重换算成干重。各株林木干重之和即林木的生物量。此法工作量繁重，只用于对照检查之用。

测定森林生物量时，除了计算树干重量外，还应测定林木枝、叶、根的重量，以及测定林下植物的重量，更严格地说，还应测定森林群落中的层外植物与微生物的重量。但是这些部分的重量较难测定，误差较大。

应用上述方法测得的生物量表示为单位面积的重量，还要再用树干解析等方法求得单位时间内的生物量增量，单位为 $g/(m^2 \cdot a)$，即为林分的生产力。如将树木各部分的重量通过弹式热量计化为热量，则生产力可用能量 $cal/(cm^2 \cdot a)$ 表示。

收获法不能计算被草食动物与昆虫所吃掉的物质，更无法计算绿色植物用于自身代谢、生长和发育所耗费的物质。实际上所测得的部分是现存生物量，即测定当时绿色植物有机物质的数量。只有把呼吸的损耗量和其他方面的损失（如草食动物吃掉的量）加进去修正收获量，才可估测出总生产量或总生产力。

2. 总生产力的测定

总生产力的测定，是通过测定森林生态系统的光合作用和呼吸作用来计算生物量。这种方法既能测定总生产力，又能求得净生产力，是收获法的补充。测定光合作用对能量固定的数量和速率，可以根据光合方程式加以计算。如测得二氧化碳、氧气的量就能求算出其他成分的数量。迄今为止，各种测定方法尽管还存在技术和操作方法上的限制，但却能够提供一个能量固定的近似值。常用的方法有下述两种：

（1）二氧化碳测定法（或称气体交换法）：取两个相似样品，分别放置在两个轻便封闭箱里，封闭箱按规定容积用透明物质如树脂玻璃、玻璃或塑料制成，一个曝光，另一个不透光。首先用红外线气体分析仪测定透光封闭箱里流入空气里移走的二氧化碳量（即二氧化碳的减少量），从而说明光能合成的数量和速率，然后测定不透光箱里释放出的二氧化碳数量，即说明植物呼吸活动的数量和速率。总生产力能够从这两个封闭箱里所测得的二氧化碳数量计算求得。这种方法只能对陆地植物于短暂时间内在封闭箱里进行。主要缺点是封闭箱内温度升高，光合速率改变。

（2）昼夜曲线法：利用森林中二氧化碳在白天与夜晚的数量变化来确定包括动物、微生物呼吸在内的产量平衡方法。据 R. H. 怀梯克等研究，在栎、松林中某些夜晚，空气会陷入逆温之下，由呼吸作用而释放的二氧化碳，因冷空气密度大而形成气柱并在数小时内沿垂直方向稳定地积累于逆温层下面。因此，在一定高度的二氧化碳积累便是该高度上的呼吸速率指标。这样，在一年中只要测定几十个逆温资料即可取得总呼吸量的近似值。

我国目前对森林生态系统生产力的研究还较薄弱，至今还是较多地利用一些林木生长指标，因为我们主要利用的是木材。应用生产力的分析来指导生产，有待逐步开展。

五、生态平衡

（一）生态平衡的概念

自然界总是由简单向复杂，由低级向高级方向发展，由量变到质变，经过长期的逐步演化，最后达到一种相对稳定状态，这是自然历史发展的必然结果。一个森林群落的形成，在自然条件下，一般在原生裸地上经过地衣、苔藓、草本植物、灌木各阶段而后进入乔木阶段。在乔木阶段又从先锋树种逐步更替为基本成林树种，最后达到顶极群落，这种顶极群落就是一种相对稳定的生态系统，这种生态系统的平衡状态是长期生态适应的结果。

生态平衡就是指在一定时间内生态系统中生物和环境之间以及生物各种群之间相互制约、维持某种协调，并由于系统内在的调节机制而遵循动态平衡法则，其实质是使能量流动、物质循环和信息传递达到一种动态结构的相对稳定状态。也就是说在一个平衡的生态系统中，生物种类组成、种群数量、食物链营养级结构彼此协调，组合正常；能量与物质的输入率和输出率基本相等，物质贮存量相对恒定；信息传递畅通；环境质量也由于受到生物群落（特别是植物群落）影响而保持良好，从而使环境部分与生物群落部分达到高度相互适应、协调与统一的状态。因而在1981年11月中国生态学会"生态平衡"学术讨论会上，代表们较为一致地认为："生态平衡"是生态系统在一定时间内结构与功能的相对稳定状态，其物质与能量的输入、输出接近相等，在外力干扰下能通过自我调节恢复到原初的稳定状态。生态平衡是动态的，维护生态平衡不只是保持其原初的稳定状态，生态系统在人为的有益影响下，可以建立新的平衡，实现更合理的结构、更有效的功能和更好的生态效益。

（二）生态平衡的破坏与调控

一个生态系统受到外界干扰，系统内部有一定的调节、修补能力，当外来干扰超越生态系统的自我调节能力，而不能恢复到原初状态时，谓之生态失调或生态平衡破坏。

生态平衡破坏，一是由于自然因素，如火山爆发、强烈地震、台风、海啸、暴雨、洪水、泥石流、火灾、干旱等；二是由于人为破坏。随着人口的迅速增长和生产技术的不断提高，人类对自然的冲击和压力越来越大，特别是由于人为破坏植被而带来的山洪暴发、泥石流、干旱、风沙灾害等，这是当前破坏生态平衡的主要因素。人为破坏，一种是由于不合理的开发、利用自然资源所造成，另一种是由于环境污染所造成。

1. 不合理的开发、利用自然资源引起生态平衡破坏

由于人口增长和科学技术飞速发展，人类必须不断开发利用自然资源来满足自身需要。但是，如果忽视生态关系，违背自然规律，就会破坏生态平衡。因开垦荒地、滥伐森林、破坏草场、盲目围湖造田等造成的恶果是触目惊心的。

（1）毁林开荒的恶性循环。在陡坡地段进行不合理的采伐，将森林垦殖为农地，实行广种薄收，其结果是由于环境的破坏而造成风沙侵蚀、水土流失、干旱加重、地力下降，单产不高、粮食短缺，于是只得再扩大毁林面积，如此下去造成恶性循环。

（2）森林的破坏，引起水土流失。目前全国水土流失面积已扩大到150万km^2，每年损失的土壤达50多亿t，被冲走的氮、磷、钾肥达4000多万吨。从20世纪60年代初开始，在北方万里风沙线上，平均每年沙化面积达2000万亩，由于森林被破坏，人类遭到了自然界的惩罚。

（3）森林的破坏，使森林生态系统中的生物种（动物、植物、昆虫等）急剧下降，很多珍贵的物种已不复存在。据统计，20世纪以来，全世界3800多种哺乳动物中有110种（或亚种）已从地球上消失；9000多种鸟类中，有139种、39个亚种消失；还有600种动物正面临灭绝危险。教训是深刻的，目前，我们每天正在丧失一个物种，如果继续发展下去，有可能增加到每分钟丧失一个物种。

2. 环境污染引起生态平衡破坏

自然环境的污染源是多种多样的，比如污水、有毒气体、重金属离子等。仅就农药对自然生态系统的破坏来说，至今已被人们所认识。农药排放到环境中，首先污染初级生产

者，而后顺食物链和营养级逐级向前传递，以致整个有机界都受到农药污染。更严重的是通过食物链逐渐富集，营养级越高的消费者，富集能力越大。

环境污染常常破坏森林、毁坏庄稼；常使家畜家禽死亡，最后导致人体中毒，形成各种"公害"病。因而，环境污染是当前城市、乡村以及工矿区生态平衡遭到破坏的主要原因。所以应把生态平衡问题当作有关人类生死存亡的关键问题来对待，发展生产必须具有生态观点，强调生态效益与经济效益统一。因为只有最优的生态效益，才能保证持久、稳定的经济效益；只有生态效益和经济效益相结合，才能既合理地利用自然资源，有效地发挥经济效益，又可有效地保护自然环境及其资源，以维持稳定持久的生产能力。

我们还应看到，任何一个生态系统都有其一定的自我调节能力，即反馈调节机制。当生态系统中某一成分发生变化时，它必然会引起其他成分出现一系列的相应变化，这些变化最终又反过来影响最初发生变化的那种成分，这个过程就叫反馈。反馈有两种类型，即负反馈和正反馈。

负反馈是比较常见的一种反馈，它的作用是使生态系统达到并保持平衡和稳态，反馈的结果是抑制和减弱最初发生变化的那种成分所发生的变化。比如森林生态系统在受到不至于崩溃的破坏后，它能在停止破坏后就逐步自己调节，恢复到原初的面貌，只是破坏的程度越大，恢复所需要的时间越长。另一种反馈叫正反馈，即生态系统中某一成分的变化所引起的其他一系列变化，反过来不是抑制而是加速最初发生变化的成分所发生的变化，因此正反馈的作用常常使生态系统远离平衡状态或稳态。下面举例说明：在重度火烧迹地，林木大量死亡，迹地空旷，水土流失严重，生境旱化，恶劣的生境导致更多林木的死亡。正反馈往往具有极大的破坏作用，但是它常常是爆发性的，所经历的时间也很短。从长远来看，生态系统中的负反馈自我调节将起主要作用。

生态系统自我调节的能力决定于阈值与容量。外力破坏超过此限度，生态系统的自我调节机制就降低或消失，生态平衡就遭到破坏甚至崩溃，这个限度为生态阈值。例如对某森林生态系统，要限定一定的采伐量，超过就会破坏该系统的稳定性。每一片草原也有一定的载畜量，过度放牧就会引起草原退化。

阈值大小决定于生态系统的成熟性、成分的多样性、结构的复杂性、功能的完整性、信息传递的畅通性。系统越成熟，成分越多样即调节机制越多，结构越复杂、功能越完善、信息传递越畅通，则阈值越高；反之，对外界压力的反应就会敏感，抵御剧烈生态变化的能力比较脆弱，阈值就越低，生态系统的稳定性就越小。

为了建立一个稳定的森林生态系统，使它具有较高的生产力并发挥较好的防护效能，应使建群种与立地条件相适应；树种应该多样（应有伴生种与灌木种）；层次复杂；林下的枯落物有较好分解并将养分归还于土壤；间伐与主伐要方式适当，采伐量科学。

（三）森林生态系统在维持自然生态平衡中的地位与作用

森林生态系统在整个生物圈的物质与能量交换过程中，以及保护自然界动态平衡中占有其特殊地位，可以说在维持整个自然生态平衡中处于核心地位，起极其重要的作用。我们可以从以下几个方面看到森林生态系统的重要作用。

森林生态系统在整个大陆占有的面积约为 30%，并且由于森林尤其是热带森林具有高大的林冠，林木又是多年生的，因此，森林生态系统对周围环境甚至全球气候会产生巨大影响。

在所有生态系统中，森林生态系统拥有并可提供最大的初级生物量。其生物量为农田或草本植物群落的 20~100 倍。热带森林每年每公顷生产的干物质为 10~50 t。多数的动物依靠森林生物量作为营养与能量的来源。

据估计，整个地球上每年通过光合作用贮存的能量，海洋中的植物为 5.71×10^8 kcal/km^2，陆上的植物为 10.23×10^8 kcal/km^2，而陆地上又以森林生态系统贮存太阳能最多。

森林生态系统为植物与动物提供了生存环境，热带森林的物种极为丰富。据统计，地球上 1000 万个物种之中，有 200 万~400 万个物种生存于热带森林中。所以热带森林可以称为地球上的一个巨大的物种基因库。就高等植物来说，东南亚热带约有 25000 个种，非洲热带约有 18000 个种，中南美洲热带约有 20000 个种。

森林在光合作用中吸收大量二氧化碳并放出氧气，在生长季里，一般的阔叶林每天每公顷能吸收二氧化碳 1000 kg，放出氧气 730 kg，对于维持全球大气中氧气与二氧化碳平衡，维持动物与人类生存均起到极其重要的作用。

森林生态系统有强大的保护土壤、涵养水源等改造自然的作用，它影响农业生产、人类的生活与生存。

森林生态系统在缓解工业污染，减轻其他陆地与水生生态系统以及人类遭受的毒害方面的作用也不可忽视。

总之，森林生态系统具有强大的多功能效应。

📖 **习题**

1. 名词解释：种群、生态系统。
2. 不同演替类型的特征是什么？
3. 生态系统有哪些组成成分？它们如何构成生态系统？
4. 简述种群的 K 对策和 r 对策。
5. 常用的林分调查因子有哪些？

第六章　森林植被恢复与重建

学习目标

　　☞ 了解植被恢复与重建的基本原理、途径和要求，熟悉并掌握森林营造（立地评价、树种选择、造林方法、结构调控、立地调节等）、抚育管理（林分抚育、林分改造）等森林植被恢复与重建的具体理论与技术。

第一节　概　　述

　　退化生态系统是指在人为干扰或自然干扰下形成的偏离自然状态的生态系统，与原生态系统相比，退化生态系统生物多样性较低，结构较简单，生产力较弱，环境调节功能较差。植被恢复与重建是针对退化生态系统，根据区域自然特征、退化现状和趋势、人类经营方式和干扰活动等，因地制宜、因势利导地进行天然植被恢复与人工植被重建的活动，包括植被的保护、恢复、培育、改造等。对于天然植被恢复，主要依据不同生境条件的植被类型、群落特征、群落组成结构、演替趋势和阶段，分别采用自然力或人工辅助的技术措施，促进现有植被群落向生物生态学稳定和功能高效方向发展。对于人工植被建设，主要根据立地类型选用适宜的植物种进行人工培育，形成结构合理、功能全面的人工植被系统。

　　处于不同退化阶段的不同生态系统，其恢复与重建方式也不同。以森林生态系统为例，针对处于原始状态的森林生态系统，需要实施封闭式保护，设立各种自然保护区或其他类型保护地；针对处于轻度退化状态的森林生态系统，如有些森林已残缺稀疏，或转变为天然次生林，需要在优先保护的前提下加以适当的抚育管理、人工促进天然更新等措施，进行生态保育或生态保护；针对已经受到较严重损伤或破坏的森林生态系统，如过伐导致生态系统结构和功能的严重退化，需要采取改造（如低效次生林改造）等较为强烈的修复措施，以改善生态系统的组成和结构；针对已经彻底破坏消失的森林生态系统，需要采取重建或新建措施，如退耕还林、人工造林，以仿造重建原有的生态系统（如果可溯源）或新建适合于当地自然条件的新的人工生态系统。因此，通过保护、培育、改造等经营措施，可达到森林生态系统的再植复原和恢复重建。

一、基本原理

退化生态系统的植被恢复与重建是一项复杂的系统工程，既要注重植被群落的内因调控演替，从其生态适应性、植被演替规律、生物多样性和稳定性等角度去把握，又要注重外界干扰，特别是人为活动对群落可持续发展的影响。

1. 植物群落演替原理

恢复和重建植被必须遵循生态演替规律，促进群落的进展演替，重建其结构，恢复其功能。演替是植物群落更替的有序发展过程，其过程和方向决定于外界因子对植物群落的作用、植物群落自身对环境的响应、群落植物组成、植物繁殖体的散布和群落植物间的相互作用等因素。演替按发展方向可分为进展演替和逆行演替两类。简单而稀疏的植被发展为森林群落称为进展演替；当受到干扰和破坏，森林群落发展为稀疏植被、灌丛甚至裸地，称为逆行演替，逆行演替会导致植被群落结构破坏、功能和环境退化。因此，在植被演替某一阶段引进新物种或选择植物种时，应充分考虑当时的生态环境和植物种的适应性。应选择处于进展演替前一阶段的某些物种和科学的植被恢复与重建模式，加快进展演替进程；同时，应消除干扰和破坏，将植被恢复和重建的人工植物群落建立在进展演替的基础上。

2. 物种生态适应性和适宜性原理

选择具备良好生态适应性和适宜性的物种，是植被恢复与重建的重要环节。物种选择是植被恢复与重建的基础，也是人工植物群落结构调控的手段。物种的生物学、生态学特性决定了其正常生长发育需要一定生态条件，即其只能分布于一定区域内，具有生态适应性。因此，物种选择必须遵循生态适应性原理，做到适地适物种。另外，物种都具有一定的功能价值，或有突出的经济价值，能提供人类需要的产品，或有突出的生态功能，能固土保肥，或两者兼备，即具有适宜性。因此，物种选择也应遵循适宜性原理，引入符合人们重建需求的目的物种。

3. 物种共生和生态位原理

共生和生态位原理主要应用于物种选择、群落模式配置及种间关系协调等方面。物种共生是指不同物种的有机体或系统合作共存。共生可促使所有共生者节约物质能量，减少浪费和损失，实现系统的多重效益。共生者之间差异越大，系统多样性越高，共生效益也越大。因此，在植被恢复与重建时，要考虑通过生物种群的匹配，利用生物对环境的影响，使有限的资源得到合理利用，以提高人工生态系统的功能。在管理、布局和调控植物群落时，根据共生原理，应重视边缘交叉地带，创造具有共生关系的正边缘效应，杜绝他感作用等负边缘效应。

生态位是指某一种群存在的条件。生态位和种群存在对应关系，即一定的种群要求一定的生态位；反之，一个生态位只能容纳一个特定规模的生物种群。自然群落随演替向顶极群落发展，其生态位数目增多，物种多样性也增多，空白生态位逐渐被填充，生态位逐渐饱和。恢复和重建森林植被要遵循生态位原理，引入适宜的物种，填补空白生态位，使原有群落的生态位逐渐饱和，这样既可以抵抗病虫害的侵入，增强群落稳定性，也可以改善生物多样性，提高群落生产力。

4. 生物多样性和稳定性原理

群落的多样性和稳定性是密切相关的。物种多样性高的群落更稳定。物种多样性高意味着群落生物组成种类多而均衡，食物网纵横交错，从而保证系统具有很强的自我组织能力，群落对于外界环境压力、变化、干扰或来自群落内部种群的波动具有较强的抵抗或调节能力，从而使群落具有较强的稳定性。因此，在植被恢复与重建时，要充分考虑群落的多样性和稳定性，形成多样的植被类型和复杂的植物群落，以保证植被建设的效果和群落的持续性与稳定性。

5. 自然力与人工调控相结合原则

在植被恢复与重建时，要充分利用自然规律和自然力，依靠森林生态系统自身恢复能力；同时，进行必要的人为缓和调控，促进与提高生物多样性和生态系统的稳定性，保证森林资源的永续利用，有利于森林的可持续发展。运用自然恢复与人为调控相结合的方法，可促进森林结构的多元化，增强森林群落生物多样性和稳定性。要充分利用自然恢复能力，优先采用封山育林措施，不宜盲目大面积地实施人工造林。要根据适地适树原则，优先选择适生的乡土树种，严格控制盲目地大量引种外来物种。

6. 生态、社会、经济三大效益兼顾原则

每一种植物均有一定的功能价值，或有明显的经济价值，或有突出的生态功能，或二者兼备。对于退化生态系统，植被群落的退化正是由于人为片面地追求经济利益而造成的。人类对植被的不合理利用加快了植被的逆行演替。因此，在进行植被恢复与重建过程中，必须遵循生态、社会与经济三大效益兼顾的原则，充分考虑人类对生态环境治理的愿望和对经济发展的要求，选择生态、社会与经济三大效益兼顾的恢复与重建方式。

二、基本要求

森林植被恢复与重建，既是优化森林结构、提高生物多样性与稳定性的手段，也是保障其功能充分发挥的重要措施，其基本要求包括以下3个方面。

1. 调整和改善群落结构

森林植被恢复与重建的目标群落应达到结构合理、生物多样性丰富、生态学稳定的要求。群落结构通常包括水平结构、垂直结构和年龄结构三个方面。对天然灌丛植被，在水平结构上应根据植被演替的不同阶段，通过人工辅助措施，因地制宜地增加木本植物种类，提高群落的生物多样性和均匀性，在垂直结构上应建立乔、灌、草结合的复层结构植被。对于人工纯林，一应改变现有林分同种、同层、同龄的纯林格局，因地制宜地引进阔叶或针叶树种和灌木树种，形成乔、灌、草结合的复层、异龄针阔混交林；二应调控林分的密度结构，维持林分生物生产力的稳定和持续期限，提高林分生态功能；三应结合林分改造，改善现有立地条件，促进林分的生长发育。

2. 提高植被系统的多种功能

通过人工适度干扰或调控，可改善植被群落结构，提高群落生物生产力，充分发挥其生态功能、经济功能、社会功能及景观功能。因此，在植被恢复与重建中，提高生物多样性和生态稳定性的同时，要充分考虑植被系统的多种功能和效益，满足人类对森林多种功能的需求。

3. 具有可行性和可操作性

根据当地社会经济条件、交通状况、立地类型、植被现状，科学选择和确定植被恢复方式（封、飞、造、人工促进）；根据当地的气候特点和立地条件，遵循"适地适树"原则，根据现有天然植被群落特征和演替特征、人工林分群落现状，合理搭配和引进适宜树种，做到经济可行，易于掌握和操作。

三、基本途径

植被恢复与重建可采用3条途径。一是自然恢复途径，即消除人为干扰因素，充分借助自然力作用使植被自然恢复，此途径植被恢复的时间较长。二是人工促进自然恢复途径，即在利用自然恢复的同时辅以人工促进措施，或通过人为措施补给种子繁殖体数量、促进营养繁殖体更新等措施，加速自然植被的恢复进程。三是人工定向恢复途径，即完全按照人们的意愿建立人工植被群落。根据不同的生态和经济目标，人为向系统输入能量和物质，并在林草种选择、栽植（播种）密度、配置方式、抚育管理等方面采取不同的一整套技术措施，约束原有系统的演化，以新的植被系统代替原有系统，使其最终实现既定目标的植被恢复方式。

1. 实施封禁措施，充分利用天然植被的自然恢复力

封山育林是禁止人类对森林植被的继续破坏，对残存林木及其天然更新能力加以保护，使森林植被得到恢复的一种方式。适宜采用封山育林的主要区域是天然次生林和天然次生林受到严重破坏后形成的残林迹地、生长有稀疏乔木和幼树的灌丛地。实施封禁措施后，可借助天然植被的自然恢复力，形成与小尺度空间异质性（如土壤营养条件的异质性）相适应的密度和均匀度多变的自然群落。经过植物定居、竞争、竞争弱化和互惠依赖，到一定时期后形成群落聚合。虽然植被自然恢复的时间较长，但形成的植物群落对于空间和资源的利用更充分，物种多样性更丰富，群落内物种间（包括植物间、植物与动物间、动物间和土壤动物与植物根系间）的生态关系更和谐，所需的经济投入相对较少。相对于人工群落，自然群落生物组分关系复杂、时空结构变化多样。

2. 采取人工促进措施，加速天然植被恢复进程

采用封育自然恢复的时间相对较长，因此，应因地制宜地采用人工促进自然恢复的方式。人工促进措施宜采用抗逆性强的天然残存植被组成的植物种，采取营养钵栽植法、单一树种直播法、混合植物种（包括乔木、灌木和草本植物）直播法等方法。人工促进措

施下的植被恢复速度较植被自然恢复的速度要快，人工促进措施应做到因地制宜，封育自然恢复与人工促进恢复、改造相结合，灵活应用封、改、管等先进技术。常见的措施有诱导针阔混交林技术措施、幼林抚育措施、封育、人工播种、人工促进天然更新措施和改造措施等。可根据不同区域森林植被现状、自然恢复能力、演替动态、立地条件类型，采取适宜的人工促进或改造措施，使其迅速成林并符合植被定向培育与建设目的。

3. 科学采用人工恢复方式，重建森林植被系统

人工恢复是我国当前运用最多的一种植被恢复方式，广泛应用在宜林荒山、荒地、荒滩植被建设，低效林改造，迹地重建中。人工恢复植被要根据群落垂直层次结构分化、时间结构变化对空间资源充分利用的群落学原理，选择生态经济价值较高的乡土物种和驯化种等森林植物物种，采用工程措施、合理配植和人工营造的方法恢复近自然的森林植被群落或重建新的森林群落类型，持续发挥群落的复合功能。在中低山、低山立地条件较好的区域，可采取人工恢复方式模拟天然群落结构，采用多植物种混交配植，以形成结构复层、生活型多样的近自然的生态经济群落。

总之，在恢复与重建植被过程中，无论采取何种方式，其基本前提都必须依赖所在地区的天然植被及其优势种，充分利用天然植被的自然恢复力，发挥当地植被优势种的生态经济功能。在生产实践中，要坚持因地制宜、分类施策、分类经营的原则，科学选择确定森林植被恢复与重建的途径和技术。如营建生态林应以群落自然恢复和人工促进自然恢复方式为主，人工定向恢复方式为辅；营建商品林和经济林应以人工定向恢复方式为主，人工促进恢复方式为辅，构建生态经济群落。

第二节 森林营造

一、森林立地调节

森林立地质量的分析与评价是科学营林的重要基础。立地质量是决定森林生产力的最重要因素。森林立地的研究，可为适宜造林树种选择、合理的营林措施和森林经营方案制定提供科学依据，并能预测森林的生产力、最终的木材产量及所发挥的生态效益。

（一）森林立地的基本概念

1. 立地、立地质量

美国林业工作者协会（1971）将立地定义为"林地环境和由该环境决定的林地上的植被类型和质量"。德国学者认为，立地是对林木生长发育起重要作用的物理和化学环境因子的总和。现在，林学上的"立地"和生态学上的"生境"内涵已趋于相同。

立地条件（即立地）在林学意义上是指在造林地上与森林生长发育相关的自然环境因子的综合。立地质量是指某一立地上既定森林或其他植被类型的生产潜力，包括气候、土壤和生物等因素。立地质量是立地条件的量化，有时两者可通用。

2. 立地质量评价

立地质量评价是对立地的宜林性或潜在的生产力进行判断或预测。立地质量评价的目的是为收获预估而量化土地的生产潜力，或为确定林分所属立地类型提供依据。立地质量评价的指标多用立地指数，也称地位指数，即该树种在一定基准年龄时的优势木平均高。

3. 立地类型

不同区域的立地存在较大差异，因此，为更好地反映不同立地的特性，以对应不同树种的特性，达到适地适树的目的，必须对立地进行分类。根据生态学特性相对一致而划分出的立地组合，称为立地条件类型，简称立地类型。

（二）森林立地因子

在对森林立地进行分类与评价时，常采用的立地因子主要包括环境因子（如气候、地形、土壤、水文等）、植被因子和人为活动因子三大类。

1. 环境因子

（1）气候因子。对森林分布起主要作用的气候因子为水热条件。水热条件的差异，使我国形成了由北向南包括寒温带针叶林、温带针阔叶混交林、暖温带落叶阔叶林、亚热带常绿阔叶林、热带季雨林及雨林等在内的不同森林植被类型。此外，在同一个热量带内由于经度不同及地形的干扰，水热条件也存在一定差别，使得森林植被类型的种属组成及森林生产力发生变化。大气候主要决定区域性森林植被的分布，而小气候明显地影响树种或群落的局部分布。因此，在立地分类系统中，气候一般作为大地域分类的依据或基础。

（2）地形因子。包括海拔、坡向、坡度、坡位、坡形、小地形等。地形主要通过改变与林木生长直接相关的水热因子、土壤因子来影响林木的生长。海拔可以直接作用于气温和降水，使森林植被呈现明显的地带性特征。坡向、坡度、坡位和坡形等也是通过影响与林木生长发育有关的热量、水分、养分等因子，而对林木生长发育起作用。

（3）土壤因子。通常包括土壤种类、土层厚度、土壤质地、结构、养分、腐殖质、酸碱度、土壤侵蚀度、各土壤层次的石砾含量和含盐量、成土母岩及母质的种类等。土壤是林木生长的基质，其自身受到气候、地质、地形等多种因素的影响，形成了不同地理区域的土壤差异性；而不同的土壤决定了不同树种的分布和生长潜力。因此，在评价造林地的生产潜力以及制定造林技术措施时，一般需要对土壤条件进行分析。

（4）水文因子。包括地下水深及季节变化、地下水的矿化度及盐分组成、有无季节性积水及其持续期等。水文因子特别是地下水位对平原地区的造林地有重要影响，因此，在其立地分类中常被作为主要考虑因子之一；而山地的立地分类一般不考虑地下水位问题。

2. 植被因子

植被因子能够反映生态系统特征与森林群落组成的主要植物种的存在、相对多度，是立地质量最好的指示者。在植被未受严重破坏的地区，植被状况能反映立地质量，特别是某些生态适应幅度窄的指示植物，更可以较清楚地揭示造林地的小气候、土壤水肥状况，从而有助于加深对立地条件的认识。因此，在立地分类中，森林植被类型及树种分布可作为区域划分的依据。但由于我国多数造林地植被破坏严重，指示植物立地评价受到一定限制。

3. 人为活动因子

土地利用的历史沿革及现状反映了人为活动对上述各项因子的作用。不合理的人为活动如乱砍滥伐、不合理清除地表凋落物，会造成水土流失，加速立地退化、劣变。由于人为活动的多变性和不确定性，在森林立地分类中一般只作为其他立地因子形成或变化的驱动力之一进行分析，而不作为立地类型的组成因子。

（三）森林立地分类

1. 森林立地分类的途径

基于森林立地分类的大量研究和实践，森林立地分类的途径可概括为植被因子途径、环境因子途径和综合多因子途径3个方面。

（1）植被因子途径即利用植被因子进行立地分类和评价，其主要方法包括林木生长效果法、植被特征法和植被因子法。森林立地分类研究森林环境与植被间的生态关系，因此，植被在森林立地分类中占重要地位。植被因子途径对立地性质的解释是间接的，在天然林地区具有重要的应用价值，但在森林空间格局受到人为因素影响大的地区，其应用受到一定限制。

（2）环境因子途径即利用环境因子进行立地分类和评价，其主要方法包括气候与林木生长法、地形与林木生长法和土壤与林木生长法。环境在与植物的相互作用中通常起决定性作用，因此，人们在不断地研究和应用环境因子直接预测森林生产力，即通过立地指数与立地因子间的关系建立多元回归方程，用于立地质量评价和立地类型划分。

（3）综合多因子途径即通过对气候、地形、土壤、植被的综合研究，划分立地类型或立地单元，是目前应用最为广泛的森林立地分类途径。

2. 森林立地分类的原则和依据

1）森林立地分类的原则

（1）地域分异原则。森林立地分类应以自然环境因子和植被地域差异作为主要依据，任何一级森林立地单元都必须反映本级范围内的自然环境因子。

（2）综合多因子与主导因子相结合原则。森林立地是一个自然综合体，必须综合立地的各个构成因素，找出立地的分异特征。在综合分析的基础上，找出主导因子及其划分指标，以区分不同类型。主导因子既是分类的主要依据，又是影响立地利用改造的主要因素，对生产应用具有易于掌握的特点。

（3）简明实用原则。森林立地分类要着眼于生产应用，服务于造林营林工作。建立系统时应以最简明、最准确、最直观的命名和文字描述表达，既科学又实用。确定的主导因子要易于鉴别，各级类型划分的依据和指标要充分考虑树种、造林及森林经营上的差异及可能带来的经济效益。

2）森林立地分类的依据

森林立地分类的依据指森林立地分类系统中各级区划单位和分类单位的划分依据。在森林立地分类系统中，高级单位的划分（如森林立地带）应主要依据地貌、气候、岩性等的差异，对于基本的立地分类单位可主要依据地形、土壤、植被、水文等立地因子的差异。

3. 森林立地分类系统

森林立地分类系统是指以森林为对象，对其生长的环境进行宏观区划和微观分类的分类方式。一个森林立地分类系统一般由多个（级）分类单元组成，由宏观区划单位和基本的立地分类单元构成。

自 20 世纪 70 年代以来，我国广泛而深入地开展了森林立地分类系统的研究，相继提出了一些分类系统，其中较完善的、全国性的立地分类系统为中国森林立地分类（1989年）和中国森林立地（1997 年）。

1）中国森林立地分类提出的系统

该系统由詹昭宁等人建立，其立地分类的依据主要包括立地基底（母质、母岩）、立地形态结构（大地形地貌、山地、河谷及小地形）、立地表层特征（土壤及其特征）和生物气候条件 4 个方面。该系统将立地区划和分类单位组成同一分类系统，划分为 6 级，即

立地区域

　　立地区

　　　立地亚区

　　　　立地类型小区

　　　　　立地类型组

　　　　　　立地类型

该系统的前 3 级（即立地区域、立地区、立地亚区）是区划单位，后 3 级为分类单位。森林立地分类中的基本单位是"立地类型"。该分类系统将全国共划分为 8 个立地区域、50 个立地区、166 个立地亚区、494 个立地类型小区、1716 个立地类型组、4463 个立地类型。

2）中国森林立地提出的系统

该系统由张万儒、蒋有绪等人建立，其高级单位的分类依据大气候、大地貌和社会经济发展状况；中低级分类单位以地形、土壤、植被、水文等因素为分类依据。该分类系统由包括 0 级在内的 5 个基本级和若干辅助级组成，即

0 级　森林立地区域

1 级　森林立地带

2 级　森林立地区

　　　森林立地亚区

3 级　森林立地类型区

森林立地类型亚区

森林立地类型组

4级　森林立地类型

森林立地变型

该系统的1、2级为森林立地分类系统的区域分类单元，3、4级为其基层分类单元。该系统把全国共划分成3个立地区域、16个立地带、65个立地区、162个立地亚区。

（四）造林地立地调节

1. 造林地种类

造林地的种类较多，可概括为以下4种。

1）荒山荒地

荒山荒地是未生长过森林植被或森林植被遭破坏已退化的荒山植被区，其土壤已不具备森林土壤的特质。荒山造林地因其上生长植被的不同，可分为草坡、灌木坡及竹丛地等。造林时，需根据各地段的植被特点采取相应的整地措施，消除植被对新植幼树的不良影响，并注意保持水土和土壤改良，促进幼林生长发育。有些不便于农业利用的平坦荒地，如沙地、盐碱地、沼泽地、河滩地、海涂等，都可成为单独的造林地种类，这类造林地立地条件差，特点各异，通常造林较困难。

2）农耕地、"四旁"地及撂荒地

农耕地指用于营造农田防护林及林粮间作的造林地种类，一般地势平坦、土壤条件较好，但坚实的犁底层不利于林木根系深扎，造林时应深耕及大穴栽植。"四旁"地指路旁、水旁、村旁和宅旁植树的造林地，与农耕地相似，条件较好，但城镇地区"四旁"地的情况较复杂，需具体分析。撂荒地指停止农业利用一定时期的土地，土壤多瘠薄，植被稀少，与荒山荒地性质类似，应根据具体条件区别对待。

3）采伐迹地和火烧迹地

采伐迹地是森林采伐后不久而尚未长起新林的土地。新采伐迹地一般条件较好，应及时清理，尽快进行人工更新或人工促进天然更新，否则，喜光杂草大量侵入，造林更新难度将加大。火烧迹地指人为或天然火灾后形成的造林地。更新造林前需对迹地上的站杆、倒木进行清理，及时更新，否则会恶化而演变成荒山草坡或灌木坡，增加更新造林难度。

4）已局部更新的迹地、次生林地及林冠下造林地

这类造林地的共同特点是造林地上已生长树木，但其数量不足、质量不佳或树木已衰老，需要补充或更新造林树种。主要通过见缝插针、栽针保阔等措施进行补植。次生林地可通过人工栽植，引进适宜树种进行改造。树冠下造林地实际是伐前造林，待更新层生长到需光时，伐去上层木。

2. 造林地清理

造林地清理是在翻耕土壤前，清除造林地上的植被或采伐迹地上的剩余物等的一道工序，主要目的是改善林地的立地条件和卫生状况，并为整地、造林和幼林抚育等作业创造便利条件。

1）造林地清理方法

造林地清理的常见方法有割除（砍伐）、烧除、化学清理、堆积清理等。

（1）割除清理。植被比较稠密和高大的造林地，在造林前需利用割除工具如割灌机等割除林地的杂草、灌木及采伐剩余物，再采取烧除处理或堆积处理。

（2）火烧清理。火烧清理是在造林前粗放地割除天然植被，待其干燥后进行焚烧（炼山）的一种清理方法。火烧清理具有提高地温、增加土壤养分含量、消灭病虫害，清理林地彻底、省工、便于更新造林作业等优点。但是，火烧清理易引起水土流失，增加林地养分损失，生产中应尽量避免采用该方法。

（3）化学清理。化学清理是利用化学药剂去除造林地的杂草、灌木的一种清理方法。该方法具有针对性强、清理效果显著、投资少、省工以及不致造成水土流失等优点。但其效果取决于药剂的种类、浓度、用量及使用时期，还要考虑植被的特性、生长发育状况及气候条件。若使用不当易造成环境污染，对人畜及野生动物造成毒害。因此，使用时应慎重。

（4）堆积清理。堆积清理是将采伐剩余物及割除的杂草、灌木按照一定方式堆积在造林地上任其腐烂分解的清理方法。该方法有利于改善土壤，提高土壤肥力和蓄水保土能力；但会为鼠类及病虫害提供栖息场所。

2）造林地清理方式

造林地清理方式主要有全面清理、带状清理和块状清理 3 种。可根据造林地的天然植被状况、采伐剩余物的种类、数量及其分布、造林方法、经济条件等具体情况确定合适的清理方式。

（1）全面清理是全部清除天然植被和采伐剩余物的清理方式。清理方法可采用火烧、割除以及化学方法。

（2）带状清理是以种植行为中心，带状地清除两侧植被和采伐剩余物，然后将其堆积成条状的清理方式。清理方法可采用割除和化学药剂处理等。

（3）块状清理是以种植穴为中心，呈块状地清除其四周植被和采伐剩余物，然后将其归拢成堆的清理方法。常用的清理方法为割除和化学药剂处理。

3. 造林地整地

造林整地是造林前清除造林地上的植被、采伐或火烧剩余物，并以翻垦土壤为主要内容的一项生产技术措施。通过整地，能够清除林地植被、改变微地形、翻动和熟化土壤，从而改善造林地的光热水条件和土壤理化性质，减少杂草和病虫害，便于造林施工和今后的各项经营活动，对苗木的成活、保存及以后的生长发育均具有深远影响，是人工林培育的一项重要技术措施。

造林地整地主要有全面整地和局部整地两种方式，局部整地又分为带状整地和块状整地。

（1）全面整地是全部翻垦造林地土壤的整地方式。全面整地能显著改善造林地的立地条件，便于机械作业和林农间作，但费工、投资大，易造成水土流失。该方式适用于地势平缓、无风蚀沙地、杂草丛生、土壤板结的宜林地。坡地进行全面整地应考虑坡度、土壤结构和母岩，坡度不宜超过15°，坡面过长时，应考虑在山顶、山腰和山脚适当保留原有植被。

（2）带状整地是在造林地上呈长条状翻垦土壤，并在翻垦带间保留一定宽度原有植被的整地方式。带状整地便于机械作业、省工，改善立地条件作用较明显，不易引起水土流失。该方式适用于地势平坦、无风蚀或风蚀轻微的造林地，坡度平缓或坡度虽大、但坡面完整的山地。在山地进行带状整地时，带的方向应与等高线保持水平。适用于山地的带状整地方式有水平带状整地、水平阶整地、反坡梯田整地、水平沟整地、撩壕整地等，适用于平原的整地方式有高垄整地、犁沟整地等。每种方式都有各自的适用条件和技术要求，需根据造林地的立地条件进行选择。

（3）块状整地是块状翻耕造林地土壤的整地方式。由于破土面小，引起水土流失的危险性小，整地成本较低，但改善立地条件的效果相对较差。该方式适用于各种条件的造林地，特别是地形破碎、水土流失严重、坡度大的山地。适用于山地的块状整地方式有块状、穴状、鱼鳞坑等，适用于平原的块状整地方式有块状、坑状、高台等。每种方式都有各自的适用条件和技术要求，需根据造林地的立地条件进行选择。

整地时，还需根据实际条件，确定整地规格和整地时间。整地规格主要指整地的断面形式、深度、宽度、长度以及间距等。确定这些参数的原则是：在自然条件和社会经济条件允许的前提条件下，力争最大限度地改善立地条件，避免造成不良危害，获得较大的经济和生态效益。除了北方土壤冻结的冬季外，一年四季均可整地，但不同地区在不同季节整地的效果不同。根据整地与造林是否同期，可以将整地时间分为随整随造和提前整地。提前整地就是在造林前一年或半年、至少一个季节进行整地，效果较好，可使土壤充分熟化和蓄积水分，便于安排农事季节。

二、林种规划与树种选择

（一）林种规划

林种即森林的种类，是造林目的的集中反映和制定经营措施的依据。林业区划已在大的区域范围内规划和确定了林种，各地区可根据林业区划的框架并结合本地区的具体实际进行林种规划。林种规划要从长远的林业建设出发，确定规划区域的长远奋斗目标；充分考虑地区的自然和社会经济条件，兼顾国家整体利益和地区需要，充分利用地区已有的区划成果，使林种规划的制定建立在科学的基础上。《中华人民共和国森林法》规定，森林按照用途可划分为防护林、特种用途林、用材林、经济林和能源林五大类，即五大林种。除此之外，还有"四旁"树。

（1）防护林是以发挥森林的防风固沙、护农护牧、涵养水源、保持水土等防护效益为主要目的的森林。按其主要防护对象不同，可细分为农田防护林、牧场防护林、海岸防护林、护路林、堤岸防护林、防风固沙林、水源涵养林、水土保持林等次级林种。

（2）特种用途林是以国防、环境保护、科学实验、生产繁殖材料等为主要目的的森林。包括国防林、实验林、母树林、风景林、环境保护林、名胜古迹及革命纪念地的森林和林木。

（3）用材林是以生产木材包括竹材为主要目的的森林。按其生产木材的规格和用途不同，可细分为一般用材林和专用用材林。

（4）经济林是以生产除了木材以外的其他林产品为主要目的的森林。其产品包括干鲜果及其制品、药材、工业原料等。

（5）能源林是以生产生物质能源为主要目的的森林。

（6）"四旁"树是指在路旁、水旁、村旁、宅旁等成行或零星的树木。"四旁"树兼有生产、防护和美化功能，且生产潜力大，对增加木材生产、优化环境、改善群众生活都有重要作用。

（二）适地适树与树种选择

树种选择是造林成活率的重要影响因素之一。树种选择不当，林木将难以成活，或长期生长不良难以成林、成材，造林地的生产潜力也难以发挥，无法起到应有的生态和经济效益。

1. 适地适树

适地适树就是使造林树种的生物学、生态学特性与造林地立地条件相适应，以充分发挥其生产潜力，实现当前技术经济条件下该立地可能实现的高产水平。适地适树是造林工作的一项基本原则。在实际工作中，既要充分发挥林木对环境较强的适应性，积极引进和试验新树种或新品种，也要防止盲目引进树种或扩大树种的种植范围。

1）适地适树的标准

适地适树的标准由造林目的确定，包括定性标准和数量标准。对于用材林来说，其定性标准是成活、成林、成材，且具有一定的稳定性；其数量标准包括立地指数、平均材积生长量和立地期望值。

立地指数作为衡量林木生长状况的指标，能较好地反映立地性能与树种生长的关系。了解同一树种在不同立地条件下的立地指数，以及比较不同树种在相同立地条件下的立地指数，能客观地为树种选择提供依据。

平均材积生长量是林木生产力指标之一。针对一定的经营水平，调查不同立地条件下林木的生长量和蓄积量，能够鲜明地反映立地条件的影响，为制定适地适树方案提供依据。

立地期望值指一定使用期内立地的价值。该标准较全面地考虑了立地质量经济评价的影响因子，把树种选择的经济效果与立地质量紧密结合起来。

2）适地适树的途径

一是选择，包括选地适树和选树适地；二是改造，包括改地适树和改树适地。选择和改造是相互补充、相辅相成的两条途径，选择是最基本途径，改造必须建立在选择的基础上。

选树适地指在确定造林地以后，根据其立地条件选择合适的造林树种。

选地适树指先根据当地的气候和土壤条件确定造林树种，再寻找与之相适应的造林地。选地适树是新树种引进所采取的方法。

改树适地指在树木与立地不相适应的情况下，通过选种、育种、引种驯化等手段来改变树木的某些特性，使之与立地相适应。改树适地是适地适树最主要的途径。

改地适树指通过土壤管理等措施（包括整地、施肥、灌溉、排水等），改变造林地的立地条件，使之与树种相适应。

2. 树种选择的原则

（1）适地适树原则。林业工作者应该遵循的第一原则。适地适树原则就是使林木的生物学、生态学特性与立地条件相协调。需要对立地特性和树木特性作全面了解，使所选择的树种特性与造林地的立地条件相适应，将来形成相对稳定的森林生态系统。

（2）经济性原则。在达到适地适树的基础上，为提高造林者的积极性和经济效益，在树种选择上应充分考虑树种的经济性状，以提高营林效益。

（3）生态学原则。森林培育的全过程都应坚持生态学原则，按照森林生态系统经营的理念组织营林生产实践。首先要保证立地能满足树种的生态要求；其次要保护生物多样性，即造林树种选择要坚持多样性原则，考虑多树种混交造林、乡土树种与引进外来树种结合造林。

另外，还应考虑造林栽培技术的难易程度和栽培历史、苗木来源、组成森林的格局与经营技术等。

3. 不同林种的造林树种选择要求

1）用材林对树种的要求

总体要求为"速生、丰产、优质"。速生型用材林是目前人工造林的发展趋势。丰产性是指在采伐时单位面积的蓄积量高。一般而言，林木的速生性和丰产性存在一定联系，通常有三种情形：既速生又丰产，如落叶松、杨树、杉木、马尾松、湿地松、火炬松、桉树等；速生而不丰产，如泡桐、楝树、旱柳等；丰产而不速生，如红松、云杉、冷杉等。优质性主要体现在林木的外部形态和内部材质方面，具体指标因材种不同而不同。如胶合板材的外部形态要求有树干通直、圆满、枝下高高、分枝细小、无结疤、无虫孔等；纸浆材的内部材质要求为木质素含量低，木纤维含量高等。

2）经济林对树种的要求

"优质、丰产、早实"，树种选择应更注重品种和类型。

3）防护林对树种的要求

不同防护林对树种的要求略有差异。

农田防护林主要包括农田林网和农林间作，主要用于防止干热风和霜害对农作物的影响。对树种的基本要求是树体高大、树冠狭窄、枝繁叶茂、抗风性强，深根性、侧根相对不发达，生长稳定、寿命长，经济价值高。

水土保持林种植于水土流失严重地段，主要用于拦截和吸收地表径流，固定土壤，涵养水分。对树种的要求是树冠浓密、落叶丰富、易分解，根系发达、根蘖性强，能够密植、适用性强、生长迅速。

防风固沙林营造于风沙危害严重区域，主要用于防止风蚀，控制沙砾移动危害工农业生产。对树种的要求是侧根发达、根蘖性强，落叶丰富、易分解，耐干旱瘠薄、地表高温，耐沙割、沙埋。

4）能源林对树种的要求

生长迅速、生物量大、木材密度高，易燃烧、热值高，具备萌蘖更新能力，耐干旱贫瘠。

5）环境保护林和风景林对树种的要求

环境保护林：应根据生态环境特点和园林绿化要求，以及树种特性和主要功能综合考虑。在大型厂矿周围，应选择对污染物抵抗性强且能吸收污染物的树种。

风景林及城镇绿化：在满足适地适树要求的基础上，应充分考虑树种的保健性能、景观要求，多树种配置，特别要增加彩叶、观赏性高的花木果木树种。

此外，还要考虑树种的经济性状，在充分发挥生态防护和景观效益的同时，获得更高的经济效益。

6）"四旁"树对树种的要求

路旁树：以保护路基、美化环境、保证行车安全为目的。要求树种体形高大、树干通直、树冠开阔、枝叶繁茂、根系深扎，抗逆性强，且不影响视线。

水旁树：以护岸防蚀、减少水面蒸发为目的。要求树种根系发达、喜湿耐淹、速生优质，且凋落物不污染水体。

村旁宅旁树：经营条件好，树种选择应多样化，兼顾防护、生产、美化等多种效能。多发展珍贵用材、经济树种，如楠木、银杏、山核桃、樱桃、楸树、竹类等。

三、造林方法

人工造林方法是按照造林时所使用的材料不同而划分的方法。造林所使用的材料有种子、苗木、营养器官，相应的造林方法有直播造林、植苗造林和分殖造林。确定造林方法主要依据树种的繁殖特性、立地条件、经营条件、经济条件等。

（一）直播造林

直播造林也称播种造林，是将种子直接播种到造林地上的营造森林方法。此方法要求造林地立地条件较好，土质疏松、杂灌草稀疏、各种灾害不严重；种子发芽迅速、幼苗生长快、适应性和抗逆性强，种子来源丰富、价格低。其造林技术要点如下。

1. 种子播前处理

为促使种子快速萌芽、整齐出土，预防鸟、兽、虫、病害，在播种前需对种子进行消毒、浸种、催芽及拌种等处理。

2. 播种方法

常见播种方法有以下4种：

（1）撒播：将种子均匀分撒于造林地上的方法。一般播前不整地，播后不覆土，造林成本低，适用于中小粒种子的针阔叶树种和交通不便的大面积荒山荒地、采伐迹地及火烧迹地造林。

（2）条播：在整地后的造林地上按一定行距进行条带状播种的方法。适用于迹地更新和次生林改造，便于机械化作业，但耗种量大。

（3）穴播：在经过局部整地的造林地上，按一定行距和穴距挖穴播种的方法。此方法操作简单、施工灵活，适用于各种造林地、多数树种，应用广泛。

（4）块播：在整地后的造林地上，小块状密集播种的方法。此方法可形成植生组，具有群状配置的特点，块状地面积常在 $1\ m^2$ 以上。适用于次生林改造、天然更新迹地引入针叶树及沙地造林。

3. 播种量

依据树种特性、种子品质、播种方式及单位面积计划保留的苗木数量确定播种量。一般而言，大粒种子每穴 2～4 粒，中粒种子每穴 3～5 粒，小粒种子每穴 10～20 粒，细小粒种子每穴 20～30 粒；条播和撒播的播种量至少为穴播的 2～3 倍。

4. 播种技术

播种要均匀，放置方式要得当，覆土厚度要适宜。覆土厚度因种粒大小、播种季节、土壤状况而异，一般大粒种子覆土 5～7 cm，中粒种子 2～5 cm，小粒种子 1～2 cm。

（二）植苗造林

植苗造林也称植树造林，指将苗木作为栽植材料的营造森林方法。此方法应用最广且可靠，对立地条件要求不高，适于各种宜林地造林；但苗木移栽过程中根系易受损，造林成本高。其造林技术要点如下。

1. 整地质量

整地质量要求较高，通过采取合理的整地方法和选择适合的整地季节，提高土壤蓄水能力，减少灌草的竞争和危害。

2. 苗木的规格、质量要求

常用的苗木种类包括播种苗、营养繁殖苗及其移植苗、容器苗等；可为宿土苗或裸根苗。苗木的规格因林种、树种而异，营造用材林常用小苗；速生丰产林、经济林及防护林可加大规格，常用 2～3 年生苗木；"四旁"树、城镇绿化及风景林要求的苗木规格更大。

3. 苗木保护与处理

在苗木掘起后至栽植前，为保持苗木旺盛活力，必须严加保护，防止失水抽干、发热，以及受到机械损伤等。必要时可采取一定措施，针对裸根苗，措施包括地上部处理（如截干、去梢、修剪枝叶、喷洒蒸腾抑制剂等）和根系处理（如浸水、修剪根系、蘸泥浆、蘸激素或吸水剂、接种菌根等）；针对宿土苗，要防止土球散裂。

4. 栽植技术

常用的栽植方法有穴植、缝植和沟植。穴植是应用最普遍的造林方法，适用于各种苗木。为保证苗木成活，合适的造林季节和时间非常重要。适宜的造林季节要求温湿度适宜，符合造林树种的生物学特性，且自然灾害发生概率低。我国最常用的为春季造林，在冬季风害、冻拔害不严重的地区可秋季造林，在春旱严重、雨季明显的地区可雨季造林，在冬季土壤不冻结的温暖湿润地区也可冬季造林。植苗造林时，要同时考虑栽植深度、栽植位置及施工要求等。

（三）分殖造林

分殖造林是将树木的部分营养器官（茎干、枝、根、地下茎等）直接栽植于造林地的营造森林方法。此方法具有营养繁殖的一般特点，因使用的营养器官和栽植方法不同而分为插条造林、埋条造林、分根造林、分蘖造林、地下茎造林等，其中插条造林和地下茎造林在生产上应用较多。插条造林是截取树木或苗木的枝条或树干作插穗，直接插植于造林地的造林方法。插穗的年龄、规格、健壮程度、采集时间等对造林有较大影响，造林季节和时间与植苗造林基本相同。地下茎造林是竹类的重要造林方法，主要有移母竹法和移鞭法，造林季节和时间因竹种而异，一般在秋冬造林，也可雨季移竹造林。

第三节 林分结构调控

合理的林分结构是发挥最优森林效益的重要基础。林分结构是指组成林分的林木群体各组成成分的时空分布格局，通常包括组成结构、水平结构、垂直结构、年龄结构等。林分结构取决于树种组成、林分密度、林木配置和林木年龄等因素，此节就林分密度和树种组成作详细介绍。

一、林分密度

林分密度指单位面积的林木数量，用于表征林分的密集程度。在林分生长发育过程中，林分密度不断变化，通常把森林起源时形成的密度称为初始密度，而把其他各发育阶段的密度称为经营密度。人工林的初始密度称为造林密度（或初植密度），是指单位面积造林地上的栽植株数或播种穴数。

（一）密度的作用

1. 造林密度对苗木成活的作用

在苗木来源充足、苗木价格低廉的前提下，可通过加大造林密度，保证造林一次成功，避免再次补植，但这并不是保证苗木成活的最好方法，最根本的解决办法是提高苗木质量和栽植、管护质量。

2. 造林密度在郁闭成林过程中的作用

林木及时郁闭可减缓杂草、灌木竞争，提高林木整体抗御灾害的能力，有利于林木更有效地利用空间及其生存生长。适当加大造林密度，可促使幼林提早郁闭；但过早郁闭，也会因种间和种内竞争，使林木过早分化和自然稀疏。因此，不能为追求郁闭而盲目扩大造林密度，还应考虑树种特性、立地条件和育林目标。

3. 密度对林木生长的作用

（1）树高生长。在中等密度范围内，密度对树高生长的作用很小。但有些顶端优势不明显的耐阴树种在一定范围内，树高表现出随密度增大而增加的趋势，如云杉、冷杉等；而喜光或顶端优势明显的树种，其树高则随密度增大而减小，如杨树类、落叶松类等。

（2）树冠。树冠的生长速度在郁闭前基本不受密度影响。郁闭后，树冠的生长受到密度制约，密度与冠幅、冠长呈显著负相关，即密度大的林分其林木树冠要小。

（3）直径生长。密度对直径的影响较明显，密度越大，林木平均直径越小。密度对直径的影响是通过密度对树冠和地下部分的影响来实现的，其中对树冠的作用更大；而树木直径与树冠指标呈显著的正相关关系，且不受树种、年龄和立地条件的限制。

（4）单株材积、林分蓄积量和生物量。密度对单株材积的作用规律与对直径生长的作用相同，即密度增大，平均单株材积减小。密度对林分蓄积量的影响与林分密度存在一定关系，当林分密度较稀疏时，林分蓄积量随密度增加而增大；当密度增大到一定程度时，密度的竞争效应增强，蓄积不再随密度增加而增大，而是维持在一定水平，此水平的高低取决于树种、立地和营林技术等因素。密度对林分生物量的作用规律与对蓄积量的作用一致，即林分最终生物产量受密度影响较小。

4. 密度对根系生长的作用

根系的发育对林木的生长状况及林分稳定性影响较大，而根系的生长发育会受到林分密度的限制。林分密度过大，根系营养空间小，生长发育受阻，林木易遭风倒、雪压、病虫害的侵袭；密度过小，林分郁闭延迟，杂草、灌木滋生，易与林木竞争营养。

5. 密度对干形材质的作用

密度适当加大，能使林木的树干饱满、干形通直、分枝细小，节疤数量减少，因此有利于提高木材质量。此外，密度对木材的解剖构造、物理力学性质及化学性质也有一定影响。

（二）确定林分密度的原则

最适林分密度的确定受到经营目的、造林树种、立地条件、培育技术等因素的影响，因此，要正确确定造林密度，必须弄清林分密度与这些因素的关系。

1. 林分密度与经营目的

经营目的主要反映在林种上，林种不同，在培育中所要求的群体结构不同，林分密度也不同。营造用材林应按培育目的材种确定最适造林密度，一般培育大径材的造林密度宜小些，培育中小径材的宜适当密植；营造防护林应根据林种类型的不同要求确定林分密度，如水土保持林一般采用较大的造林密度使林分迅速郁闭，有利于形成乔 - 灌 - 草的林分结构；培育经济林要求树冠充分发育和曝光，原则上不间伐，造林密度一般较小；培育以利用生物质能源为目的的能源林及纸浆原料林，多采用大密度造林。

2. 林分密度与造林树种

造林密度与树种的一些生物学特性诸如耐荫性、速生性、树冠特征、分枝特点、干形等有关。喜光而速生的树种如杨树、落叶松等宜稀植，耐荫且初期生长慢的树种如云杉、侧柏等宜密；干形通直、自然整枝良好的树种如杉木、檫树等宜稀，而树干易弯曲、自然整枝不良的树种如马尾松、部分栎类宜密；树冠宽广的树种宜稀，而树冠狭窄的宜密。具体确定造林密度时可参考《造林技术规程》(GB/T 15776—2016)。

3. 林分密度与立地条件

一般从经营要求来看，立地条件好适于培育大径材而宜稀植，立地条件较差只能培育中小径材而宜密植。在干旱半干旱地区造林时，密度的确定还需考虑降雨资源环境容量。

4. 林分密度与培育技术水平

栽培集约度越高，林木生长速度越快，没有必要进行密植。速生丰产林的营造趋于稀植，但采用短轮伐期的能源林及纸浆林仍要求高密度造林。

5. 林分密度与经济因素

造林密度与造林成本紧密相关，因此，应根据造林投资效益估算，选择投入产出比最合适的造林密度。最适造林密度即为一定造林树种在一定立地条件和栽培条件下，根据经营目的能取得最大经济、社会和生态效益的造林密度。

（三）确定造林密度的方法

1. 经验法

依据以往人工林的不同造林密度及生长效果，结合实际分析其合理性及需要调整的方向和范围，确定应采用的造林密度。此方法较快捷，但主观影响较大，存在一定随意性。

2. 调查法

通过调查现有森林不同密度林分的生长发育状况，应用统计学方法，得出密度效应规律及有关参数，作为确定造林密度的依据。此方法需要调查造林密度与郁闭、立地条件、林木生长等的关系，比较省时、省力，但要求造林地附近必须存在大量有林地。

3. 查图表法

参考我国已有重要造林树种（如落叶松、杉木、油松、杨树等）的密度管理图表来确定造林密度。

4. 试验法

当引入新的造林树种或确定不同材种培育年限与密度关系时，其初植密度大小的确定需要进行试验，即通过不同密度的造林试验结果确定合适的造林密度和经营密度是最可靠的方法。

（四）种植点配置

种植点配置是指一定密度的植株在造林地上的间距及排列形式。其配置方式可分为行状和群状两类。

1. 行状配置

行状配置是栽植点或穴分散而有序排列为行状的一种方式。此方式将林木均匀地分布于造林地上，能够促使林木充分利用空间和发挥其生长潜力，利于林木的发育匀称和抚育管理，便于机械化施工。行状配置可分为正方形、长方形、三角形等方式。

（1）正方形配置：株距与行距相等，相邻植株间的连线呈正方形。此配置方式能使树冠发育匀称，利于幼林抚育管理。

（2）长方形配置：行距大于株距，相邻植株间的连线呈长方形，行距与株距之比一般小于2。此配置方式便于抚育管理和间作。

（3）三角形配置：相邻行的各植株位置交错成品字形，行距与株距可相等，也可不等。如果各相邻植株的株距均相等，行距小于株距，则形成正三角形配置。此配置方式更利于树冠发育匀称，提高土地利用效率。

2. 群状配置

群状配置也称簇式配置、植生组配置，是指植株在造林地上呈不均匀的群丛状分布，群内植株密度较大、群间距离较远。此配置方式能促使群内植株迅速达到郁闭，特别是在杂草丛生、土壤干旱瘠薄的地段，可以增强林木对不良环境（如干旱、日灼等）的抵抗能力，提高造林成活率和保存率，也可以使干性不良的树种保持优良的干性。其不足是不能充分利用空间和资源，随着林龄增加，群内林木分化明显，需要及时定株和疏伐。这种方式适于较差的立地条件及幼年较耐阴、生长慢的树种，一般在自然条件恶劣的地段和低价值林改造时采用。群状配置的方式主要有大穴密播、多穴簇播、块状密植等。

二、树种组成

树种组成是指构成森林的树种成分及其所占的比例。林分树种组成一般以每一乔木树种的胸高断面积（或蓄积量）占林分总胸高断面积（总蓄积量）的成数表示，而人工林的树种组成多以各树种占林分总株数的百分比表示。通常把由一个树种组成的林分称为纯林，由两种或两种以上树种组成的林分称为混交林。混交林具有生物多样性高、结构合理、生态系统稳定等优势。天然林均以混交林为主，常见有针叶与针叶混交、针叶与阔叶混交、乔与灌混交等形式。人工林营造要模拟自然林分营造混交林，而营造混交林的重要内容就是树种组成问题。

（一）混交林的特点

（1）林产品的数量和质量。配置合理的混交林能充分利用林地营养空间，有效改善林地立地条件，加之树种间的相互促进作用，使得混交林的生长要优于纯林，林产品种类和数量增加，林地生产力提高。此外，混交林中目的树种因有伴生树种辅佐，主干生长通直圆满、自然整枝良好、干材质量有所提高。

（2）林分稳定性。混交林由多种树种组成，营养结构多样，生长健壮，能提高抗御病虫害的能力；食物链较长，生物多样性高，可有效控制病虫害的大量发生和猖獗；根系发达，抗风、抗雪压能力提高；林内的小气候使得气温较低而湿度较大，林地凋落物等可燃物不易着火，能有效降低林火的发生率和危险程度。

（3）立地条件改善。混交林有利于改善林地小气候条件，使林木生长环境得到改善；同时，混交林树种多样性丰富，改善了凋落物的数量、质量，有利于土壤动物和微生物的发育，促进凋落物分解，提高了养分循环速率，有利于林分生产力的维持和提高。

（4）森林综合效益的发挥。混交林结构复杂，与纯林相比，在调节气候、涵养水源、保持水土、防风固沙、净化大气、固碳释氧等方面作用明显。同时，混交林组成丰富，为多种生物的繁衍、栖息和生存创造了良好条件，提高了林分的生物多样性。另外，配置合理的混交林可以增强森林的美学价值、游憩和保健等功能，使林分更好地发挥社会效益。

由以上可知，混交林的优势很多，应积极探索混交林的营造技术和方法。

（二）混交林的种间关系

由于树种的特性各异，所以在共同的生长过程中，不可避免地产生相互影响、相互作用，这种影响和作用即为树种的种间关系，实质是一种生理生态关系。混交林由多个树种组成，不可避免会产生树种间对环境资源的竞争，根据竞争排斥原理，只有不同树种占据不同的生态位，竞争相同资源的不同树种才能够长期共存、形成稳定的群落。因此，在混交林培育过程中，必须确定树种的生态位，采取合理的技术措施缓和树种间的竞争关系，增强互补作用，发挥更大的混交效益。

1. 树种种间关系的表现形式

树种种间关系的表现形式指两个或两个以上的树种，通过相互作用对另一方生长发育及生存所产生的利害关系的具体表现。混交林树种的种间关系表现为有利和有害两种情况，具体包括：双方有利、单方有利、一方有利而另一方有害、双方有害、双方无利无害、单方有害等。但树种间的有害有利关系不是绝对的，会随时间、立地条件及其他条件的变化而相互转化。

2. 树种种间关系的作用方式

树种种间关系的作用方式指树种间相互作用、相互影响的具体途径，可分为直接作用和间接作用两大类。直接作用是指树种间通过直接接触实现相互影响的方式，而间接作用是指树种间通过对生活环境的影响而产生的相互作用，是混交林树种间的主要作用方式。树种种间关系的作用方式具体表现如下。

（1）机械（物理）的作用方式：由于混交林中林木个体之间的机械作用而造成的物理性伤害，具体包括树木枝干间的摩擦或撞击、根系的挤压、藤蔓的缠绕和绞杀等。这种作用方式表现为负作用，不利于林分稳定，但不会产生决定性影响。

（2）生物的作用方式：树种间通过根连生、杂交、授粉、共生和寄生等方式而发生的直接种间关系。如共生相同菌根菌的树种间可通过根系间的菌丝桥实现根系间对水分和养分的相互交流。

（3）生物物理的作用方式：由于一种树种形成的生物场（包括辐射场、电磁场、热场等）而使其他树种的生长受到影响。

（4）生物化学的作用方式：一种树种通过分泌或挥发生化物质对其他树种产生直接或间接的促进或抑制作用，也称他（化）感作用。他感作用的物质种类很多，包括碳水化合物、醇、醛、有机酸、生物碱、烯萜类、酚类、维生素、激素、酶等，主要以酚类化合物和烯萜类为主。他感作用普遍存在于混交林中，如木荷、藜蒴栲与马尾松，水曲柳、椴树与红松，杨树与刺槐等。

（5）生理生态的作用方式：树种通过改变林地微环境（包括物理环境、土壤化学和生物环境）而对其他树种产生影响的作用方式。此方式是混交林最主要的种间关系作用方式，是混交林营造过程中树种搭配及混交方式、混交比例选择的重要依据。

3. 树种种间关系的类型

1）混交林中的树种分类

（1）主要树种：栽培的目的树种，在混交林中数量最多，经济价值或防护性能高，属于优势树种。同一混交林中主要树种一般有1个，有时也会有2～3个。

（2）伴生树种：在一定时间内与主要树种相伴而生，并为其生长创造有利条件的乔木树种，属于次要树种，经济价值相对较低，一般为中小乔木，主要起辅助、护土、改土作用。辅助作用是指给主要树种造成侧方庇荫，使树木通直、自然作用整枝良好；护土作用是指以自身的树冠和根系遮蔽地表、固持土壤，减少水分蒸发，防止杂草丛生等；改土作用是指将森林枯落物回归土壤或利用某些树种的生物固氮能力，改善理化性质，提高土壤肥力。

（3）灌木树种：一定时期与主要树种生长在一起，并为其生长创造有利条件的树种。灌木树种属次要树种，经济价值高，其主要作用是护土和改土，早期也有一定的辅助作用。

2）树种的混交类型

将主要树种与伴生树种或（和）灌木树种搭配而成的不同组合，就组成了树种的混交类型。常见的混交类型主要有以下4种。

（1）主要树种与主要树种混交（乔木混交类型）：两种或两种以上目的树种的混交类型。主要适用于立地条件较好的地段，同时对经营水平要求也较高。

（2）主要树种与伴生树种混交：最理想的混交类型，一般形成复层林，主要树种处于第一林冠，伴生树种处于第二林冠，这种组合的林分生产力较高、防护性能好、稳定性强。该类型的矛盾比较缓和，伴生树种多为耐荫的中小乔木，生长较慢，一般不会对主要树种产生威胁，即使种间矛盾变得尖锐时也比较容易调节。该类型适用于立地条件较好的地段。

（3）主要树种与灌木树种混交（乔灌混交类型）：这种树种组合的种间关系缓和，林分稳定，混交初期灌木树种为林木提供较好的条件，使之战胜杂草，主要树种郁闭后灌木树种逐步退出林分，等林冠疏开后又重新生长。此类型一般用于立地较差的地段。

（4）主要树种、伴生树种和灌木树种混交（综合混交类型）：兼有主要树种与伴生树种、主要树种与灌木树种混交类型的特点，适应于立地条件较好的地方，如油松×元宝枫×胡枝子等。

4. 树种种间关系的变化

（1）树种种间关系随时间变化：通常，混交初期树种间竞争不明显，随着树体增长，林木对空间和营养的需求不断增加，加剧了种间竞争。

（2）树种种间关系随立地条件变化：通常，在立地条件好的地方，种间矛盾相对较小；立地条件越差，矛盾就越大，竞争越激烈。

（3）树种种间关系随技术措施变化：树种种间关系因混交树种的搭配方式、混交方法、混交时间而不同。如华北石质山区的油松×栓皮栎混交林，采用宽带状混交容易成功，而行间或株间混交易因油松生长不良而失败；杨树×刺槐混交，杨树处于第一林冠可使林分更稳定。

（三）混交林的营造技术

1. 混交林的应用条件

与纯林相比，混交林具有明显的优越性，在生产中应积极推广营造混交林。但营造混交林不仅要遵循生物学和生态学规律，而且受到立地条件和培育目标等的制约。一般可根据下列情况决定可否营造混交林。

1）培育目标

经济林、速生丰产林及专用用材林等商品林要求早成材或增加结实面积，充分发挥林地的生产潜力，便于经营管理，提高经营效益，一般不宜营造混交林。能源林以及短伐期的工业原料林等追求单产和经营效益，也不宜营造混交林。而一般用材林轮伐期较长，为维持长期生产力，应营造混交林。防护林和风景游憩林等生态公益林要求最大限度地提高防护效益及观赏价值，追求林分的自然化培育以增强其稳定性，应尽可能培育混交林。

2）经营条件

经营条件好的地方，由于可通过人为措施来干预林分的生长发育，故不宜多营造混交林。而在经营条件差的地方，主要通过生物措施来促进林木生长、提高林分的稳定性，如防治病虫害、改良土壤、抑制杂草生长等，应多造混交林。但如果当地没有营造混交林的经验或合适的混交树种，应先发展纯林，待条件成熟后再发展混交林。

3）立地条件

造林地立地条件极端严酷或特殊的地方，如高寒、瘠薄、水湿、干旱、盐碱等，只有少数适应性强的树种才能生长，故不可营造混交林，除此以外的立地条件都可以营造混交林。

4）树种特性

对于直干性强、生长稳定、自然整枝好的树种，无须通过混交来改善林木干形，可营造纯林，也可营造混交林。如果某些树种纯林的病虫害严重，且不易防治，可营造混交林。

2. 混交树种的选择

营造混交林时，需要为确定的主要树种选择混交树种。混交树种一般是指伴生树种和灌木树种。选择适宜的混交树种，是发挥混交作用以及调节种间关系的主要手段，对保证顺利成林、提高林分稳定性、实现速生丰产具有重要意义。

混交树种的选择，在混交树种本身适地适树的前提下，应遵循以下原则：混交树种与主要树种在生态位上互补、生态要求差异显著或混交树种的生态幅度宽；混交树种不应与主要树种有共同的病虫害；混交树种的成熟期最好与主要树种一致，以降低生产成本；混交树种应具备较好的辅助、护土和改土效能，为主要树种的生长创造良好环境；应具有较高的经济价值、美化效果和抗火能力；最好具有萌芽力强、繁殖容易的性状，以便在采种育苗、造林更新及调节种间关系后仍有成林可能。

根据我国各地混交林试验研究和生产实践，在南方和北方地区成功筛选出了一些混交效果较好的混交组合。南方主要有：马尾松与杉木、栲类、栎类、木荷、台湾相思、枫香、红锥、柠檬桉、杜仲等；杉木与马尾松、柳杉、香樟、火力楠、木荷、红锥、檫树、南酸枣、厚朴、相思、桤木、桦木、观光木、毛竹等；桉树与相思、银合欢、木麻黄等；毛竹与马尾松、杉木、木荷、枫香、红锥、南酸枣等。北方主要有：落叶松与桦树、云杉、冷杉、红松、樟子松、赤杨、山杨、胡枝子等；红松与水曲柳、核桃楸、黄波罗、赤杨、椴树、色木槭等；油松与侧柏、栎类、桦树、元宝枫、刺槐、紫穗槐、椴树、山杨、胡枝子、黄栌、沙棘等；杨树与刺槐、紫穗槐、胡枝子、沙棘等。

3. 混交方法

混交方法是指参加混交的各个树种在造林地上的排列形式。混交方法不同，种间关系特点和林分生长状况也不同，因而具有深刻的生物学和经济学意义。常见的混交方法有以下几种（图6-1）。

（1）株间混交：又称行内混交、隔株混交，指在同一行内，隔株种植两个以上树种的混交方法。此方法能够较好地体现混交树种作用（辅助、护土、改土），但种间矛盾出现早、施工麻烦、费工费时，因此多用于乔灌混交类型，如油松×紫穗槐。

（2）行间混交：又称隔行混交，是不同树种以行的方式交替栽植的混交方法，主要用于种间矛盾较小的树种混交。此方法营造的混交林，其种间关系在林分郁闭后才会显现。与株间混交相比，种间关系容易调节，造林施工容易，是一种常用的混交方法，适用于乔灌混交类型或主要树种与伴生树种混交类型，也可用于乔木混交类型，如落叶松×云杉。

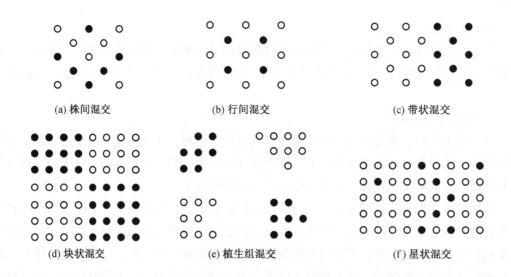

(a) 株间混交　　　　　(b) 行间混交　　　　　(c) 带状混交

(d) 块状混交　　　　　(e) 植生组混交　　　　　(f) 星状混交

图 6-1　主要混交方法示意图

（3）带状混交：同一树种连续种植3行以上构成"带"，不同树种以"带"的方式交替种植的混交方法，主要用于种间矛盾较大的树种间的混交造林。其种间关系发生得较晚，且主要发生在相邻带的边缘，良好的混交效果多出现在林分生长后期。此方法施工简便，常用于乔木树种混交或主要树种与伴生树种混交类型。为了进一步削弱伴生树种的竞争能力，也可将伴生树种改成单行种植，于是形成了一种过渡的混交类型，即行带混交。

（4）块状混交：又称团状混交，是将不同树种以"片"的方式交替种植的混交方法。块可以是规则的，也可以是不规则的，块的面积不应小于成熟林中每株林木所占有的营养面积（25～100 m^2）。此方法施工简便，比带状混交更能有效地利用种内和种间的有利关系，适用于种间矛盾较大的乔木树种间的混交，在幼林纯林改造成混交林或低价值林分改造时也常用此方法。

（5）植生组混交：种植点为群状配置，密集种植同一树种的小块，与相距较远的密集种植另一树种的小块相混交的方法。由于种植点相距较远，种间关系出现较晚，也易于调节，但施工较麻烦，生产实践中应用较少，一般仅用于人工更新、次生林改造和治沙造林。

（6）星状混交：将一种树种的少量植株分散地与其他树种的大量植株栽植在一起的混交方法，或栽植行内隔株（或多株）的一个树种与栽植成行状、带状的其他树种混交的方法。此方法既能满足少量植株树冠扩展的要求，又能为其他树种创造良好的生长条件，如果树种选择合适，可获得较好的混交效果。

4. 混交比例

混交比例是指造林时每一树种的株数占混交林总株数的百分比。混交比例是人为调节混交林种间矛盾、保证主要树种处于优势状态、提高林分稳定性的重要手段。一般而言，在造林初期伴生树种或灌木树种的比例应占 25% ~ 50%，主要树种一般要超过株数的 50% 以上。

在确定混交比例时，不仅要估计未来混交林的发展趋势，保证主要树种始终处于优势地位；同时，还要考虑树种、立地条件和混交方法。竞争力强的树种，可适当降低其混交比例；反之，可适当增加。立地条件优越的地方混交树种所占比例不宜过大，其中伴生树种应多于灌木；而在立地条件较差的地方，可以不用或少用伴生树种，适当加大灌木比例。不同的混交组合，其合理的混交比例也不同，株间或行状混交方法的混交比例较大，而群团状混交方法的混交比例多较小。

5. 混交林种间关系调节

在混交林营造和抚育过程中，可以有针对性地采取恰当的技术措施，调节混交林种间关系，促进林分健康生长，提高混交效果。

造林前在正确确定目的树种后，慎重选择与之混交的伴生树种，再确定混交类型、混交方法及合理的混交比例和配置方式，以防产生种间的不利作用，确保有利作用长期发挥。造林过程中可通过控制造林时间、造林方法、苗木年龄、株行距等措施，调节种间关系，使主要树种处于竞争的有利地位，缓和或推迟其有害作用的发生，提高混交效果。

造林后，可通过地上和地下两种途径来协调种间关系，从而提高主要树种的生长和减少伴生树种的竞争。地上措施主要包括打头、断根、环剥、修枝、平茬、抚育伐等，可抑制次要树种的生长，提高混交林的成效；地下措施主要包括松土、除草、施肥、灌溉等，可为混交树种提供良好的生长条件，一定程度上缓和种间矛盾。

第四节　森林抚育管理

森林抚育管理就是指按经营目标进行森林定向培育时，在森林生长发育过程中所采取的各种人工措施。森林抚育包括林地抚育、林木抚育管理及低价值林分改造等；从广义来讲，还应包括森林火灾预防、森林病虫害防治等内容。

一、林地及林木抚育

（一）林地抚育

土壤是树木生长的基础，是水分、养分供给的基质。林地抚育是指在造林后至幼林郁闭前，为提高林地生产力所采取的改善和协调土壤水、肥、气、热等条件的各种技术措施，主要包括松土除草、施肥、灌溉与排水、栽植绿肥作物及土壤改良树种、凋落物管理等。通过林地抚育，可以提高土壤有机质含量、疏松土质、改善土壤通气透水性能、活跃土壤微生物、提高肥力，从而促进林木根系对营养物质的吸收，有效促进林木生长。

1. 松土除草

松土除草是幼林抚育中最重要的一项技术措施。松土的作用在于疏松表层土壤,切断上下土层间的毛细管联系,减少水分蒸发;改善土壤的保水、透水和通气性能;活跃土壤微生物,加速有机物分解。除草的作用在于排除杂草灌木与幼树对光照和水肥的竞争,促进幼林生长发育。除草可采用人工、机械、生物或化学等方式。一般幼林抚育年限为 3 ~ 5 年,每年抚育 1 ~ 3 次,树种间存在一定差异。

松土除草的总体原则为:里浅外深;树小浅松,树大深松;沙土浅松,黏土深松;湿土浅松,干土深松。松土除草的方式应与整地方式相适应,即全面整地的,进行全面松土除草;局部整地的,可进行带状或块状松土除草,必要时可逐步扩大范围,最终达到全面松土除草。松土除草的深度应根据幼林生长状况及土壤条件确定,造林初期不宜太深,随幼树年龄增大逐步加深。一般松土除草的深度为 5 ~ 15 cm,加深时可达 20 ~ 30 cm。

2. 灌溉与排水

灌溉可以提高造林成活率、保存率,改变土壤水势、改善树体水分状况,加速人工林生长,已成为人工林经营的重要技术措施。合理灌溉,即确定合理的灌溉时期、灌水流量、一次灌水量和灌溉方法等。一般要求灌水后土壤湿度达到田间持水量的 60% ~ 80% 即可,湿润土层达主要根群分布深度;灌水均匀、不引起土壤板结和水土流失;同时还要注意灌溉水的水质,以防给林木生长带来不利影响。灌溉方法有漫灌、畦灌、沟灌、喷灌、微灌等。

此外,在雨季或因地势低、土壤透水性不良等造成林地积水时,应及时进行排水;对于一些特殊的易积水成灾的林地,要设置排水系统。

3. 施肥

施肥可以补充因采伐、迹地清理、长期人工林单作经营而损失的养分,增加土壤肥力,促进苗木生长和提高苗木抗逆性。合理施肥,即要正确确定施肥时期、施肥种类和施肥量、施肥方法。有效的施肥时期应是林木生长旺盛期,即春季和初夏。施肥量应根据树种的需肥特性、土壤养分状况、林龄及使用肥料种类确定,并注意氮磷钾的适当配合。林木施肥方法有基肥、种肥和追肥,可采用人工施肥、机械施肥或飞机施肥等方式。

4. 间作

林农间作是在林地上间作绿肥作物或土壤改良树种,特别是具有固氮能力的植物,能提高土壤肥力、改善土壤性质。通过间作还可抑制杂草,起到以耕代抚的作用,但要求所间作的植物不能影响林木的生长,不能产生不良作用。

(二)林木抚育

林木抚育包括修枝、摘芽和除蘖等技术措施,其目的是促进林木生长、提高林木质量。

1. 修枝

在自然状况下,林木的下部枝条会随年龄的增长而逐渐枯死脱落,这种现象称为自然整枝。人为地除去树冠下部的枯枝及部分活枝的抚育措施,称为林木修枝,包括干修

（修剪枝干下部枯枝）和绿修（修剪部分活枝）。修枝能提高木材质量和林木生长量，增加树干的圆满度，改善林内环境和林木生长条件，有益于森林健康，并能提供燃料、饲料和肥料，增加经济收益。

修枝通常在幼龄林和干材林中实施，注意针对自然整枝不良的树种。需修枝的林木，应是生长旺盛、树干和树冠没有缺陷的有培育前途的林木。修枝开始年龄因树种习性、立地条件和经济条件而异。当林分充分郁闭、林冠下部出现枯枝时，作为修枝的开始年龄。修枝间隔期因树种而异，大多数针叶树在第一次修枝后又出现 1~2 轮死枝后进行第二次修枝；阔叶树早期整枝有利于控侧枝促主干生长，间隔期宜短，一般为 2~3 年。修枝高度应视培育的材种而异，锯材原木修枝高度在 6.5~7 m，纸浆、胶合板材修枝高度可在 4~5 m，造船和水利用材要修到 6~9 m，有时为培育特殊材种，修枝高度达 10 m 以上；随着修枝高度增加，修枝难度增加，效率降低。

修枝季节多在早春或晚秋，此时树液尚未流动或已停止流动，不会影响树木生长，而且可以减少木材变色现象。萌芽力强的树种如刺槐、杨树、白榆等，宜在生长季节修枝；有些阔叶树种如核桃、枫杨等，冬春修枝伤流严重，易染病害，应在树木生长旺季进行修枝。修枝强度要合理，常用整枝高度与树高之比或树冠长度与树高之比（冠高比）作为修枝强度的常用指标。修枝强度因树种、年龄、立地和树冠发育而异。一般第一次修枝的强度应保留树冠长度为树高的 2/3，当枝下高达到或超过 8 m 时停止修枝。

修枝切口，干修时要不留残桩，以防形成死节；绿修时，最适的切口位置是树枝基部膨大部位（枝盘），修枝切口与树干平行，不留桩。为利于切口愈合，要求修枝切口平滑、不偏不裂、不削皮和不带皮。

2. 摘芽

摘芽是修枝的另一种形式，即在侧芽膨大、芽尖呈绿色时，将芽摘除，以免去以后修枝的一种方法。摘芽能培育出无节高干良材，使林分养分集中于树高上部而加快树高生长，增加树干圆满度，缩短优良材种的培育期。摘芽的方法、时间和间隔期因树种而异。以具轮生枝的针叶树，如马尾松，摘芽可在造林 3~5 年后、树高在 1.0~1.5 m、有 2~3 轮枝时开始，适宜在芽开始萌动至尚未抽梢发叶时进行，最迟应在侧枝的梢基部木质化之前摘芽。每年摘除主干梢头侧芽，仅留顶芽，连续摘芽 4~5 年，然后改为修除下部轮生枝与隔年摘芽交替进行。阔叶树种可在造林当年或次年进行，一般仅保留顶芽或主干顶部 1 个壮芽，其余侧芽全部摘除。

3. 除蘖

在林木被采伐或被火烧后，其伐桩及树根上的休眠芽、不定芽会萌发形成新一代林分。大多数阔叶树及部分针叶树都具有这种能力。除蘖就是将伐桩上过多的萌芽条与过密的根蘖苗除去，使保留的萌芽条得到更多的养分、水分与光照，更好地生长。除蘖最好在林分采伐后萌蘖开始发生的当年和次年夏季实施，对每个伐桩只选留 1~2 根健壮萌芽条（定株），其余全部砍除。

二、森林抚育采伐

（一）林木分化与分级

1. 林木分化与自然稀疏

在森林生长发育过程中，林木个体在形态（高低、粗细）和生活能力等方面的差异称为林木分化。林木分化在幼苗、幼树阶段已经开始，林分郁闭后，随着林木间对营养空间的争夺，竞争加剧，分化更加激烈。导致林木分化的原因，主要是林木个体自身的遗传特性及其所处的外界环境。通常林分密度越大，生长越旺盛，分化现象越强烈；壮龄林分化现象较强烈；立地条件好的林分分化强烈；喜光树种组成的林分比耐荫树种的林分分化强烈。

林木分化将导致部分林木死亡，出现自然稀疏现象。在一定密度的森林内，由于对营养空间的个体竞争，随着林木年龄增加而发生的林木株数不断减少的现象，称为森林的自然稀疏。自然稀疏现象在天然林和人工林中均普遍存在，是森林为适应环境而自我调节单位面积林木株数的自然现象。通过自然稀疏调节的森林密度，是该森林在该立地条件、该发育阶段中所能"容纳"的"最大密度"，而不是"最适密度"。在混交林中，自然稀疏所保留下来的树种和个体，可能最适应该立地条件，但并不一定是目的树种，其材质和干形可能具有某些严重的缺陷。同时，被自然稀疏淘汰掉的林木，未曾合理利用，造成了资源浪费。因此，通过抚育采伐，以人为稀疏来代替自然稀疏，使森林既能保持合理密度，又能保留价值高的林木，同时还利用了采伐掉的林木，提高了总的林木效益。可见，林木分化和自然稀疏规律，为抚育采伐提供了理论依据。

2. 林木分级

森林中的林木因竞争力的不同而表现出不同的大小和形态，可根据林木的分化程度对林木进行分级，为森林经营管理提供依据。林木分级的目的是为抚育采伐时选择保留木、确定采伐木提供依据。世界各国对林木分级的方法有上百种，其中应用最普遍的是德国林学家克拉夫特（1884）提出的林木生长分级法。

克拉夫特分级方法将同龄纯林中的林木按其生长的优劣和树冠形态分为两大组共5个等级（图6-2），各级林木的特征如下。

1）第一组——正常发育的林木

Ⅰ级——优势木，树高和直径最大，树冠很大且匀称，伸出一般林冠之上，在林分中不足5%。

Ⅱ级——亚优势木，树高略次于Ⅰ级，

图6-2 克拉夫特林木分级法示意图

树冠发育正常，大小次于Ⅰ级，在林分中约占30%。

Ⅲ级——中势木，生长尚好，但树高和直径较Ⅰ、Ⅱ级林木差，树冠较窄，位于林冠的中层，树干的圆满度较Ⅰ、Ⅱ级大，在林分中约占40%。

2）第二组——生长落后的林木

Ⅳ级——被压木，树高和直径都较落后，树冠受挤压，通常都是小径木，在林分中占10%~20%，又可分为a、b两个亚级：Ⅳ_a级木，树冠较窄，侧方被压，但枝条在主干上分布均匀，树冠能伸入林冠层中；Ⅳ_b级木，树冠偏生，仅树冠顶部才可以伸入林冠层，侧方和上方均受压。

Ⅴ级——濒死木，完全位于林冠下层，生长极落后，在林分中占比不足10%，也可以分为Ⅴ_a级木（生长极落后的濒死木）和Ⅴ_b级木（枯死木）两个亚级。

从克拉夫特林木分级法可以看出，Ⅰ、Ⅱ、Ⅲ级木组成主要林冠层，Ⅳ、Ⅴ级木组成从属林冠层。随着林分的生长，林木株数逐渐减少，以Ⅳ、Ⅴ级木为主。克拉夫特林木分级法主要应用于同龄纯林，客观反映了森林中林木分化和自然稀疏进程，简便易行，可作为控制抚育采伐强度的依据，但是分级时未考虑到树干的形质缺陷。

异龄林的林木分级既要考虑成年树，又要考虑更新幼树。在实践中一般将林分内的林木分为优良木、有益木和有害木3级。

优良木——树冠发育正常、干形优良、生长旺盛的林木，是培育对象，也称培育木。

有益木——能促进优良木自然整枝、对土壤起庇护和改良作用的林木，应予保留，也称辅助木。

有害木——干形弯曲、多杈、枯立、感染病虫害以及妨碍优良木、有益木生长的林木，为砍伐对象，也称劣质木。

（二）抚育采伐

在森林郁闭前，各项措施如施肥、灌溉等主要来调节林木与周围环境的矛盾；而在森林郁闭后的生长发育过程中，林木个体间因为营养空间竞争而产生的矛盾日益突显，这时的抚育工作重心会转移到调节林木间关系的抚育采伐。

抚育采伐是在未成熟林分中，为改善林分质量而定期采伐部分林木，从而为保留木创造良好的生长条件，促进林木生长的措施，又称为中间利用采伐，简称间伐。通过抚育采伐控制森林组成结构，可改善林木生长发育的生态条件，缩短森林培育周期，提高木材质量和工艺价值，发挥森林多种功能。

1. 抚育采伐的目的

森林有多种作用，不同林种其主导作用不同，抚育采伐的目的也不同。如防护林的抚育采伐目的是维持和增强其防护效能；风景林是使其更加美观；用材林则是增加林分总生长量、提高林分质量。一般而言，林分抚育采伐的主要目的包括：①淘汰劣质林木，提高林分质量；②按经营目的调整树种组成；③降低林分密度，加速林木生长；④缩短培育期，提高木材总利用量；⑤改善林分卫生状况，增强林分抗逆性。

2. 抚育采伐的种类和方法

组成森林的树种不同和森林所处的年龄阶段不同，抚育采伐承担的任务不同，产生了不同的抚育采伐种类。

1）透光伐

透光伐又称除伐、透过抚育，是在幼龄林时期，为保证目的树种和其他有益林木不受压抑，以调整林分组成为主要目的的采伐。对于混交林，主要调整林分树种组成，伐去非目的树种及抑制幼树生长的灌木，使目的树种得到充足的光照；对纯林，主要是间密留疏、留优去劣。透光伐有全面抚育和局部抚育两种方法。全面抚育是在全部林地上进行的透光伐，将抑制主要树种生长的次要树种按一定的强度普遍砍伐，适用于交通方便、劳力充足、薪材有销路的地区，且主要树种占优势、分布均匀。局部抚育是对部分地段进行的透光伐，又可分为带状抚育和群团状抚育。

透光抚育最好在初夏进行，此时树木已充分展叶，可降低伐根的萌芽能力。透光伐的次数应根据次要树种的萌芽状况来确定，一般每隔 2～3 年或 3～5 年再进行 1 次或 2 次。透光伐所伐去的林木，多数年龄较小，不需确定严格的采伐强度，通常以单位面积上保留目的树种的株数作为参考指标。

2）疏伐

幼林经透光抚育后，进入壮龄林阶段，林木间的矛盾上升为对营养空间的竞争。疏伐就是林分自壮龄至成熟前，为解决目的树种个体间的矛盾，不断调整林分密度，以促进保留木生长为主要目的的采伐，也称为生长伐或生长抚育，是人工林中最主要的抚育采伐方式。在育林实践中，根据树种特性、林分结构、经营目的及抚育所获得的材种等因素，疏伐方法可归纳为 4 种。

（1）下层疏伐法：主要砍除居于林冠下层生长落后、径级较小的濒死木和枯立木，即在自然稀疏过程中被淘汰的林木。此外，还包括个别处于林冠上层的弯曲、分杈等干形不良的林木。下层疏伐是以人工稀疏代替自然稀疏，对林冠结构影响不大。此方法简单易行，采用林木分级确定采伐木，便于控制采伐强度，适用于单层纯林，特别是针叶同龄纯林。下层疏伐法在我国广泛应用于杉松类人工林抚育。

（2）上层疏伐法：与下层疏伐法相反，主要砍伐居于林冠上层的林木。在阔叶混交林中，位于林冠上层的往往是非目的树种，或虽为目的树种，但存在干形不良、分杈多节、树冠庞大、经济价值较低等问题。伐去这些无培育前途的上层林木，可使林冠疏开，为经济价值较高、有培育前途的林木创造良好的生长条件，保证目的树种获得充分的光照。此方法适用于阔叶林和混交林，特别是异龄林。

（3）综合疏伐法：综合了下层疏伐和上层疏伐的特点，从林冠上层和下层分别选择采伐木。实施时，先将彼此在生态上有密切关系的林木划为若干个植生组，然后以每个植生组为单位，将林木分为优良木、有益木和有害木，砍伐有害木，保留优良木和有益木，使林分保持阶梯郁闭。此方法灵活性大，对森林环境的改善作用明显，一般适用于阔叶混交林。

（4）机械疏伐法：是按照间隔一定株行距，机械地确定采伐木的抚育采伐方法。此法不考虑林木大小和品质优劣，只需确定砍伐行距或株距。确定砍伐木的方法有隔行砍、隔株砍和隔行隔株砍。此方法工艺简单、操作方便、在平坦地区便于机械化作业、成本低，适用于人工林，特别是人工纯林或分化不明显的林分。

3）卫生伐

卫生伐是为维护与改善林分的卫生状况而进行的抚育采伐，一般在透光伐和生长伐中即可完成，不需单独进行。只有当林分遭受严重自然灾害（如病虫害、风害、雪害等）时才单独进行。通过卫生伐及时将受害的林木清除掉，可以防止病虫害蔓延，提高保留木的生长势。

3. 抚育采伐的技术要素

抚育采伐的技术要素包括抚育采伐的开始期、抚育采伐强度、采伐木选择和间隔期。

1）抚育采伐的开始期

抚育采伐的开始期是指第一次进行抚育采伐的时间，取决于树种的生物学特性、立地条件、林分密度、生长状况、交通运输、劳力以及小径材销路等综合因素。天然林抚育采伐的开始期应包括透光伐阶段，通常以郁闭度和林分中目的树种是否受抑制为标准；而大多数人工林抚育采伐的开始期实际为疏伐的起始年限。从生物学角度来看，抚育采伐的开始期可根据林分连年生长量的变化、林分分化程度、树冠大小变化、林分郁闭度、林分密度管理图表等确定。如可将林分胸径和断面积连年生长量开始下降时的年龄作为该立地和造林密度下林分的起始抚育年龄。

2）抚育采伐强度

抚育采伐强度是指砍伐多少林木，保留多少林木。抚育采伐强度不同，对林中光、热、水等因子的影响不同，继而对林分的生长、材质及工艺成熟期等均产生不同程度的影响。因此，林分密度的合理控制在森林经营中至关重要。合理的抚育采伐强度应满足以下要求：维护和提高林分的稳定性；有利于改善林分的生态条件，促进保留木的材积生长和形质生长；每次抚育采伐量要稍低于间隔期内生长量，不降低木材的总生长量。

抚育采伐强度常用每次采伐木的材积（或胸高断面积）占林分蓄积量（或总胸高断面积）的百分率和每次采伐木的株数占原林分总株数的百分率两种方法表示。其中，用株数表示的采伐强度能反映抚育采伐后林木营养面积的变化，施工时容易掌握。

抚育采伐强度的确定，既取决于经营目的、运输、劳力、小径材销路等经济条件，又要考虑树种特性、林分密度、年龄、立地条件等生物因素。确定采伐强度的方法可分为定性间伐与定量间伐两大类。定性间伐是根据林分特征、生长特点、立地条件和经营目的等因素，预先确定采用某种抚育采伐种类和方法，再按照林木分级确定砍伐木，由选木的结果计算抚育采伐量。定量间伐是根据林分生长与密度间的数量关系，在不同生长发育阶段，按照合理密度确定砍伐木或保留木的数量。

3）采伐木选择

采伐木的选择关系到抚育采伐的质量，影响抚育抚育采伐的效果。因此，采伐木选择时应注意以下5方面：①淘汰低价值树种，保留高价值树种；②砍去劣质和生长落后的林木；③伐去有碍森林环境卫生的林木，如已感染病虫害、生长异常的林木；④维护森林生态系统的平衡；⑤满足特种林分的经营要求，如对于特种林分（风景林、游憩林、森林公园等），为了增加林分的多样性和美化作用，应该保留一些形态奇特的树木（弯曲木、双杈木、偏冠木等），以及花、果、叶美观的灌木；对于防护林，要根据防护目的决定砍留对象，以提高其防护效能。

4）抚育采伐的间隔期

抚育采伐的间隔期又称为重复期，是指相邻两次抚育采伐所间隔的年限。间隔期的长短，取决于树冠恢复郁闭的速度和直径生长量的变化，因此，间隔期与抚育采伐强度、林分生长量密切相关。同时，确定间隔期还应考虑树种特性、立地条件、经济条件等。如速生树种生长速度快，间隔期宜短；立地条件好的应比差的间隔期短些；交通方便、缺柴少材的地方间隔期短，而交通闭塞、劳力缺乏和间伐材无销路的地区间隔期长。

三、林分改造

由于种种原因，在现实森林中，往往存在一些密度小、生产力低、林分质量差、经济价值低、没有培育前途的林分，称为低价值林分。低价值人工林的树种有杉木、马尾松、油松、杨树、榆树等；低价值天然次生林的树种有桦木类、栎类、落叶松、马尾松等。低价值林分改造已成为我国森林经营工作中的一项重要任务。

林分改造就是对在组成、林相、郁闭度与起源等方面不符合经营要求的那些产量低、质量次的林分进行改造的综合营林措施，使其转变为能生产大量优质木材和其他多种产品、并能发挥多种有益效能的优良林分。

（一）林分改造的对象与要求

林分改造的对象主要包括以下几类。

（1）大片灌丛：除了有特种经营目的的灌丛（如养蚕用的柞树丛、编织用的柳丛、采果用的沙棘丛等）外，立地条件好的灌丛应改造成乔林。

（2）疏林地：因造林保存率低、过度放牧而形成的幼林疏林，以及过度采伐导致的郁闭度在0.3以下的近熟、成熟的残林，应改造为密林。

（3）生长衰退、无培育前途的多代萌生林：如多代萌生形成的、生长衰退的杉木林，应改造为实生林。

（4）"小老头"人工林：造林后长期处于成活不成林、成林不成材、生长严重衰退的低产林分，应改造为高产林。

（5）生产力过低的林分：因混交不当、生境不适等，致使林分生产量太低、不能充分发挥林地生产潜力的林分，应改造为高产林。

（6）遭受严重自然灾害的林分：严重遭受火灾、风灾、雪害、病虫害后，失去培育前途和利用价值的残破林分。

（7）非目的树种组成的林分：经济价值低、非目的树种占优势，无法通过抚育采伐调整林分组成的林分，应改造为高价值的阔叶林或针阔混交林。

（8）天然更新不良、低产的残破近熟林：林下缺少目的树种的幼苗、幼树，放任不管难以恢复生产力的残破近熟林。

确定林分改造对象及改造时间，还需考虑经济条件。

（二）低价值人工林改造

低价值人工林是指造林后长期处于生长极度缓慢、生长势严重衰弱的成活不成林或成林不成材的未老先衰的低劣林分。其形成的原因多样，改造时应对症采取相应措施。

1. 树种选择不当

在确定造林树种时未遵循适地适树原则，盲目追求集中成片，如南方的杉木人工低产林。改造时，应根据适地适树原则，更换树种，重新造林；也可适当保留原有树种，改造为混交林，但保留比例不宜过大，并加强土壤管理（必要的深翻和施肥）。

2. 整地粗放、栽植技术不当

整地时，深度不够或破土面过小，造林后杂草灌木丛生，与幼林争夺肥水，严重影响幼林生长。或造林时，栽植过浅，覆土不够，严重影响幼林成活和生长，导致形成低质林分。改造时，应注重林地抚育，深翻施肥、除草松土，可去除生长极差的个体，补植大苗。

3. 造林密度过大或保存率偏低

造林密度过大，幼树生长拥挤，导致幼林生长衰退，易遭病虫害及其他自然灾害侵害；造林保存率低，林分长期不能郁闭，林地草灌丛生，幼林生长衰退。改造时，密度过大的低产林应尽快间伐，伐后深翻林地，有条件的可适施水肥；保存率小的林分应进行补植，并加强幼林抚育。

4. 造林后缺少抚育或管理不当

造林后不及时抚育或抚育粗放，会导致幼林生长衰退。其改造措施主要有：深翻土壤，结合埋青、施肥效果更佳；平茬复壮，适用于萌芽力强的树种；封禁林地，制止破坏性人为活动，适当配合其他育林措施，可较好地恢复地力，提高生产力；适度修枝，及时除萌，实行林农间作等。

（三）次生林经营

次生林是原始林经人为因素（如采伐利用）或自然因素（如火灾或其他灾害等）破坏后，以天然更新自然恢复形成的次生群落，是相对原始林而言的。

1. 次生林的类型划分

合理划分次生林类型是次生林经营的关键。次生林可按自然类型和经营类型进行划分，具体如下。

1）按自然类型划分

（1）按优势树种分类。优势树种是森林的主要组成成分，支配着森林发展的总方向，是森林经营的主要对象。实践中常以优势树种的名称划分类型，如山杨林、桦树林、马尾松林等。由于地被物优势种可指示立地条件，所以优势树种也常与林下活地被物优势种一同进行类型划分，如杜香－落叶松林、藓类－云杉林等。

（2）以立地条件分类。同一气候区内，森林主要受土壤肥力（水分、养分）的影响，可先按土壤肥力的差异划分立地条件类型，再与林分优势树种结合划分森林类型。如干旱瘠薄马尾松林、潮湿肥沃山杨林等。

（3）以地形因子分类。同一气候区内，地形（如海拔高度、坡向、坡度、坡位等）通过对局部气候的营造而对土壤发育产生影响，且地形又是较稳定、易于鉴别的自然因素，因此可作为主导因子进行森林分类。如山脊陡坡蒙古栎林、缓坡白桦林等。

2）按经营类型划分

次生林经营类型的划分，是在自然类型划分的基础上，将经营目的与技术要求相同的林分归类为若干个经营类型，以便采取相同的经营措施。通常划分为以下经营类型。

（1）抚育型。指林木有生长潜力、有培育前途或符合经营目的要求的次生林。如密度、郁闭度大、组成符合经营要求的幼、中龄林，可通过抚育采伐、修枝等措施，留优去劣，提高林木的生长量和质量。

（2）改造型。指大部分林木无培育前途，不符合经营要求、需要改造的低劣次生林。如林分生产力极低、干形不良、郁闭度小或非目的树种占优势的林分，需引入一些优良树种，改变现有林木组成。

（3）抚育改造型。指树种组成复杂、组成林分的各树种生产力大小不均的次生林，应通过抚育伐去低劣和生产力不高的树种，必要时伐后可引进目的树种实行局部造林。

（4）利用型。对零星分散的老熟次生林及时砍伐利用，采用择伐或小块皆伐作业，同时做好森林更新工作。

（5）封育型。有一定优良林木，但郁闭度、密度不够抚育采伐标准的中、幼、近熟林，或处于山脊、陡坡（立地条件差）、生产力低，却对山体有重要防护作用的次生林。应管护好，实行封育，必要时采取人工促进天然更新措施。

2. 次生林的经营措施

次生林的经营，应根据其不同类型特点、地形条件、土地类别及林分状况（林分年龄、树种组成、林分郁闭度、病虫害）等差异，拟定相应的技术措施。次生林经营管理措施概括如下。

1）次生林抚育间伐

次生林抚育间伐的主要目的是调整林分组成结构、促进林分进展演替、提高林分质量，应以稀疏、淘汰为主要手段。抚育后林分郁闭度应不低于 0.5，不造成天窗或疏林地。对于天然幼龄林，可按不同生态公益林的要求进行 2～3 次树种结构调整，伐除非目的树种和过密幼树，对稀疏地段补植目的树种。对坡度小于 25°、土层深厚、立地条件好、兼有生产用材的防护林可采用综合疏伐法；坡度大于 25°的生态公益林原则上只进行卫生伐，仅伐去有害林木。同时，对自然林整枝不良的树种，应进行修枝。

2）低价值次生林分改造

低价值次生林分较复杂，具体进行改造时，应根据具体情况因地制宜地综合运用各种育林措施。常用的改造措施有如下几种。

（1）小面积皆伐改造。适用于非目的树种占优势、无培育前途的灌丛林和残次林。先伐去全部林木，仅保留珍贵树种和目的树种的幼树，然后选择适宜的树种进行造林。应控制改造面积（不宜超过 5 公顷），注意做到适地适树，避免形成针叶纯林。

（2）林冠下造林。适用于林木稀疏、郁闭度小于 0.5 的低价值林分。在清除林冠下灌木和杂草之后，进行小块整地、播种或植苗造林，提高林分密度。应选择适宜树种，注意调节其与上层木间的关系，确保幼树生长不受影响。

（3）群团状改造。适用于主要树种符合经营要求，但密度小或疏密不均的次生林。在稀疏处或林中空地进行补播、补植，提高林分密度。应根据立地条件选用耐荫、生长速度中等的树种，形成群团状混交林。

（4）带状改造。适用于非目的树种占优势、无培育前途但立地条件较好的灌丛林和残次林。按照一定间隔，呈带状清除采伐带上的乔灌木，整地造林。带的宽度决定于立地条件和栽植树种的生物学特性。待幼树成长起来后再改造保留带，形成针阔混交林。

（5）抚育改造法。一种将抚育采伐与林中空地造林相结合的方式，适用于郁闭度大、目的树种不足 50% 或处于被压状态的杂木林。通过抚育伐，伐去压制目的树种的次要树种，在树木间隙和稀疏处补植目的树种，必要时引进优良树种，在阔叶次生林中可选用针叶树，使其形成复层异龄针阔混交林；立地条件差的林地可选用改土效果好的树种，改善地力。

3）封山育林

封山育林是对疏林地与具有一定数量的伐根萌芽、具有根蘖更新能力和天然下种母树条件的地区，通过不同形式的封禁，利用林木的天然下种或萌蘖能力恢复次生林的一种技术措施，具有投资少、见效快、综合效益高等特点。

封山育林的方法主要包括全封、半封和轮封 3 种。

（1）全封也称死封，在封育期间禁止一切不利于植物生长繁育的人为活动，如采伐、砍柴、放牧、割草等。适用于条件较特殊的防护林和特种用途林。

（2）半封也称活封，在林木主要生长季节实施封禁，其他季节在严格保护目的树种幼苗、幼树的前提下，可有计划地进行砍柴、割灌割草、修枝、间伐等活动。适用于用材林、能源林等。

（3）轮封，根据封育区的具体情况，划片分段，轮流实行全封或半封。特别适用于能源林。

为确保封山育林效果，必须死封与活封相结合、封育结合、乔灌草结合，并进行必要的补播、补植与抚育，使其具有适宜的密度和合理结构。一般情况下，前 3~5 年宜全封，5 年后实行半封。

4）次生林的采伐更新

次生林达到成熟后，应及时采伐利用，并及时更新。由于次生林的主要组成树种多为喜光树种，生长速度快，成熟期或衰老期到来得早且容易得心腐病，所以次生林采伐年龄不宜过大。

第五节　森林采伐更新

一、概念

森林达到成熟后，木材的生长量和质量下降，森林的防护性能趋于减弱，应进行采伐利用。对成、过熟林分或林木所进行的采伐利用称为森林主伐。森林主伐一方面可以获取木材，另一方面可以改善、提高森林的各种有益效能，但主伐后必须及时更新。划定为实施主伐的森林地段，在规定期限内（通常 1 年）采伐的林地称为伐区，采伐过的林地称为采伐迹地。

（一）森林作业法

森林作业法又称森林收获作业法，是对成熟林或林分中部分成熟的林木进行采伐利用，并通过适宜的更新方式使采伐迹地得以更新，森林资源和森林生态服务功能得到可持续发展的配套技术措施。

1. 森林作业法的目的与要求

在选择森林作业法时，需考虑林分的作用、林分结构、林分及树种的更新特点、经济效益等因素，使林木在一定环境条件下正常更新。森林作业的目的和要求是：确保森林资源越采越多、越采越好、青山常在、永续利用。森林培育与森林采伐利用互为条件，前后衔接，形成一个完整的生产循环。

2. 森林作业法的分类

森林作业法主要有以下几类，每类均有其相应的更新方式。

（1）乔林作业法。多为种子更新，可分为皆伐作业法、渐伐作业法、择伐作业法。对某些不适于上述三种作业法的特殊林分，可采用更新作业法和拯救作业法。

（2）矮林作业法。多为萌芽条或根蘖更新，林木采伐后，以伐桩或林木根系的休眠芽与不定芽发育成植株，形成新的一代森林。

（3）中林作业法。在同一林地上将乔林作业与矮林作业结合起来的一种作业方式，有性与无性更新相结合，既有实生苗更新，又有无性繁殖更新。

（二）森林更新

森林更新是森林可持续经营的基础，森林更新与森林采伐密切相关。森林经过采伐、火烧或其他自然灾害消失后，在其迹地上以自然或人为方式重新恢复森林的过程称为森林更新。利用自然力恢复形成的森林称为天然更新，以人为方式重新恢复的森林称为人工更新。根据森林更新发生于采伐前后的不同，又可分为伐前更新和伐后更新。

森林更新方法的选用应考虑森林培育的目的（如商品林或公益林）和所处地区的森林类型特点。渐伐、择伐迹地及有天然更新条件的地方，应侧重利用天然更新；皆伐迹地及没有天然更新条件的地方，应采取人工更新。可根据具体条件，在同一迹地上因地制宜地采用不同更新方法。同时，更新应及时，我国规定，在采伐后的当年或次年内必须完成更新造林任务；并达到规定的更新质量（造林成活率）。

二、择伐与更新

择伐是每隔一定时期在林分中有选择性地采伐一部分成熟林木，使林地始终保持多龄级林木状态的采伐方式。

（一）择伐更新过程及其特点

择伐模拟原始天然林自然更新过程，以采伐成熟林木来代替原始林中过熟林木的自然枯死和腐朽，使林冠疏开，为更新创造必要空间，以实现天然更新。择伐最适于异龄复层林，每次采伐后均会出现新的幼苗、幼树，始终保持异龄林状态。择伐借助于母树的天然下种更新，但在天然更新不能保证时，可采用人工植苗或播种的方法，以弥补天然更新的不足。

择伐以主伐为主，抚育为辅。因此，择伐木的选择应遵循"采大留小、采劣留优、采密留稀、保护幼树、控制强度"的原则。采伐过程中注意幼树的保护，采伐和育林有机结合。

择伐强度的确定应考虑林分的年生长量、间隔期的长短。择伐作业的间隔期也称择伐周期，指相邻两次采伐所间隔的年限。

（二）择伐作业的种类

择伐按其经营的集约程度可分为粗放择伐和集约择伐两种方法。

1. 粗放择伐

粗放择伐只考虑取得一定规格的木材，追求低成本、高收益，很少考虑伐后的林地状况和更新问题，不利于森林的可持续经营。目前，许多国家已禁用此方法。

2. 集约择伐

集约择伐是经营集约度高的择伐方法，又分为单株择伐与群状择伐。单株择伐是在林地上伐去单株散生的已达轮伐期的林木及劣质、有害的林木。伐后所形成的林地空隙面积小，通常仅有较耐荫的树种能得以更新。群状择伐是小块状地采伐成熟林木，块的大小可根据树种的需光特性确定，喜光树种大于耐荫树种。

集约择伐要求较高的作业技术与管理水平，适用于山地生态公益林、经营强度高的用材林。要求伐后始终保持各种大小林木的均匀分布，林分结构接近于原始林相。采伐量应与林木净生长量保持平衡；在采伐利用的同时，注意对林分的培育。

更新择伐也属于集约择伐的范畴，适用于各类生态公益林。更新择伐不以获取木材为目的，仅采伐衰老木、濒死木、各种病虫害感染木等，以保证林分健康生长、良好更新。更新择伐的时间、强度等应根据林分的实际情况而定。

（三）择伐的特点及适用条件

1. 择伐的特点

择伐的优点在于采伐利用与抚育更新紧密结合；始终维持森林环境、森林生产力和生态服务功能的可持续发展；形成异龄复层林，具有更高的景观价值；最适于森林资源可持续经营。

择伐作业的缺点表现在采伐木比较分散，采伐与集材较困难，作业中兼顾抚育，生产成本高；作业过程中，易损伤保留木和幼树；要求的技术条件较高；不利于阳性树种的更新等。

2. 择伐的适用条件

择伐可防止伐后林地环境恶化，在生产上应用较广，除了强阳性树种构成的纯林及速生人工林外，其他林分均可采用择伐法。其应用对象包括：特殊用途林，如风景林、防护林等；由耐荫树种组成的复层异龄林以及耐阴性不同的树种构成的复层林；准备培育为异龄林的单层同龄林；风雪灾害严重地区的林分；伐后易引起沼泽化或草原化的林分。

三、皆伐与更新

皆伐是将伐区的林木在短期内一次全部伐光，并于伐后及时人工更新或天然更新恢复森林的采伐方式。皆伐迹地最适宜于人工更新，但在目的树种天然更新有保障的情况下，可采用天然更新或人工促进天然更新。皆伐迹地上形成的森林一般为同龄林。

（一）皆伐迹地的环境特点

皆伐迹地完全失去原有林木的遮蔽，迹地上的小气候、植物和土壤条件与林内相比均有显著变化，将影响其更新。

1. 迹地小气候

皆伐后，太阳辐射直接照射地表，迹地的气温、土温增高，相对湿度降低，风速增大；冬季积雪多，但积雪覆盖期较林内短。这些变化的不利影响表现在春季融雪早，昼夜温差大，苗木易受霜冻、日灼等危害；有利影响表现在光照充足，通风良好，对幼苗幼树的生长特别是喜光树种的生长更为有利。

2. 迹地植物和土壤

森林皆伐后的最初 1 ~ 2 年，迹地上的植物种类成分与原林下相比无明显变化，但处于极不稳定状态；伐后 3 ~ 5 年变化明显，原林下耐荫植物逐渐被喜光植物所取代，覆盖度和草根盘结度逐年增加；5 年后形成稳定的密生灌丛和草坡，总覆盖度达 90% ~ 100%；

地表 10～15 cm 的土壤形成密网状草根层，失去原有的疏松多孔的性状，通气性能减弱。在干燥条件下土壤会变得更干燥；而在湿润条件下极易造成水分滞积，特别是较平缓地域易引起土壤沼泽化。因此，新皆伐迹地具有杂草灌丛少、覆盖度低、土壤疏松等特点，有利于更新；而伐后 4～5 年的旧皆伐迹地，杂草遍地滋生蔓延，更新难度加大。

（二）皆伐迹地的更新

1. 皆伐迹地的人工更新

皆伐迹地最适于人工更新，通常采用的方法有植苗更新和直播更新，前者更稳妥、最常用。皆伐迹地的更新应充分利用新迹地杂草、灌丛较少和土壤疏松的条件，及时进行人工更新，最好在采伐当年完成，最迟在次年。进行人工更新时，必须做到适地适树，做好调查设计和各项更新环节设计。

人工更新时，应注意保护迹地上天然更新起来的幼苗幼树，使其与栽植树种形成混交林，加快森林恢复。

2. 皆伐迹地的天然更新

皆伐迹地在保证森林天然更新成功的条件下，应采用天然更新，以节省劳力和资金。天然更新尽可能维持实生更新，减少和避免无性更新。实现天然更新，需要满足 3 个条件，即足够的种源、适宜种子发芽和幼苗生长的林地条件与气候条件。为此，需采取一些保障措施，如保留母树、清理迹地和整地、保留前更新幼苗幼树。

在皆伐作业中，为维持一定的防护作用和利于伐后更新，需要进行伐区配置，包括伐区大小、形状和排列方法。山地伐区面积以不超过 5 hm² 为宜，在地势平缓的林地，皆伐面积也应控制在 10 hm² 以内，严禁进行大面积皆伐作业。伐区形状最好是长而窄，呈带状，带的方向应与当地主风向垂直；可靠的落种宽度一般应为树高的 2～5 倍。

皆伐按伐区排列方法分为带状间隔皆伐、带状连续皆伐和块状皆伐，我国多应用块状皆伐。

（1）带状间隔皆伐：将整个采伐林区划分为若干采伐带（伐区），隔带采伐；当采伐带完成更新时，再采伐保留带。为利于天然更新下种，第 1 次采伐的伐区，应配置在下风方向，其两侧保留的林墙可起到下种和保护更新幼苗、幼树的作用；第 2 次采伐的伐区，无周围林墙，为达到更新目的，可采取人工更新、保留母树、在种子年采伐或改为渐伐等措施。

（2）带状连续皆伐：按顺序依次采伐各采伐区，新伐区紧靠前一伐区设置。当林分面积较大时，可划分成若干采伐列区，在每个采伐列区中，再划分出 3 个或 3 个以上的采伐带，同时按顺序依次采伐各采伐列区的采伐带，前一采伐带采伐更新后，再采伐下一个采伐带。此方法采伐集中，作业年限短，易遭风害。

（3）块状皆伐：在地形不规整或不同年龄的林分呈片状混交的情况下，难以采用带状皆伐时，适用块状皆伐。伐区的形状可随地形和林分状况而变化。但伐区排列时应注意，同年度采伐的伐区间要有一定间隔，采伐相邻的伐区应有一定的间隔期。

（三）皆伐的特点及适用条件

1. 皆伐的特点

皆伐的优点是采伐集中，便于机械化作业，方法简便易行，节省成本；不需要选择采伐木和确定采伐强度；便于人工更新和更换树种，有利于喜光树种更新。但皆伐也有其不足，即伐后环境变化剧烈，通常不利更新，降低了森林的防护效能，严重干扰森林生态平衡；龄级单调、景观效果较差等。

2. 皆伐的适用条件

皆伐人工更新可应用于各种森林类型，但皆伐天然更新应用的条件受到诸多限制；皆伐最适于喜光树种构成的单层林，全部是成熟和过熟林木的林分，急需进行改造更换树种的林分，无性更新的林分。然而，特殊环境条件下的林分，如岩石裸露的石质山地、土层瘠薄地、更新困难地、沼泽水湿地、河流两岸及道路干线的林分，以及景观价值高的森林等，应避免采用皆伐作业。

四、渐伐与更新

渐伐是把林分中所有成熟林木，在一定期限内（通常不超过一个龄级）分几次采伐完的采伐方式。渐伐在其数次采伐过程中，逐渐为林下更新创造条件，在成熟木被全部采伐完后，林地也全部更新成林。更新起来的林木虽然年龄不同，但均在一个龄级之内，属于相对同龄林。

（一）渐伐更新过程及其特点

典型渐伐可分预备伐、下种伐、受光伐和后伐4个步骤。

1. 预备伐

预备伐通常在密度大的林分中进行。其目的在于疏开林冠，增加林内光照，促进保留木结实，加速死地被物分解，为更新下种、种子发芽和幼苗生长创造条件。伐后林分郁闭度保持在0.6~0.7。若伐前林分郁闭度不大（0.5~0.6），不需进行预备伐。

2. 下种伐

下种伐应在预备伐若干年后的种子年进行，使种子尽可能多地散落到林地上，伐后郁闭度为0.4~0.6，若伐前林下更新的幼苗较多，郁闭度不大，可免去下种伐。

3. 受光伐

受光伐是为改善林内光照，满足幼苗、幼树生长需要而进行的采伐，伐后郁闭度保持在0.2~0.4。

4. 后伐

受光伐后，幼苗、幼树得到充足的光照，生长速度加快，接近或达到郁闭状态，需要将影响其生长的老林木伐去，此时的采伐称为后伐。采伐时要注意对幼树的保护，减少对其的伤害。

在生产中，可根据渐伐的林分状况和更新特点简化渐伐次数，但须保证获得较好的森林更新。渐伐作业对采伐木的选择应注意 3 个原则，即有利于林木结实、幼树和保留木的生长，有利于林内卫生，兼顾木材生产的需要。

（二）渐伐的种类

渐伐法按照伐区排列方式的不同可分为全面渐伐、带状渐伐和群状渐伐。

1. 全面渐伐

全面渐伐也称均匀渐伐，在要进行渐伐的全林范围内，同时均匀地依次进行各次采伐。不设伐区，一般在渐伐林地面积较小的情况下采用。

2. 带状渐伐

带状渐伐将林分按一定方向划分为若干带（即采伐列区），在一个采伐列区上从一端开始，在第 1 个伐区上首先进行预备伐，其他带保留不动；几年后在第 1 个伐区进行下种伐，同时在第 2 个伐区上进行预备伐；再过几年，在第 1 个伐区进行受光伐的同时，在第 2 个伐区进行下种伐，在第 3 个伐区进行预备伐；以此类推，直至伐完全林。

与全面渐伐相比，带状渐伐更有利于保持森林环境、防止水土流失、幼苗幼树的生长。伐区宽度可依据风害危险程度、坡度坡向及幼树的状况来确定，一般为树高的 1～3 倍，陡坡或风害严重区域其宽度可窄些。

3. 群状渐伐

群状渐伐是以林下已有幼苗幼树、上层林木稀疏的地段作为采伐基点，向四周扩展划分为若干个环状采伐带（伐区），首先对采伐基点进行后伐，同时在其周围的环状带进行第 1 次采伐，若干年后，进行第 2 次采伐的同时向外依次采伐各环状带，直至采伐完全林。

（三）渐伐的特点及适用条件

1. 渐伐的特点

渐伐的优点在于始终维持森林环境，对森林的防护作用影响不大，并且有丰富的种源和上层林木的保护，既适用于喜光树种又适于耐荫树种，天然更新易成功；具有皆伐作业比较集中的优点，更有效地促进林木生长；伐后剩余物少，所形成的林分景观价值更高。但其要求的经营技术水平和采伐工艺更高，采伐作业过程中对保留木和幼苗幼树损伤率较大，生产成本较高。

2. 渐伐的适用条件

渐伐适用于所有树种的成、过熟单层或接近单层的林分，容易发生水土流失的地区或具有其他特殊用途的林分（如特殊防护林、风景林等），皆伐天然更新有困难而又难以进行人工更新的森林。

五、其他采伐法

（一）更新采伐作业法

更新采伐是为恢复、改善和提高防护林、特种用途林的有益效能，为林分的更新创造良好条件而进行的采伐。更新采伐不以获取木材为主要目的，仅采伐已衰老的、濒死的过熟林木及各种病虫害木、机械损伤的林木，确保林分健康发展。

更新采伐多采用小伐区、小强度择伐，以天然更新为主，必要时采用人工促进天然更新。更新采伐年龄以林木达到自然过熟为标准。

更新采伐主要应用于各种防护林、特种用途林，及陡坡、岩石裸露和特殊地段的森林。进行更新采伐时，要严格确定采伐木，严格清理采伐剩余物，保护幼苗、幼树，注意保持和提高森林的生物多样性。

（二）拯救伐作业法

拯救伐旨在采伐因致害媒介而非由林木竞争所导致的枯死木、濒死木及严重损伤木。森林遭受严重的火灾、风雪害、病虫害后，为减少木材损失，应尽快进行拯救伐，为森林恢复创造条件。采伐强度及采伐木的确定取决于林分遭受灾害的程度。伐后应积极进行迹地更新，受害严重的迹地可进行人工更新；受害不太严重的迹地充分利用天然更新或适当人工辅助天然更新；对边远、陡坡山地，可采用封山育林加人工补播、补植。

（三）矮林作业法

矮林即以无性更新方式形成的森林。其主要特点为伐期短、早期生长迅速而衰老快。矮林作业的目的是获得高产薪材、部分农用材和饲料等。

矮林采伐一般应用皆伐，与乔林皆伐相同；也可进行择伐，常用于立地贫瘠、水土流失较重的山地及中性、耐荫性树种构成的林分。采伐季节应在树木休眠期，以免影响萌芽力。采伐年龄因树种和培育目的的不同差异较大，一般不超过 40 年。

矮林采伐更新多萌芽更新和根蘖更新。萌芽更新是依靠伐根上的休眠芽或不定芽发育长成植株，根蘖更新是利用树木根部不定芽发育形成植株。伐根高度及断面状况与萌芽条的数量和质量密切相关，在一定范围内，伐根越高，萌芽条越多，但易遭受风雪害。一般以保留伐根直径 1/3 高度为宜，以后逐次抬高。伐根断面要求平滑微斜，以防积水腐烂，并避免劈裂和脱皮。

（四）中林作业法

中林作业法是在同一块林地上以无性繁殖法在下层培育小径材或薪材的同时在上层培育大径级木材的经营方式。此法结合了乔林和矮林作业的特点，通常上层木培育大径材，轮伐期长，为实生更新的异龄林，实行择伐；采伐时，一般同时进行植苗或直播造林，培植后备上层木。下层木培育小径材，轮伐期短，为无性更新的同龄林，实行皆伐；采伐时与上层木采伐同时进行。

根据中林的上层木和下层木的数量及分配状况，可分为 4 种类型：①乔林状中林，上层木数量多且分布均匀，下层木较少；②矮林状中林，上层木数量较少，下层木数量多；③块状中林，森林呈小块状分布，仍分乔林和下层矮林，同时经营；④截枝中林，上层木为下层木庇荫，数量不多，下层木用于截取枝条。

森林主伐前，主伐方式的选择至关重要。合理采伐的重要标志就是森林的持续利用。

不同的主伐更新方式，有其适用的环境条件和林分特征，在林业生产实践中，应根据森林经营的方针和多样性原则因地制宜地选择主伐更新方式，合理采伐利用森林资源，实现森林资源的可持续发展。

习题

1. 什么是植被恢复与重建？其原理、基本要求和途径有哪些？

2. 在对森林立地进行分类与评价时，常用的立地因子有哪些？

3. 什么是林种？我国的主要林种有哪些？

4. 什么是适地适树？其评价标准、途径有哪些？

5. 树种选择的原则与方法有哪些？举例说明树种选择的意义。

6. 什么是林分密度？确定林分密度的原则及方法有哪些？造林密度对林分生长发育的作用有哪些？

7. 混交林有何特点？混交类型和混交方法有哪些？从混交林特点出发，论述为何营造混交林？

8. 林木分化与自然稀疏的关系是什么？

9. 森林抚育采伐的种类、方法及技术要素有哪些？

10. 森林采伐更新的方式有几种？各自的适用条件如何？

第七章　森林资源经营管理

学习目标

☞ 了解森林经营管理的理论模式、森林资源评价的方法；熟悉森林经营管理的内容和任务、森林经营方案的编制要点；掌握森林区划、森林资源调查、森林资源评价、森林成熟与经营周期的概念，森林区划和森林资源调查的方法，森林资源调查和森林收获调整的内容等。

第一节　概　　述

森林资源经营管理简称森林经理，是对森林资源进行区划、调查、生长与效益评价、结构调整、决策和信息管理等一系列工作的总称。森林资源经营管理的主体对象是森林资源，目的是对现实森林进行合理经营、科学管理，使之最大限度地发挥经济效益、社会效益和生态效益，实现永续利用。

一、内容与任务

森林资源经营管理的内容和任务主要包括以下几个方面。

1. 森林资源区划和调查

森林资源分布广泛，种类繁多，且不断发生变化，要实现森林可持续经营，使森林更好地为人类服务，就必须了解森林，首先要做的是森林资源的区划和调查。森林资源区划和调查是森林资源经营管理最重要的基础工作之一。森林区划是将一定地域空间（国家、省、县、林场等）内的森林资源，按照自然、林学、经济等方面的不同特性划分成面积大小不同的单位，以便于经营管理。森林资源调查是以行政单位（国家、省、县）和林业企业（林业局、林场等）等为单位，使用不同的调查方法，对森林资源进行数量、质量、用途和环境等方面的调查。

2. 森林生长与效益评价

森林生长与效益评价包括森林的生长状态、结构和过程，各种效益价值的计算、评估，森林经营模式、投资损益判别等内容。森林生长状态、结构与过程是效益评价的基础。各种森林资源均具有经济价值和非经济价值，森林评价是对森林的效益价值进行评估，为提高森林经营效益而进行的基础工作。森林经营管理模式是经营森林资源的方式、方法，根据应用范围又可分为宏观模式和微观模式。森林投资损益判别，主要针对以经济收益为主要目标的森林经营活动，包括不同种类森林成熟时间、收获效益最高时间和经营周期的确定，投入产出的计算等。

3. 森林调整

结构决定功能，功能影响收益，因此，森林调整是森林经营中最重要的内容之一。森林资源结构调整包括大尺度空间和小尺度空间的森林资源结构调整。大尺度空间结构调整主要是在国家、省、市和县范围内进行林种等的结构调整，如我国的"三北"防护林体系、长江中上游防护林体系、天然林保护工程等。小尺度空间结构调整主要指在林分内进行的资源结构调整，包括树种结构、年龄结构、径级结构、蓄积结构、直径结构等方面的调整，是保证森林经营高效益的关键经营措施。

4. 森林经营决策和计划

森林经营决策是指对森林资源实施的某项经营管理活动的决定。林业企事业单位根据森林资源的分析、评价结果及现有的生产条件，提出解决问题的方法、决策过程和达到的目标，论证决策方案的合理性，编制森林经营方案。

5. 森林资源信息管理

森林资源信息管理是对以上开展的一系列工作的各种信息进行系统管理，建立资源信息管理的系统和方法，主要包括区划调查成果、森林经营措施实施资料、森林资源档案、林政法规和社会经济条件资料等，以便可持续地修订森林经营方案。

二、理论模式

（一）宏观模式

1. 分类经营

森林分类经营是指根据森林所处的自然环境条件、社会经济条件及其结构特点，分成不同类型，按照各自的经营目的，采用相应的经营模式，便于目标管理。一般从林种上分为生态公益林、商品林和兼用林。

1）经营主体

按政企分开的原则，生态公益林的经营主体是政府提供经费的事业单位，商品林的经营主体是各种企业单位和个人。有一部分既有生态公益林，也有商品林的可以作为企业对待，但国家和社区要给予一定的补偿。对林农经营的生态公益林，国家和社区也要根据其损失给予补偿。

2）管理体制、运行机制

公益林建设属社会公益事业，按事权划分，采取政府为主，社会参与和受益补偿的投入机制，由各级政府负责体制建设和管理。跨流域、跨地区的重点公益林建设工程、生物多样性保护工程、荒漠化防治工程、天然林保护工程等由中央政府负责；地方各级政府划定的公益林由地方负责；分散的防护林、风景林、"四旁"树等按隶属关系，由各部门各单位和农村集体经济组织负责。公益林实行"谁受益，谁负担，社会受益，政府投入"的原则。服务对象明确的，由服务对象对公益林经营者实行补偿；服务对象不明确的，由政府补偿。

商品林要在国家产业政策指导下，以追求最大经济效益为目标，按市场需求调整产业产品结构，自主经营、自负盈亏。商品林可以依法承包、转让、抵押。转让时，被转让的林木所依附的林地使用权可以随之转移。探索森林产权市场交易形式，建立起有利于实现森林资源资产变现、作为资本参与运营的机制。

3）经营制度、经营模式

公益林建设以生态防护、生物多样性保护、国土安保为经营目的，以最大限度发挥生态效益和社会效益为目标，遵循森林自然演替规律及其自然群落层次结构多样性的特性，采取针阔混交、多树种、多层次、异龄化与合理密度的林分结构。封山育林、飞播造林、人工造林、补植，管护并举，封育结合，乔、灌、草结合，以封山育林、天然更新为主，辅之以人工促进天然更新。

商品林建设以向社会提供木材及林产品为主要经营目的，以追求最大的经济效益为目标，要广泛运用新的经营技术、培育措施和经营模式，实行高投入、高产出、高科技、高效益，定向培育、基地化生产、集约化规模经营。以商品林基地为第一车间，延长林产工业和林副产品加工业产业链，构建贸工林一体化商品林业。

2. 回归自然林业

19 世纪末，林学界开始重视自然规律在森林经营中的作用，提出森林经营要符合自然规律，要尽可能地利用森林生产力、保护和维持森林，并尽可能地拥有回归自然的思想，即"森林经营应回归自然，应尊重自然规律，应利用自然的全部生产力"。该理论批判了当时处于主要地位的人工造林——皆伐作业的经营模式，提倡尽可能利用森林的天然更新的渐伐模式，其代表人物是慕尼黑大学教授盖耶尔（Geyer）。

3. 恒续林思想

恒续林经营以恒续维持森林有机体为经营目标，以天然更新为主，维持或营造异龄混交林。恒续林必须是异龄林，但并不要求在同一林地上是全龄级林分。该理论认为择伐是一种较好的森林经营方法，其代表人物是植物学家缪拉（Moller）。

4. 森林生态系统经营

20 世纪 70 年代，生态系统经营一词出现在环境保护组织的出版物上。1992 年美国林务局正式宣布国有林采用生态系统经营方针，但森林生态系统经营作为一种新的资源管理模式，并没有公认的明确概念。

生态系统经营的核心是生态系统的长期维持与保护，是森林可持续经营的一条生态途径。森林生态系统经营是森林经营范式上的转变，其价值观、理论和方法与传统永续经营有明显区别，特别是对森林价值的选择。森林生态系统经营通过满足人类需要与维持计划增进森林生态系统的健康和完整性，使人类与自然在一个较大的空间规模和较长的时间尺度上协同、持续与发展。因此，森林生态系统经营是实现林业可持续发展的重要途径。

（二）微观模式

1. 法正林

法正林是能持久地每年提供一定数量木材的森林。其名称和理论产生于 18 世纪奥地利皇家规定（Normale，1738），后经洪德思哈根（Hundeshagen，1826）、哈耶（Heyer，1841）加以补充和完善。法正林作为森林经营管理的理想目标，是以同龄纯林经营类型为经营单位，并在一定轮伐期和作业法经营的一种模式。法正林思想一直是森林经营管理学的中心支柱。

当森林满足以下 4 个基本条件时称为法正状态，即法正林。

（1）法正龄级分配（图 7-1）：具备 1 年生到轮伐期（u）的林分，且各龄级林分的面积相等。每年采伐 u 年生的林分，第 2 年造林形成 1 年生林分，其他林分均生长 1 年。即每年持续收获定量木材，又保持龄级结构不变。

（2）法正林分排列（图 7-2）：林分的排列有利于森林天然下种更新、幼树保护和采伐作业。如风从左方来，采伐（皆伐）方向要与风向相反（从右），可以利用风力天然下种，保护幼树，而且便于采运木材。

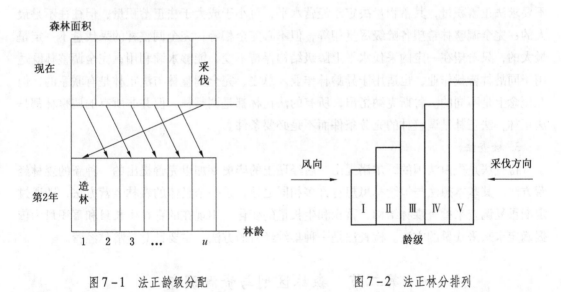

图 7-1　法正龄级分配　　　　　　图 7-2　法正林分排列

（3）法正生长量：各林分与年龄相应的正常生长量。如果满足以上 2 个条件，可以假设各林分每年的生长量相同，分别记为 Z_1，Z_2，Z_3，$\cdots$，Z_{u-1}，Z_u。各林分的蓄积量分别为 m_1，m_2，m_3，$\cdots$，m_{u-1}，m_u。则法正生长量，即各林分生长量 Z_1，Z_2，Z_3，$\cdots$，Z_u 的总和 Z_n，等于经营类型的年总生长量（$u \times Z$），也等于最老林分（u 年生）的蓄积量 m_u，即年采伐量 m_u。每年采伐最老林分，也就是每年收获总生长量，并且每年收获相等，又不破坏法正状态，保障永续利用。

（4）法正蓄积量：各林分与年龄相应的正常蓄积量。各林分的蓄积等于生长量之和，各林分的蓄积之和为法正蓄积量，即法正蓄积量 $V_n = \sum m_i$，i 为各龄级，n 为龄级的数量。通常，把采伐量与蓄积量之比称为利用率。

除上述 4 条外，还有 1 条法正年伐量即法正收获量。年伐量也叫收获量，是维持法正状态时的年伐蓄积，即法正年伐量 $E_n = Z_n = m_u$（永续利用的基本式），实际为法正生长量，也即最老林分（已达轮伐期林分）的蓄积量 m_u。按此采伐量进行收获，可以保证永续利用。

2. 完全调整林

法正林思想虽然有很多积极的意义，但在现实森林中很难实现。20 世纪中叶，美国的戴维斯、克拉特、鲁斯克纳先后提出了完全调整林的概念来代替古典的法正林理论。完全调整林的基本条件是各个径级或龄级的林木保持适当的比例，能够每年或定期取得数量大致相等、达到期望大小的收获量。这就要求具备各个径级和龄级的林木，并保证有大致相等的蓄积量可供每年或定期采伐。

完全调整林与法正林相似，但更灵活、更现实。完全调整林不强调法正生长量，只提在相应条件下的生长量，可小于法正生长量，生长量的大小取决于经营水平；完全调整林不要求法正蓄积量，其蓄积量决定于经营水平，可小于或大于法正蓄积量，但往往不是最大的；完全调整林希望各龄级尽量相等，但不必完全相等；完全调整林的采伐量不一定是最大的，只希望在一定的采伐水平上龄级结构保持不变，能够永续利用；完全调整林既适用于同龄林皆伐作业，也适用于异龄林作业。总之，完全调整林与法正林是有联系的，但在概念上是不同的。鲁斯克纳指出，所有的法正林都是调整林，但并非所有的调整林都是法正林，法正林是调整林的充分条件而不是必要条件。

3. 检查法

检查法是先由法国的顾尔诺提出、后经瑞士的毕奥莱加以完善提出的一种新的森林经营方法。其基本想法与恒续林思想有许多相同之处，是一个具体的森林经营方法，即通过定期重复调查来检查森林结构、蓄积和生长量的变化，用现在的森林生长量和蓄积量为依据确定未来采伐量的方法。检查法是一种集约经营的方法，主要针对异龄林经营。

第二节　森林区划与资源调查

一、森林区划

（一）森林区划的目的与意义

森林区划又称林地区划，是针对林业生产的特点，根据自然地理条件、森林资源以及社会经济条件的不同，将整个林区进行地域上的划分，将林区在地域上区划为若干个不同的单位。森林区划是森林经营管理工作的重要内容之一，也是调查规划的基础工作，合理的区划对森林资源的调查和经营管理具有重要意义。

森林区划的主要目的有：①便于调查、统计和分析森林资源的数量和质量；②便于组织各种经营单位；③便于长期的森林经营利用活动，总结经验，提高森林经营水平；④便于实施各种科学管理技术、经济核算等工作。

（二）森林区划系统

目前，在我国林区，森林经营区划系统包括以下三类。

（1）国有林业局区划系统：林业局—林场—林班—小班。较大的林场，在林场与林班之间可增划营林区或作业区。

（2）国有林场区划系统：总场（林场）—分场（营林区或作业区）—林班—小班。

（3）集体林区区划系统：县—乡—村—林班—小班。

（三）森林区划的方法

森林区划时应根据区划范围内的实际情况，从今后经营管理、开发利用及资源清查等工作的需要来考虑。

林业局是林区中独立的林业生产和经营管理单位，合理确定林业局的范围和境界是实现森林可持续经营的重要保证。影响林业局境界确定的主要因素有企业类型、森林资源情况、自然地形地势、行政区划等。林场是林业局下属的具体实施林业生产的单位，其境界应尽量利用山脊、河流、道路等自然地形和永久性标志，范围应便于开展经营活动、合理组织生产及方便职工生活。营林区是林场内的管理单位，是为合理进行森林经营利用活动、开展多种经营以及考虑生产和职工生活方便，划分的有效经营活动范围，营林区界限一般与林班线一致，即若干林班集中在一起即组成营林区。以上区划单位基本固定，下面重点介绍林班区划和小班区划。

1. 林班区划

林班是在林场范围内，为便于森林资源统计和经营管理，在林地上划分的面积大小较一致的基本单位。林班是开展森林经营活动和生产管理的单位，是林场内具有永久性经营管理的土地区划单位。林班的区划方式有3种，即人工区划法、自然区划法和综合区划法。人工区划法的林班呈规整的方形或矩形，林班线需要人工伐开，呈直线或折线状，设计简单，适用于平坦地区、丘陵地带林区及部分人工林区。自然区划法是以林场内的自然界线和永久性标志为边界线划分林班的方法，林班大小不一，形状不规整，保持了自然景观，对防护林、特种用途林、自然保护区的林木有积极作用，适用于山区。综合区划法是人工和自然区划法的综合，一般在自然区划的基础上人工区划而成，此方法克服了人工和自然区划法的不足，但在组织实施上技术要求也较复杂。

林班面积应根据经营目的、经营水平和社会经济条件确定，我国南方经济条件较好的地区，其林班面积可小于 50 hm²，北方林区的林班面积一般为 100~200 hm²。林班的编号和命名，一般以林场为单位，用阿拉伯数字由小到大，从林场的西北角起向东南、由上到下依次编号。

区划出的林班及林班线，主要用途表现在：测量和求算面积；清查和统计森林资源；辨认方向；护林防火及林政管理；开展森林经营利用活动及森林资源的多种经营。区划出林班及埋设林班标桩后，每个林班的地理位置及面积即固定下来，为长期开展林业生产活动提供了方便条件。因此，合理区划林班，是森林经营管理工作中的重要内容之一。

2. 小班区划

小班是为便于调查规划和因地制宜开展各种经营活动，根据经营要求和林学特征，在林班内划出的不同地段（林地或非林地等）。小班是林场最基本的经营单位，也是森林资源清查、统计计算和经营管理的最基本单位，小班内部具有相同的林学特征，因此，其经营目的和经营措施相同。

小班划分的原则是每个小班内部的自然特征基本相同，并与相邻小班存在显著差别。这些差别主要表现在调查因子上，即调查因子的显著差别是小班区划的依据。划分小班的具体条件包括权属、土地类别、林种、优势树种或优势树种组、龄级或龄组、郁闭度（疏密度）、林型或立地条件类型、地位级或地位指数（级）、林分起源、坡度级、出材率等级等。

小班面积应根据各地森林状况和经营水平而定，平均大小一般为 $3 \sim 20 \ hm^2$，最小面积以能在基本图上反映出来为准。区划小班的方法可分为 3 种，即遥感影像（航片或卫片）判读勾绘法、地形图现地勾绘法和罗盘仪实测法。在有条件的地区，应尽量利用明显的地形地物等自然界线作为小班界线或在小班线上设立明显标志，固定小班位置，以便于统一编码管理。

（四）经营单位的组织

森林区划只是对林区面积做了地域上的划分，尚无法满足森林经营的需要。在同一林业局（或林场）范围内，由于森林类型和自然条件不同，其各个组成部分的经济意义和森林资源的组成、结构多种多样，因而其经营方针、目的和经营制度不同。因此，要根据森林在国民经济发展中的作用、目的及经营利用措施的要求，将小班（林分或林地）分别组织成一些单位，形成一套完整的经营体系，以便因地制宜、因林制宜，分别对待。森林经营单位一般指林种区和经营类型，在森林经营水平较高的地区还可用经营小班。

1. 林种区的划分

林种区就是在林业局或林场范围内，在地域上一般相连接，经营方向相同，林种相同，以林班线为境界的地域范围。一个林场可能是一个林种区或几个林种区。林种区划定后，森林资源的统计，森林经营及利用措施、规划设计，均以林种区为单位进行汇总。我国在《中华人民共和国森林法》中规定的 5 类林种（防护林、特种用途林、经济林、用材林、能源林），即为划分林种区的主要依据。对于同一林种，由于经营目的或经营强度不同，也可划分不同的林种区。

2. 经营类型（作业级）的组织

同一林种区内，虽然经营方向一致，但各个小班的经营目的和自然特点往往差别较大，因此，需要根据小班特点进行归类组织，采取相同的经营目的和经营利用措施，这种组织起来的单位叫经营类型或作业级。经营类型是在同一林种区内，由地域上不一定相连，但经营目的相同，需要采取相同经营措施的许多小班组合起来的一种经营单位。经营类型组织的依据，主要有以下四方面。

（1）树种不同。林分或林地小班间最显著的差异是树种不同，不同树种的生物学特性差异较大，因而需组织不同的经营类型，如针叶树经营类型、阔叶树经营类型等。

（2）立地质量不同。优势树种或主要树种相同，而立地质量不同，表现在地位级、地位指数（级）不同时，小班（林分）的自然生产力有较大差别，如落叶松Ⅰ、Ⅱ地位级经营类型。

（3）森林起源不同。优势树种相同而林分起源不同，则林木的寿命、生产率、材种和防护效能等均不相同，如落叶松人工林经营类型。

（4）经营目的不同。由于经营上的需要，可以根据经营目的不同组织不同的经营类型。如对于用材林林区中分散的特用经济林小班，可组织特用经济林经营类型，如母树经营类型、油茶林经营类型等。

3. 小班经营法

小班经营法是在林种区内以一个小班或相邻条件类似的几个小班为单位组织起来进行经营的方法。小班经营法有以下特点：①区划成固定的经营小班；②作业法、经营措施的设计和执行单位是经营小班；③定期进行生长量的检查，按连年生长量确定采伐量；④作业法以集约择伐作业为主。

二、森林资源调查

（一）森林资源调查概述

森林资源调查简称森林调查，是对林地、林木及其空间范围内生长的动植物和自然环境等进行自然属性和非自然属性的调查，主要包括森林资源状况、森林经营历史、经营条件及未来发展等方面的调查。在我国，根据森林资源调查的对象、目的和范围将森林调查分为三大类。

（1）国家森林资源连续清查，又称森林资源监测，简称"一类调查"。是以全国（大区或省）为对象的森林资源调查，每5年进行1次，其目的是掌握调查区域内森林资源的宏观状况，为制定或调整林业方针政策、规划、计划提供依据。

（2）森林经理调查，又称森林资源规划设计调查，简称"二类调查"。是以国有林业局（场）、自然保护区、森林公园等森林经营单位或县级行政区域为对象的森林资源调查，每10年进行1次，其目的是为县级林业区划、经营单位的森林区划提供依据，以便编制森林经营方案，制定生产计划等。

（3）作业设计调查，又称作业调查，简称"三类调查"。为经营单位生产作业设计而进行的调查，其目的是对将要进行生产作业的区域进行调查，以便了解生产区域内的资源状况、生产条件等。

下面重点介绍二类调查。

（二）森林经理调查（二类调查）

1. 概念、任务和目的

森林经理调查是以经营管理森林资源的企业、事业或行政区划单位（如县）为对象，为制定森林经营计划、规划设计、林业区划和检查评价森林经营效果、动态而进行的森林资源调查。两次森林经理调查的间隔期称为经理期。森林经理调查的主要任务是：在调查的区域内查清森林、林地和林木资源的种类、数量、质量与分布，客观反映调查区域的自然、社会经济条件，综合分析与评价森林资源与经营管理现状，提出森林资源的经营管理计划方案，或对森林资源经营管理的现状进行检查。其主要目的是：检查、分析、评价森林经营管理的效果，为科学经营和管理森林、制定林业发展规划、森林经营管理计划、森林分类经营区划、林业方针政策等的执行效果评价提供依据。

2. 森林经理调查的内容

（1）**基本调查内容**：包括核对森林经营单位的境界线，并在经营管理范围内进行或调整经营区划；调查各类林地的面积；调查各类森林、林木的蓄积；调查与森林资源有关的自然地理环境和生态环境因素；调查森林经营条件、前期主要经营措施与经营成效。

（2）**专项调查内容**：应根据森林资源特点、经营目标和调查目的，以及以往资源调查成果的可利用程度确定。主要包括森林生长量和消耗量调查，森林更新调查，森林病虫害调查，森林火灾调查，野生动植物资源调查，生物量调查，森林景观资源调查等。

3. 森林经理调查的技术与方法

1）调查数表的准备

调查应提前准备和检验当地适用的立木材积表、形高表、立地类型表、森林经营类型表、森林经营措施类型表、造林典型设计表等林业数表。为提高调查质量和成果水平，可根据条件编制、收集或补充修订立木生物量表、地位指数表、林木生长率表、材种出材率表、生长过程表等。

2）小班调绘

小班调绘是指利用准备好的工作底图，按照小班区划的原则和要求，在现地或室内进行勾绘，填写小班号和注记，为业内设计提供完整的图面资料。根据实际情况，可采用以下方法进行小班调绘：①使用测绘部门绘制的当地最新的比例尺为 1∶10000～1∶25000 的地形图到现地进行勾绘；②使用近期拍摄的、比例尺不小于 1∶25000 的航片在室内进行小班勾绘的基础上到现地核对，或直接到现地调绘；③使用近期经过预处理的空间分辨率在 10 m 以内的卫片在室内进行小班勾绘，然后到现地核对。

3）小班调查

　　小班调查是二类调查中涉及地域最广、工作量最大的一项工作，就是将各种林分调查因子落实到每个林分中。

　　小班调查内容包括土地类型调查和小班因子调查。土地类型根据土地的覆盖和利用状况综合划定，包括林地和非林地2个一级地类，其中林地含8个二级地类、16个三级地类，非林地含5个二级地类、4个三级地类。地类划分的最小面积为0.067 hm²。小班调查因子主要有位置、权属、地类、地形地势、土壤、下木植被、立地类型、地位等级、更新、经营类型、经营措施类型、林种、林层、起源、树种组成、优势树种、平均年龄、平均高、平均直径、优势木平均高、郁闭度、每公顷株数、每公顷蓄积量、枯倒木蓄积、病虫害、火灾等。

　　小班测树因子调查方法包括样地实测法、目测法、航片估测法和卫片估测法。

　　（1）样地实测法：在小班范围内，通过随机、机械或其他抽样方法，布设圆形、方形、带状或角规样地，在样地内实测各项调查因子，由此推算小班调查因子。布设的样地应符合随机原则（带状样地应与等高线垂直或成一定角度），样地数量应满足精度要求。

　　（2）目测法：当林况较简单时采用此法。调查前，调查员要通过30块以上的标准地目测练习和一个林班的小班目测调查练习，并经过考核，各项调查因子目测的数据80%项次以上达到允许的精度要求时，才可进行目测调查。

　　（3）航片估测法：航片比例尺大于1∶10000可采用此法。调查前，分林分类型或树种，抽取若干有蓄积量的小班（数量不低于50），判读各小班的平均树冠直径、平均树高、株数、郁闭度等级、坡位等，然后到实地调查各小班的相应因子，编制航空相片树高表、胸径表、立木材积表或航空相片数量化蓄积量表。为保证估测精度，必须选设一定数量的样地对数表进行实测检验，达到90%以上精度时方可使用。

　　（4）卫片估测法：当卫片的空间分辨率达到3 m时可采用此法。其技术要点为：

　　第一，建立判读标志。根据调查单位森林资源的特点和分布状况，每景选择若干条能覆盖区域内所有地类和树种、色调齐全且有代表性的勘察路线。将卫星影像特征与实地情况对照获得相应影像特征，并记录各地类与树种的影像色调、光泽、纹理、几何形状、地形地貌及地理位置等，建立目视判读标志表。

　　第二，目视判读。根据目视判读标志，综合运用其他各种信息和影像特征，在卫星影像图上判读并记载小班的地类、树种、郁闭度、龄组等判读结果。

　　第三，判读复核。目视判读采取1人区划判读另1人复合判读方式进行，2人在"背靠背"作业前提下分别判读、填写判读结果。当2人的判读一致率达到90%以上时，应对不一致的小班进行商议达成一致意见，否则应到现地核实。如果不达标，则分别重新判读。对室内判读有疑问的小班必须到现地确定。

　　第四，实地验证。当室内判读经检查合格后，采用典型抽样方法选择部分小班进行实地验证。实地验证的小班数不少于小班总数的5%（且不低于50个），并按照各地类和树种判读的面积比例分配，同时每个类型不少于10个小班。在每个类型内，要按照小班面积大小比例不等概率选取。各项因子的正确率达到90%以上时为合格。

第五,蓄积量调查。结合实地验证,选取有蓄积量的小班,现地调查其单位面积的蓄积量,然后建立判读因子与单位面积蓄积量间的回归模型,根据判读小班的蓄积量标志值计算相应小班的蓄积量。

目前,随着遥感技术的快速发展,多源遥感数据不断应用到森林调查中,有力弥补了传统调查方法的不足,如无人机遥感平台的灵活运用,高光谱、雷达等多种传感器的使用等。

各种小班调查方法允许调查的小班测树因子详见国家林业局2003年颁布的《森林资源规划设计调查主要技术规定》。

4. 林业专业调查

林业专业调查是根据编制森林经营方案的需要,在林业生产条件调查的基础上,进行森林资源调查的同时,对某些林业调查项目专门组织专业人员进行的重点详查。林业专业调查是森林经理调查的组成部分和基础,其调查项目主要包括森林生长量、消耗量及出材量调查,立地类型调查,森林土壤调查,森林更新调查,森林病虫害调查,森林火灾调查,珍稀植物、野生经济植物资源调查,抚育间伐和低产林改造调查,母树林、种子园、苗圃调查,森林生态因子调查,森林多种效益计量与评价调查,林业经济与森林经营情况调查等。以上专业调查项目多数采用标准地、解析木、样方和标准木的方式。

5. 多资源调查

多资源调查是指对森林地域空间内的野生动植物资源、水资源、气候资源、游憩资源和地下资源等进行的调查,是森林永续利用从木材永续到森林多种效益永续过渡时期逐渐发展起来的森林调查项目,在我国属于二类调查中的专业调查范畴。

第三节 森林资源评价

森林资源评价是在特定目的条件下,采用科学合理的方法,依据相关标准和程序对森林资源进行货币化计量,以提高人类对森林资源效益的认识,推动人类对森林资源的合理开发利用。森林资源评价以劳动价值论、地租理论、边际效用价值论为理论基础,以森林的直接效益和间接效益作为资产进行货币价值计算,主要考虑的内容有林地、林木、其他产品及附属设施,另外还有森林环境和景观。下面对林地评价和林木评价的方法做介绍。

一、林地评价

林地评价是对林地使用权价格的评定估算,是特定区域内的林地在某段时间内使用权的价格。由于林地的依附性,林地评价实质是根据经营林地上植被产生的超额利润作为林地的收益进行评价。随着林权制度改革的深入,林地流转异常活跃,合理的林地评价有利于保护和管理林地,促进林地资源的永续利用和持续发展,避免林地资源的流失。林地评价方法主要有现行市价法、林地期望价法、年金资本化法和林地费用价法。

1. 现行市价法

现行市价法又称市场价比较法，是将待确定价值的林地与最近交易的条件类似的林地买卖（租赁）实例相比较，求取林地价值的一种方法，其理论依据是地价评估的替代性原则。现行市价法评价的前提是必须具备发育完备的竞争市场，有大量近期已发生的评价案例，且要求待评价林地与已评价案例林地条件相似。由于在实际评价中寻找与被评价资源相同的案例可能性太低，所以评价时要根据实际利用调整系数进行修正，且要求参考 3 个及以上案例进行测算后综合确定。计算公式为

$$B_u = K_l \times K_2 \times K_3 \times K_4 \times G \times S \tag{7-1}$$

式中　B_u——林地价值；

G——参照案例的单位面积林地交易价值；

S——被评价林地面积；

K_1——立地质量调整系数；

K_2——地利等级调整系数；

K_3——物价指数调整系数；

K_4——其他综合调整系数。

$$K_1 = \frac{现实林地立地等级的标准林分主伐时的蓄积量}{参照林地立地等级的标准林分主伐时的蓄积量} \tag{7-2}$$

$$K_2 = \frac{现实林分地利等级主伐时的立木价格}{参照林分地利等级主伐时的立木价格} \tag{7-3}$$

$$K_3 = \frac{评估基准日的木材销售价格}{交易案例评估基准日的木材销售价格} \tag{7-4}$$

其他综合调整系数（K_4）很难用公式表现出来，只能按其实际情况进行评分，用综合的评分值确定一个修订值的量化指标。

2. 林地期望价法

以实行永续皆伐为前提，并假定每个轮伐期林地上的收益和支出相同，从无林地造林开始进行计算，将无穷多个轮伐期的纯收入全部折为现值累加求和值作为林地价值。

3. 年金资本化法

以林地每年稳定的收益（地租）作为投资资本的收益，再按适当的投资收益率求出林地价值的方法。该方法计算简单，仅涉及年平均地租和投资收益率。年平均地租用近年的平均值，尽可能将通货膨胀因素从平均地租中扣除；投资收益率要将通货膨胀率扣除。

4. 林地费用价法

利用取得林地所需的费用和把林地维持到现在状态所需的费用确定林地价格的方法。

二、林木评价

林木评价是指在立木资源调查的基础上利用现代科学技术和正确的统计学方法，对立

木资源的经济价值进行评定，其实质是确定立木价格即林价。林木评价在林木的转让、抵押贷款、租赁、担保，森林遭受灾害时损失和补偿的计算，征用林地和解除林地使用权时补偿额的确定，具有抵押权情况下担保价值的评定，实行森林保险时保险金额及损失金额的核定，森林纳税标准的确定等方面发挥着定价的作用。林木评价的方法很多，主要包括市价法（包括市场价倒算法和现行市价法）、收益现值法（包括收益净现值法、年金资本化法和收获现值法）、成本法（包括重置成本法和序列需工数法）。

1. 市场价倒算法

又称剩余价值法，是将被评价森林资源皆伐后所得木材的市场销售总收入，扣除木材经营所消耗的成本（含税、费等）及应得的利润后的剩余部分作为林木价值的一种方法。该方法所需的技术经济资源较易获得，计算简单，结果最贴近市场，最易被林木资产的所有者和购买者所接受。因此，市场价倒算法主要用于成、过熟林的林木评价中。

2. 现行市价法

是将相同或类似的林木资源现行市场成交价格作为被评价林木价值的一种方法。现行市价法是林木评价中使用最广泛的方法，其评价结果可信度高、计算简单。现行市价法评价时要求具有3个以上（含3个）的评价案例，且所选案例的林分状况应尽量与待评价林分相近，交易时间尽可能接近评价时期，同时，要正确确定林分质量调整系数与物价指数调整系数。

3. 收益净现值法

是通过估算被评价的林木资源在未来经营期内各年的预期净收益按一定的折现率折算成现值，并累计求和得出被评价林木价值的方法。该方法通常用于有经常性收益的森林资源，如经济林资源、竹林资源。

4. 年金资本化法

是将被评价的林木每年的稳定收益作为资本投资的收益，再按适当的投资收益率求出林木价值。主要用于年纯收益稳定且可以无限期永续经营下去的森林资源价值的评定。

5. 收获现值法

是利用收获表预测的被评价林木在主伐时纯收益的折现值，扣除评价后到主伐期间所支出的营林生产成本折现值的差额，作为被评价林木价值。该方法公式较复杂，需要预测和确定的项目多，计算较烦琐，是评价中龄林和近熟林经常选用的方法。

6. 重置成本法

在林木评价中，重置成本法是按现时的工价及生产水平重新营造一块与被评价林木相类似的林木所需的成本费用，作为被评价林木的价值。该方法主要适用于幼龄林阶段的林木评价。

7. 序列需工数法

是以现行工价（含料、工、费）和森林经营中各工序的需工数估算被评价林木价值的方法，是林木评价中特殊的重置成本法。

三、森林生态效益评价

森林资源不仅具有经济价值，还具有生态效益。森林生态效益是指森林生态系统及其影响所及范围内，对人类有益的全部效益，包括森林生态系统中生命系统的效益、环境系统的效益、生命系统与环境系统相统一的整体效益，以及由上述客体存在而产生的物质和精神方面的所有效益。

森林生态效益评价是指对一定数量的森林在特定的时空条件下所产生的、对社会和环境影响的效益，即对森林提供的生态服务进行货币计量。目前，森林生态效益评价常用的方法有市场法、效益费用分析法、条件价值法和能值分析法等。

森林具有多方面的生态效益，实现森林生态效益的综合评价是一个复杂的系统工程，在生态效益综合评价中往往由于地区特征上的差异，如区域的森林覆盖率、区域的经济发展以及区位的重要性等因素差异，在综合效益的测定上具有较大差异。因此，学者们开展了森林生态效益的单项评价研究。在此以涵养水源、保育土壤、固碳释氧为例进行介绍。

1. 涵养水源

森林对降水的截留、吸收和贮存，将地表水转为地表径流或地下水的作用。主要功能表现在增加可利用水资源、净化水质和调节径流三方面。

涵养水源的价值难以直接估算，故评估方法采用替代工程法，即通过其他措施（修建水库）达到与森林涵养水源同等作用时所需的费用替代。

2. 保育土壤

森林中活地被物和凋落物层层截留降水，降低水滴对表土的冲击和地表径流的侵蚀作用；同时林木根系固持土壤，防止土壤崩塌泻溜，减少土壤肥力损失以及改善土壤结构的功能。

保育土壤的价值量评估采用影子价格法，即按市场化肥的平均价格对有林地比无林地每年减少土壤侵蚀量中氮（N）、磷（P）、钾（K）的含量进行折算，得到的间接经济效益。

3. 固碳释氧

森林生态系统通过森林植被、土壤动物和微生物固定碳素、释放氧气的功能。其评价指标有固碳和释氧，固碳又分为植被固碳和土壤固碳。

固碳释氧功能的价值量评估采用市场价值法和影子价格法，即固碳量乘以固碳价格，释氧量乘以工业制氧价格，进而计算出该地区森林固碳制氧成本。

第四节　森林成熟与收获调整

一、森林成熟与经营周期

从人类有意识地经营利用森林资源开始，森林成熟和经营周期就是生产实践和科学研究中关注的主要问题之一。

（一）森林成熟

森林成熟是森林经营利用中一个重要的技术经济指标，是确定林分、林木经营周期的基础。森林在生长发育过程中，最符合经营目标时的状态称为森林成熟。森林达到成熟时的年龄称为森林成熟龄。根据树木生长规律和生产需要，将森林成熟分为数量成熟、工艺成熟、更新成熟、防护成熟、自然成熟和经济成熟等。

1. 数量成熟

林分或树木的蓄积或材积平均生长量达到最大值时，称为林分或树木的数量成熟，此时的年龄称为数量成熟龄，也称材积收获最多的成熟、绝对成熟等。数量成熟主要用于用材林、能源林，与其相似的成熟还有热量成熟和重量成熟。

影响数量成熟的因素主要包括树种、立地条件和生长环境、林分密度、经营技术等。实践中，常用生长过程表法和标准地法来确定数量成熟。

2. 工艺成熟

林分生长发育过程中（通过皆伐）目的材种的材积平均生长量达到最大时的状态称为工艺成熟，此时的年龄称为工艺成熟龄。一个林分生长到一定阶段时，林木可以用作不同的材种，经营的目的材种不同，工艺成熟龄也不同。工艺成熟主要用于用材林。

工艺成熟与数量成熟均为衡量成熟的数量指标，而工艺成熟有材种规格的要求，可看作数量成熟的特例，即有一定材种规格要求的"数量成熟"。

工艺成熟常用的确定方法有生长过程表结合材种出材量表法、马尔丁法、标准地法等。

3. 更新成熟

树木或林分生长到结实或萌芽能力最强的时期称为更新成熟，此时的年龄称为更新成熟龄。此成熟仅可用于可以天然更新且有必要天然更新的树种和林分。在林业生产实践中，掌握各树种的更新成熟期，对森林更新具有更重要的意义。更新成熟因林分起源不同可分为种子更新成熟和萌芽更新成熟两种。影响更新成熟的因素主要有树种、起源、立地条件等。

4. 防护成熟

防护林是以发挥森林防护效益为主的森林，其经营目的主要是保护、稳定和改善生态环境，同时兼具生产木材及其他林产品的功能。当林木或林分的防护效能出现最大值后，开始明显下降时称为防护成熟，此时的年龄称为防护成熟龄。防护成熟的影响因素主要包括树种、林分结构、经营管理措施、更新方式等。

5. 自然成熟

林分或单株林木在正常生长发育情况下，都要经历从小到大、衰老、然后逐渐枯萎死亡的过程。当林分或树木生长到开始枯萎阶段时的状态称为自然成熟，也称生理成熟，此时的年龄为自然成熟龄。自然成熟是森林经营中确定主伐年龄的最高限。

单株树木的自然成熟与林分的自然成熟不同。单株树木的自然成熟比较容易确定，通常可以从树木的形态上得到确认。到达自然成熟的树木，通常有高生长停滞、树冠扁平、梢头干枯、树心腐烂等现象；如果生长在较阴湿的环境中，树干上常有大量的地衣、苔藓等低等植物附生。而林分自然成熟的确定比单株树木要复杂得多。林分在生长发育过程中，当到达一定年龄时，每年活立木增加的蓄积量与死亡林木减少的蓄积量相等，随后蓄积量开始出现负生长，即死亡林木的蓄积量大于活立木增加的蓄积量，此时即达到自然成熟。

自然成熟的影响因素较多，包括树种组成、立地条件、林分密度、营林措施、环境条件等。因此，林分是否达到自然成熟最好根据林分的生长状态，特别是生长量来判断。

6. 经济成熟

在森林正常生长发育过程中，货币收入达到最多时的状态称为经济成熟，此时的年龄称为经济成熟龄。适宜的经济成熟龄，不仅可以提供经济收益最佳的主伐年龄，而且能适当降低轮伐期，缓解可采资源不足和经济发展间的矛盾，并能改善龄级结构，使森林经过调整逐步实现永续利用。经济成熟的计算方法大致分为总收入最多的成熟龄和纯收入最多的成熟龄两大类。经济成熟的应用范围较其他成熟广，可用于能源林、用材林、经济林等林种中。

以上几种森林成熟类型视经营类型和经营目的、方针而定，在不同的情况下采用不同成熟类型的判断方法，对以后的经营效果有重要作用。

（二）经营周期

经营周期是指相邻两次收获之间的间隔期，其在森林经营中起重要作用，关系到生产计划、经营措施等一系列生产活动的安排。经营周期主要指轮伐期和择伐周期（回归年），主要用于用材林、能源林、经济林等林种。轮伐期用于同龄林经营，择伐周期用于异龄林经营。

1. 轮伐期

轮伐期是一种生产经营周期，指林分的培育、采伐、更新全过程所用的时间。轮伐期是确定利用率、划分龄组、确定间伐的依据，由成熟龄和更新期组成。确定轮伐期主要以森林成熟为依据，同时还应考虑经营单位的面积和龄级结构等因素，其方法如下：

$$u = a \pm v \tag{7-5}$$

式中　u——轮伐期；

　　　a——成熟龄或主伐年龄；

　　　v——更新期。

森林成熟龄有多种，在确定轮伐期 u 时要视林种而定。用材林、能源林应以工艺成熟、经济成熟为主；防护林以防护成熟和自然成熟为主，其次考虑数量成熟；经济林以经济成熟作为依据。

2. 择伐周期（回归年）

在异龄林经营中，采伐部分达到成熟的林木，使其余保留林木继续生长，到林分恢复至伐前状态所用的时间称为择伐周期，又称回归年，即2次相邻择伐的间隔期。影响择伐周期的因素主要有择伐强度、树种特性、经营水平、立地条件等。确定择伐周期的方法主要有径级择伐法、生长率和采伐强度法、最小和最大径级年龄差法、转移矩阵法等。

二、森林收获调整

通过采伐（收获）与更新将现实不合理的森林结构调整到合理的森林结构即为森林收获调整。森林收获调整的理论和技术，是森林经营管理学的核心问题之一。森林采伐量是否合理，对森林经营单位的经济收益、森林资源的结构调整等具有重要影响，同时关系到能否实现森林资源的可持续发展。

森林采伐量是指一个经营单位一年内以各种形式采伐的林木总蓄积量。由于采伐性质和采伐方式不同，森林采伐量的归类和计算方法也不同。森林采伐按采伐性质可分为主伐、间伐和补充主伐。因此，一个森林经营单位的总年伐量由森林主伐量、间伐量和补充主伐量三部分组成。森林主伐是对成熟林分的采伐利用，又可分为皆伐、渐伐和择伐。森林结构不同，其主伐方式不同。间伐是在同龄林未成熟林分中，定期伐去一部分生长不良的林木，为保留木创造良好的生长环境条件，促进保留木生长发育的一种营林措施。补充主伐是对疏林、散生木和采伐迹地上已失去更新下种能力的母树进行的采伐利用。

森林采伐量制定的主要任务是，在森林资源二类调查的基础上，计算和确定标准年伐量，合理安排伐区，确定采伐顺序等，具体包括计算年伐量、确定标准年伐量、计算材种出材量、确定采伐顺序和伐去配置、计算补充年伐量等。

（一）森林收获调整的内容

1. 林种结构调整

林种结构指一个森林经营单位内林种组成、面积、蓄积及其比例关系。我国《森林法》划定的五大林种：用材林、经济林和能源林属于商品林，防护林和特种用途林属于生态公益林。森林类别不同、林种不同，其森林经营与管理的技术措施不同，在区域经济可持续发展和生态环境保护中发挥的作用也不同。要根据森林资源所处的地理位置，及其社会经济可持续发展对森林生态环境的具体要求，按照区域土地利用规划、生态功能区建设规划和林区区划等区域宏观决策所确定的发展目标，提出森林经营单位理想的林种结构指标和调整方案。

2. 树种结构调整

树种结构是指一个森林经营单位或林分中树种的组成、数量及其彼此间的关系。树种的多样性是林分健康稳定的重要特征。理想的树种结构是对环境资源的最大利用和适应，可借助于树种的共生互补生产最多的物质和多样的功能产品。就一个林业局或林场而言，应保持合理的针叶林、阔叶林，以及针阔混交林比例关系和合理的空间地域分布，应提高阔叶林、混交林尤其是乡土树种的比例。就林分而言，树种结构一般包括乔木树种和灌木树种，实际以乔木树种为主。从发挥森林的水土保持等功能角度，还应考虑林下的草本和地被物，即乔灌草结构的调整。

树种结构调整中，应注意长短结合，多树种、多林种结合，维护和提高林地地力，大幅度提高森林的生态功能和产业功能，切实提高森林群落的稳定性、抗逆性和生物多样性，形成可持续发展的良性循环。

3. 年龄结构调整

年龄结构的最小单位是林分。林分内年龄基本上一致的是同龄林，我国规定林分内年龄相差 2 个龄级以上的为异龄林。同龄林和异龄林年龄结构有不同的内涵。就同龄林而言，年龄结构是指一个森林经营类型内不同年龄阶段的林分面积、蓄积构成及其比例关系；就异龄林而言，年龄结构是指一个林分内不同年龄阶段的林木直径及其株数分布。

由于同龄林和异龄林的结构不同，其理想的年龄结构也不同。对同龄林来说，一个林分不可能构成一个永续利用的时间序列，必须有多个林分一起组成一个森林经营单位，在这个森林经营单位中从幼龄林到成熟林各个年龄阶段的林分都有，且要尽可能面积相等；而对异龄林来说，一个林分就可以构成一个永续利用的时间序列，其理想的年龄结构就是要保持不同年龄阶段的林木都有，林分林木株数按径级呈典型的倒"J"形分布。

4. 直径结构调整

直径结构调整主要针对林分而言，同龄林和异龄林林分的直径结构特征不同。典型同龄林林分直径结构常呈整体分布，但不同年龄阶段存在一定差异；典型异龄林林分的直径结构呈倒"J"形分布，即负指数分布。

在自然状态下，林分直径结构调整是靠自身的调节功能来实现的，即林木分化和自然稀疏。但通过自然稀疏调节的林分密度，仅是森林在该立地条件下、在该发育阶段所能"容纳"的最大密度，而不是最适密度。直径结构调整的主要措施为抚育间伐，即以人工稀疏代替自然稀疏，达到调整林分结构、降低密度、改变林分生长环境的目的。

5. 空间结构调整

森林结构除了林种、树种、径级、树高、年龄、面积结构等非空间结构外，还包括森林空间结构。森林空间结构分为水平结构和垂直结构。水平结构是森林植物在林地上的分布状态和格局，包括随机分布、聚集分布和均匀分布。垂直结构是森林植物地面上同化器官（枝、叶等）在空中的排列成层现象，根据空间尺度不同可分为景观水平和林分水平。森林的空间结构决定森林的功能，科学的森林经营应建立在空间结构与功能的关系基础上，通过空间结构优化经营导向合理的空间结构，以便充分发挥森林的多种功能。

（二）森林收获调整的方法

1. 主伐采伐量的确定

确定主伐采伐量的方法较多，大体可以分为三类，即面积调整法、蓄积调整法和生长量调整法。

1）面积调整法

此法首先计算和确定年伐面积，然后根据年伐面积推算年伐蓄积。此类方法常见的代表性公式有区划轮伐法、成熟法、林龄公式法、林况公式法等。在此仅对区划轮伐法做简要介绍。

区划轮伐法是最简单、最古老的森林收获调整方法，采用此法计算年伐量的目的是经过一个轮伐期后实现永续利用的森林面积结构，适合于成、过熟林占优势的森林经营单位。其计算方法为

$$年伐面积 = 经营单位总面积/轮伐期$$

$$年伐蓄积 = 年伐面积 \times 成、过熟林平均每公顷蓄积量$$

区划轮伐法计算方法简单，是龄级结构不均匀的情况下调整龄级结构较为简单的方法之一。

2）蓄积调整法

此法期望在轮伐期内有等量的年伐蓄积，并用蓄积量或生长量来控制采伐量，弥补了面积调整法中年伐量不稳定的缺点。蓄积调整法的目的是把现实林蓄积量调整到具有最高产量的法正蓄积状态，影响其年伐量计算的主要因子有现实林的蓄积量、生长量和期望理想结构的法正蓄积量。此类方法常见的代表性公式有法正蓄积法、数式平分法、洪德斯哈根公式、曼特尔利用率法等。

3）生长量调整法

此法常见的代表性公式有平均生长量法、检查法、施耐德公式等。其中，利用平均生长量控制采伐量只适用于按龄级分配均匀的经营单位。

2. 补充主伐采伐量的确定

（1）疏林。疏林地是指疏密度为0.1~0.2的中龄林和成、过熟林。

$$疏林年伐量（面积或材积） = \frac{需要采伐的疏林面积（或蓄积）}{采伐年限}$$

采伐期限不必与经理期相等，可根据具体经营条件在若干年内采完。

（2）散生木。散生于幼、中龄林中的过熟木，呈单株或群状分布，影响周围幼、中龄林的生长，也称为"霸王树"或"老狼木"。采伐散生木，会伤及周围未成熟林木，因此应权衡得失，确定采伐散生木的工作量。在经理期内列为补充主伐的散生木，应在外业调查时调查每公顷株数、平均单株材积和蓄积，并注明是否应予采伐。指定采伐的散生木蓄积之和除以一定的采伐期限，即为散生木年伐量。

（3）母树。采伐迹地上的母树是否应该采伐，应在外业调查时确定，并调查每公顷株数、平均单株材积和蓄积。母树年伐量的计算方法同散生木。

3. 间伐量的确定

间伐也是利用木材的一种重要手段，通过间伐可以增加林分中木材总收获量。抚育间伐一般分为透光伐、除伐、疏伐和生长伐4种。计算抚育间伐的采伐量，需要确定以下4个因子，即需要进行抚育间伐的面积、间伐开始期、每次间伐的强度、间伐间隔期。按照各抚育采伐种类确定以上4项因子后，即可按照以下公式计算抚育间伐采伐量：

$$抚育间伐年伐面积 = \frac{需要进行抚育间伐的面积}{抚育间伐间隔期}$$

$$年伐蓄积 = 年伐面积 \times 平均每公顷蓄积量 \times 间伐强度$$

第五节　森林经营方案

一、意义及作用

森林经营方案是森林经营主体根据国民经济和社会发展要求及国家林业方针政策编制的森林资源培育、保护和利用的中长期规划，以及对生产顺序和经营利用措施的规划设计。简言之，森林经营方案是森林经营单位以森林可持续利用为目标，科学地组织森林经营的规划设计，在我国是具有法律效力的文件。森林经营方案是森林经理工作的主要成果，每10年进行1次森林经理复查，修订森林经营方案。

森林经营方案的制定与实施，将有利于维护和优化森林生态系统结构，协调其与环境的关系，提高其整体功能，改善林区社会经济状况，促进人与自然和谐共生。森林经营方案具有以下几方面作用。

（1）森林经营方案使森林经营逐步纳入可持续经营轨道。

（2）森林经营方案为合理组织森林经营提供了依据。

（3）森林经营方案是森林经营主体制定年度计划，组织和安排森林经营活动的依据。

（4）森林经营方案是林业主管部门管理、检查和监督森林经营活动的主要依据。

（5）森林经营方案是依法治林的重要方面，《中华人民共和国森林法》规定国有林业企业事业单位应当编制森林经营方案。

（6）森林经营方案是检查和评定生产成果的标准、业绩考核的依据。

二、编制要点

一类编案单位包括国有林业局、国有林场、国有森林经营公司、国有采育场、自然保护区、森林公园等。下面就一类编案单位的森林经营方案编制要点做简要介绍。

（一）森林生态系统及其经营环境分析与评价

1. 森林生态系统分析

编写森林经营方案，首先应分析森林生态系统及其经营环境。森林生态系统分析就是根据翔实、可靠的森林资源数据和专业调查数据，对森林生态系统的组成、结构和动态进行分析评价，以把握森林生态系统的现状和动态。在分析评价过程中应参照森林可持续经营的标准，重点考察森林资源的种类、数量、质量、结构、空间格局，提供木质与非木质产品的能力、质量，森林健康与活力，森林生态系统的完整性、生物多样性，森林资源生态服务功能、经济效益和社会效益等方面的优势、潜力和问题。

2. 经营能力和经营环境分析

经营能力分析是指对编案单位经营活动组织管理能力的分析，包括编案单位对资源的决策、组织、指挥、协调和控制能力。经营环境分析是对编案单位所处的自然、社会和经济环境进行定性或定量分析，找出影响森林经营的有利、潜力和障碍因子，确定其对森林经营的影响程度。

3. 森林可持续评价

森林可持续评价是在森林生态系统分析、经营能力和经营环境分析的基础上参考相关可持续经营标准和指标体系，对经营单位的森林可持续状况进行评价，把握编案单位的优势与劣势，为经营决策作铺垫。

（二）森林经营方针与目标

森林经营方针是根据经营思想，为达到经营目标所确定的总体或某种重要经营活动应遵循的基本原则。森林经营方针是定性的，规定了经营单位发展的原则、路径、方法和手段。

森林经营目标是经营单位的森林经营活动在一定时期内预期达到的成果，是经营单位经营活动的出发点和归宿，是定量的。森林经营目标按时间长短可分为长远目标（＞8年）、中期目标（3~5年）和年度目标。森林经营目标的主要内容一般包括：森林资源发展目标（数量、质量、森林覆盖率、增长速度、生长与消耗平衡、林种结构、树种结构）、林产品供给目标（产量、产值、产品结构、供给的平稳性）、经济目标（产值、利润、投入产出比、收益率、资本利润率）、生态效益目标、社会效益目标等。

（三）森林区划与森林经营类型组织

（1）森林功能区划与布局。森林功能区划是指根据森林资源主导功能、生态区位、林业方案等，采用系统分析或分类方法，将经营区内森林划分为若干个独立的功能区域，实行分区经营管理，从整体上发挥森林资源的多种功能的管理方法或过程。森林功能区的布局一般是指其空间分布，是根据经营单位所处自然、经济条件和区域发展的要求进行划分。

（2）森林分类经营。根据对森林的主体功能设定和采取经营机制的不同，将森林划分为生态公益林、商品林和兼用林。

（3）森林经营类型（作业级）组织。在森林功能区划和森林分类经营的基础上，将内部特征相同、经营目的相同、采用相同经营技术体系的小班作为单元组织森林经营类型。

（四）森林经营规划设计

（1）公益林经营规划设计。明确编案单位内生态公益林严格保护、重点保护和保护经营三种经营管理类型组的经营对象和管理目标体系、经营管护措施和经营技术指标。

（2）商品林经营规划设计。商品林经营应以市场为导向，在确保生态安全前提下以追求经济效益最大化为目标，充分利用林地资源，实行定向培育、集约经营。

（3）合理采伐量计算与论证。森林采伐量应根据功能区划和森林分类成果，分别主伐、抚育间伐、更新、低产（低效）林改造等，结合森林经营规划，采用系统分析、最优决策等方法进行测算，确定森林合理年采伐量和木材年产量。

（4）更新造林与采伐工艺设计。造林更新规划一般要确定林种和树种比例、更新方式及比重、造林更新年限及顺序安排，提出造林更新主要技术措施，编制典型造林设计表。

（5）种苗生产。根据森林经营任务和种子园、母树林、苗圃和采穗圃状况，测算种子、苗木的实际需求和供应能力，规划安排种苗生产任务。

（五）非木质资源经营与游憩规划

非木质资源是指木材以外的其他资源，包括动物、微生物、水、森林生态环境以及林木以外的藻类、地衣、苔藓、蕨类、种子植物等。非木质资源经营要与林区多种经营相结合，发展种植业、养殖业、采摘（野果、野菜、蘑菇等）和加工、建材、狩猎等。

森林游憩规划可按照功能区或旅游地类型进行，充分利用林区多种自然景观和人文景观资源，开发旅游产品，开展以森林生态系统为依托的游憩活动。

（六）森林健康与生物多样性保护

（1）森林防火体系规划。森林防火规划应依据《森林防火条例》，贯彻"预防为主，积极消灭"的方针，根据历年森林火灾特点、防火与灭火的经验和教训、森林防火基础设施和队伍、森林火灾风险等级，进行防火体系建设规划。

（2）森林有害生物防控。森林有害生物防控规划应在研究近年森林病虫害和病源（或害虫）种类、危害对象、危害程度、分布区域、发生发展规律、蔓延进度、林内卫生状况和采取的对策及效果的基础上，确定防治、控制和检疫对象，划分防治区、控制区和安全区。应与营造林措施结合，以营造林防控为主，辅以必要的生物防治和抗性育种等措施。

（3）林地生产力维护。应从林地生产力现状评价入手，确定重点维护对象，分析林地生产力退化的原因及机理，设计维护地力的对策。

（4）森林集水区经营管理。森林集水区经营管理规划应科学规划集水区的类型和等级，分区确定森林经营策略，将采伐、造林、修路等森林经营活动导致的水土流失降到最小。

（5）生物多样性保护。生物多样性保护规划应充分考虑生物资源类型、保护对象特点、制约因素及影响程度、法律法规与政策等。

（七）森林经营基础设施与维护

森林经营基础设施与维护主要包括以下几个方面：

（1）林道规划和木材水运规划。

（2）贮木场（木材转运场）规划。

（3）局（场）址、工区址建设。

（4）附属工程规划（机修、供电、供水、排水）。

（5）森林旅游基础设施建设规划。

（6）森林保护、林地水利及其他营林配套设施。

（八）经营能力建设

经营能力指企业完成特定工作及任务时运用的组织资源的能力。对于拥有特定数量和质量资源，处于特定自然、社会、经济环境的编案单位，其经营能力主要体现在人力资源管理、组织管理制度、企业文化等方面。

（九）投资概算与效益评价

投资概算与效益评价主要包括投资概算、资金筹措与平衡、财务分析。

（十）森林经营生态与社会影响评估

对于实施森林经营方案可能产生的生态、经济与社会影响，要按相关程序进行评估，并向相关利益群体说明，主要包括生态环境影响评价、经济效果评价、社会影响评价等。

由于森林经营单位的特点、类型不同，其森林经营方案或总体设计的基本内容和重点也应做适当调整。

📖 **习题**

1. 什么是森林资源经营管理？其内容有哪些？

2. 列出几种典型的森林经营理论模式。

3. 森林区划的概念与方法是什么？

4. 我国森林资源调查分为哪几大类？各类调查的目的和范围分别是什么？

5. 什么是森林资源评价？列举常见的林木评价方法及适用条件。

6. 什么是森林成熟？其种类有哪些？

7. 森林收获调整的内容有哪些？

8. 简要介绍森林经营方案的编制要点。

参 考 文 献

［1］ Food and Agriculture Organization. Global forest resources assessment 2015： how have the world's forests changed? ［R］. Rome：FAO, 2015.

［2］ Food and Agriculture Organization. Global Forest Resources Assessment 2020—Main report ［R］. Rome： FAO, 2020.

［3］ Barelli W. Convention on biological diversity ［J］. Environmental Conservation, 1992, 6 (15)： 364 – 364.

［4］ Abu – Ghosh S, Fixler D, Dubinsky Z, et al. Continuous background light significantly increases flashinglight enhancement of photosynthesis and growth of microalgae ［J］. Bioresour Technol, 2015, 187： 144 – 148.

［5］ 曹涤环. 地衣植物家族的"顽强公民"［J］. 农药市场信息, 2019 (1)： 61 – 62.

［6］ 陈伟祥, 胡海波. 林学概论 ［M］. 北京：中国林业出版社, 2005.

［7］ 樊鹏振, 胡永春, 康曹月, 等. 宝天曼国家级自然保护区树附生苔藓植物物种分布与环境关系研究 ［J］. 河南农业大学学报, 2020 (1)： 1 – 8.

［8］ 高岗. 以水源涵养为目标的低功能人工林更新技术研究 ［D］. 呼和浩特：内蒙古农业大学, 2009.

［9］ 亢新刚. 森林经理学 ［M］. 4 版. 北京：中国林业出版社, 2011.

［10］ 李俊清. 森林生态学 ［M］. 北京：高等教育出版社, 2008.

［11］ 李克, 倪泽仁, 刘晓东, 等. 南京市 5 种常见树种的燃烧性研究 ［J］. 西北农林科技大学学报（自然科学版）, 2020, 48 (1)： 103 – 110.

［12］ 李连强, 牛树奎, 陈锋, 等. 北京妙峰山林场地表潜在火行为及燃烧性分析 ［J］. 北京林业大学学报, 2019, 41 (3)： 58 – 67.

［13］ 李妍. 光和赤霉素对拟南芥光形态建成及木质素生物合成的影响 ［D］. 长沙：湖南大学, 2008.

［14］ 沈国舫. 林学概论 ［M］. 北京：中国林业出版社, 1988.

［15］ 沈国舫. 森林培育学 ［M］. 北京：中国林业出版社, 2001.

［16］ 唐云川, 徐斌. 曲靖市森林覆盖率和乔木林单位面积蓄积量偏低的原因和对策探讨 ［J］. 绿色科技, 2020 (3)： 140 – 141.

［17］ 王世动. 植物及植物生理学 ［M］. 北京：中国建筑工业出版社, 1999.

［18］ 鲜小林, 陈睿. 温度与光强对高山杜鹃催花期间花芽营养物质积累的影响 ［J］. 西北植物学报, 2015, 35 (5)： 991 – 997.

［19］ 杨利云, 李军营, 王丽特, 等. 光环境对烟草生长及物质代谢的影响研究进展 ［J］. 基因组学与应用生物学, 2015, 34 (5)： 1114 – 1128.

［20］ 于政中. 森林经理学 ［M］. 2 版. 北京：中国林业出版社, 1993.

［21］ 翟明普, 沈国舫. 森林培育学 ［M］. 3 版. 北京：中国林业出版社, 2016.

［22］ 张步云, 韩玉洁, 杨琳. 藻类植物在水体污染中的研究进展 ［J］. 资源节约与环保, 2019 (8)： 118 – 120.

［23］ 张鹏. 盐度、光照强度、温度对青色系、红色系仿刺参生长和能量分配的影响 ［D］. 青岛：中国海洋大学, 2012.

［24］ 赵德先, 王成, 孙振凯, 等. 树附生苔藓植物多样性及其影响因素 ［J］. 生态学报, 2020 (8)： 1 – 10.

［25］赵良平. 燕山山地森林植被恢复与重建理论和技术研究［D］. 南京：南京林业大学，2007.

［26］赵毅. 傅里叶变换显微红外光谱对多孔菌类植物吸湿性的研究［D］. 北京：北京理工大学，2015.

［27］赵忠. 林学概论［M］. 北京：中国农业出版社，2008.

［28］郑焕能. 林火生态［M］. 哈尔滨：东北林业大学出版社，1992.

［29］郑旭. 远红光下光敏色素 B 通过调节 COP1 和 SPA1 的核活性来抑制拟南芥光形态建成［D］. 北京：中国农业科学院，2012.

［30］郑郁善，廖建国. 林学概论［M］. 北京：中国林业出版社，2017.